U0052357

從基礎開始的刺繡練習書

第一次拿針也能完成美麗作品

寺西 惠里子

CONTENTS

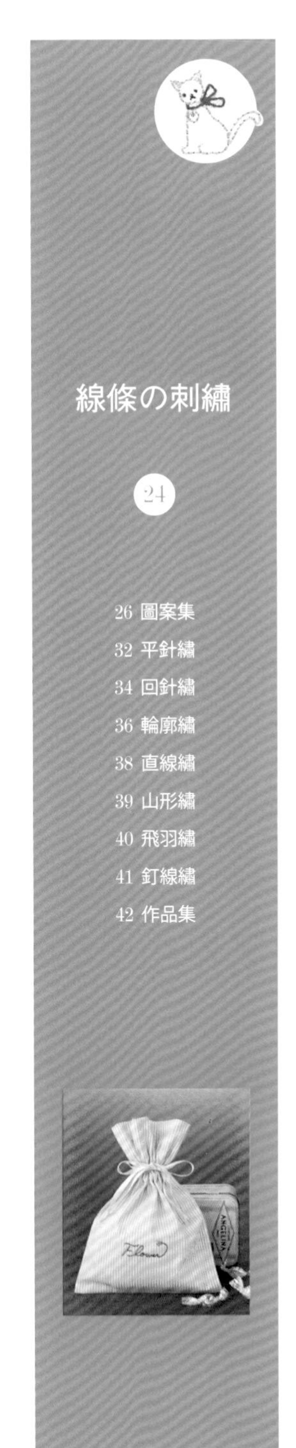

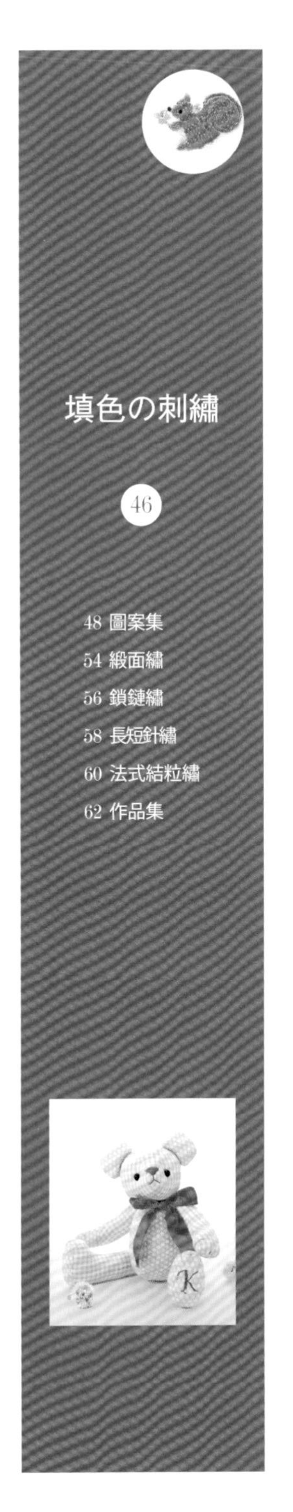

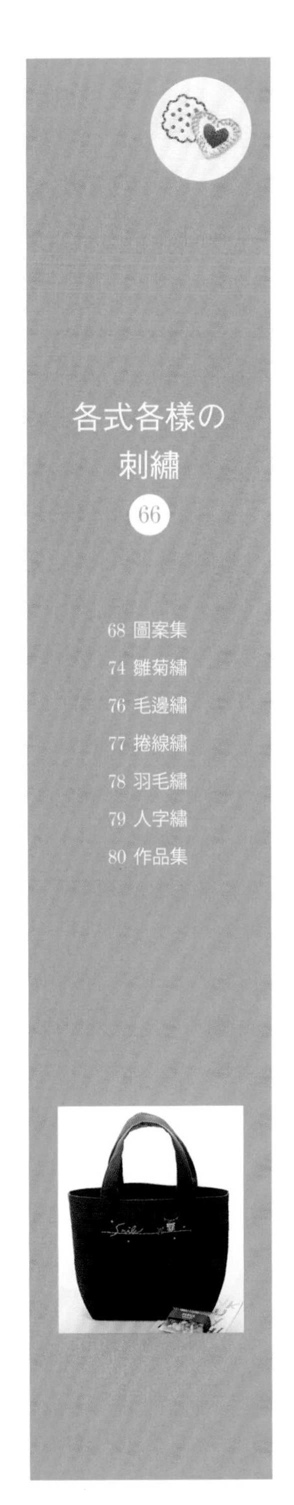

各式各樣の刺繡

十字繡

串珠刺繡

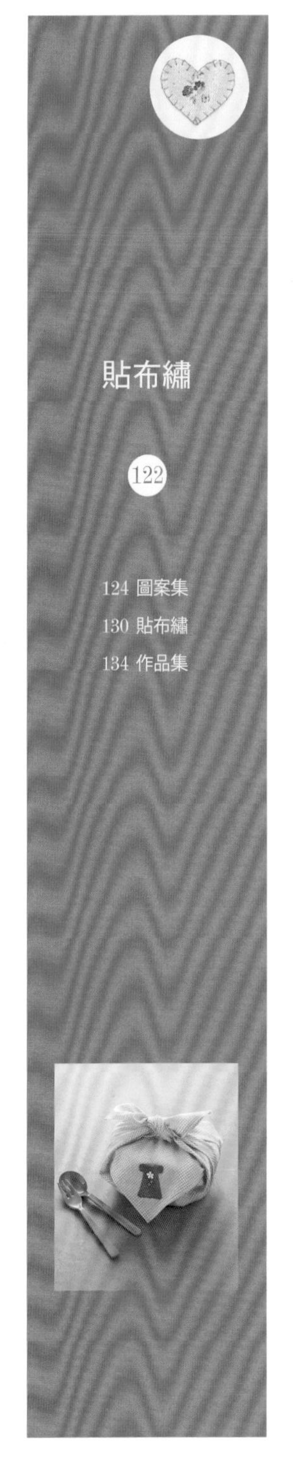

貼布繡

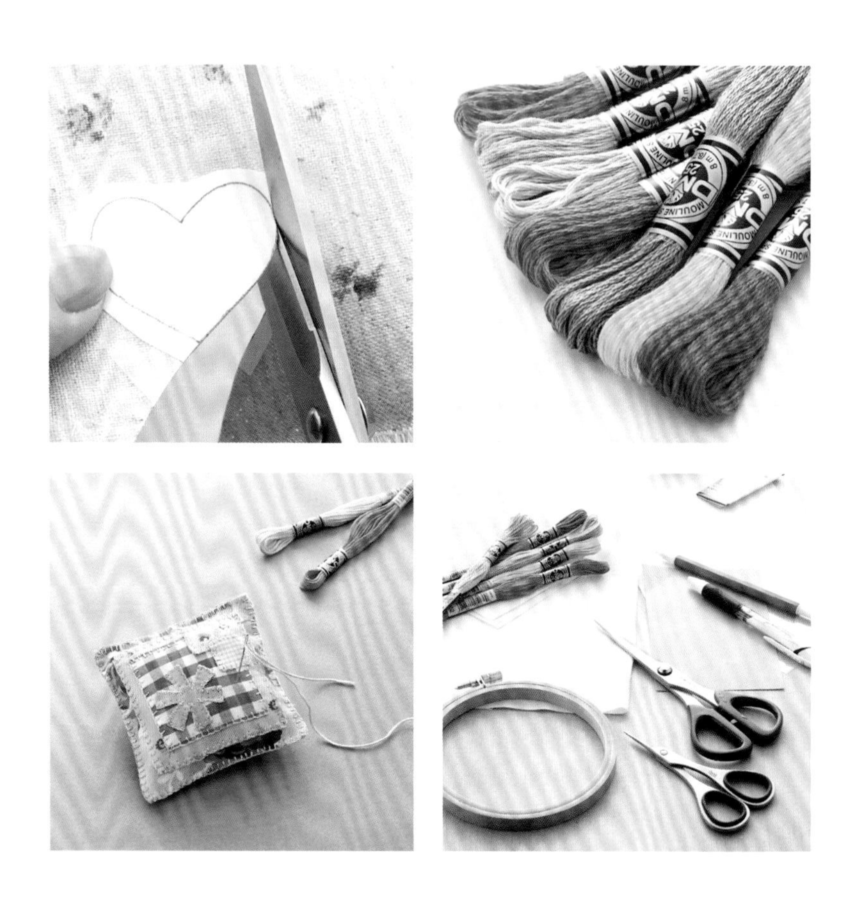

序

刺繡的世界

從一針開始。

第一次接觸刺繡也沒關係，

一針一針慢慢地細心地

繡下去吧！

剛開始

一針一針地確認。

有沒有按照圖案刺繡……

繡線有沒有排列整齊……

繡布有沒有完全撫平……

就這樣不知不覺學會自然而然地去確認。

從一針開始的世界

請好好享受吧！

一定會……

由刺繡帶領著

開始某樣新奇事物。

只要接觸就能有所感受……

小小的作品卻有著滿滿的心願……

寺西 惠里子

歡迎來到刺繡的世界

從針尖開始的
小小世界……
一針一針刺下……光是如此，就能打開歡樂之扉。

Flower
線條の刺繡
HAPPY

最簡單的刺繡方式。
就從這裡開始吧！

填色の刺繡

超人氣的填色刺繡。
細心地開始繡吧！

K

各式各樣の刺繡

變化豐富的刺繡。
簡單的針法就能交織出圖案。

Smile
FARGA

BISCUIT

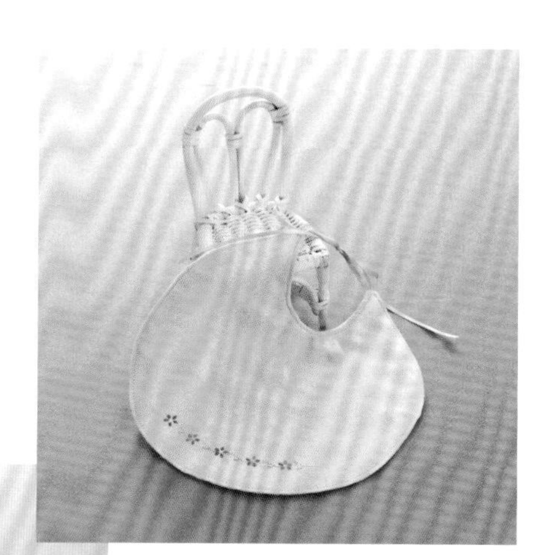

HAPPY BIRTHDAY!!

十字繡

重複繡出「×」形的針法。
初學從十字繡開始也非常適合。

JENNY

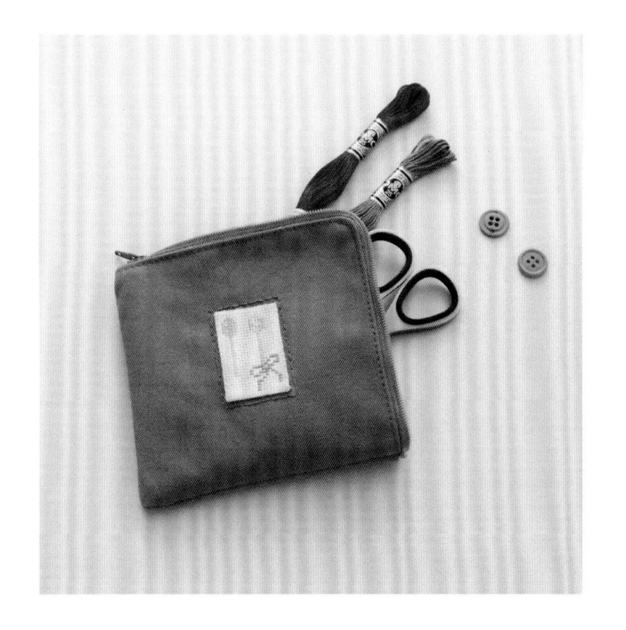

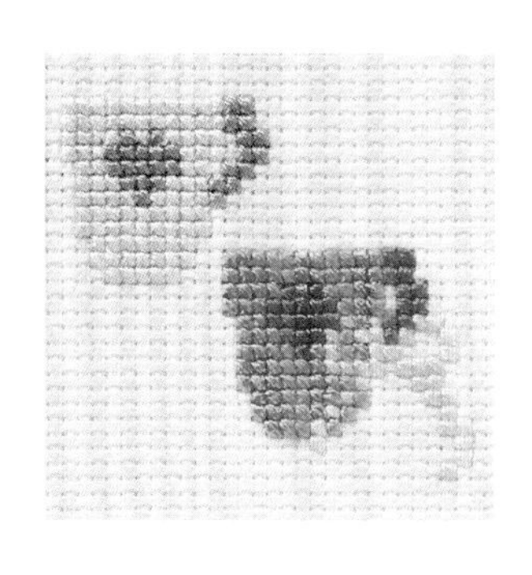

串珠刺繡

以閃閃發亮的美麗串珠刺繡。
其實意外地簡單，請試著挑戰看看吧！

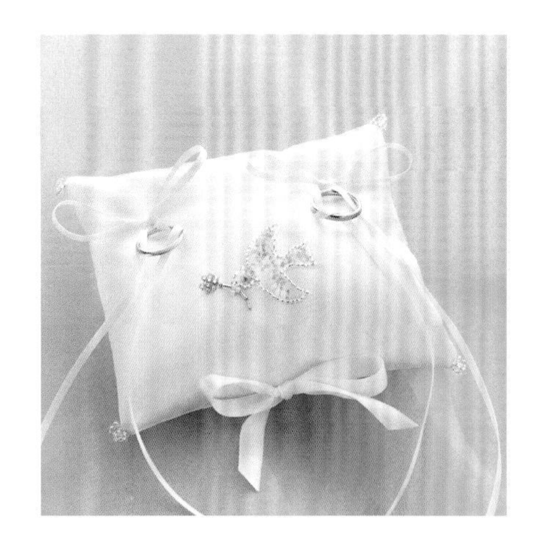

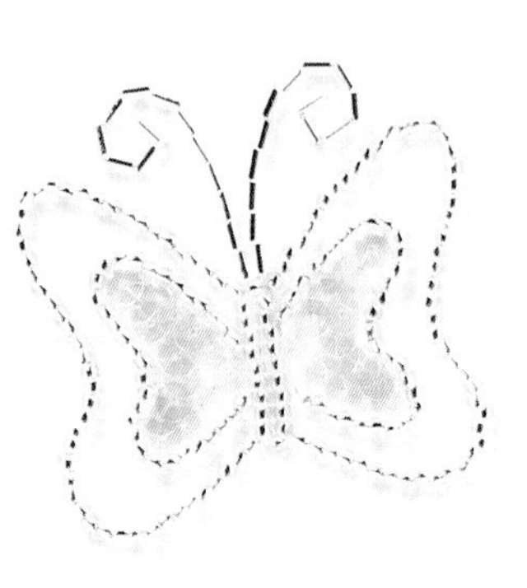

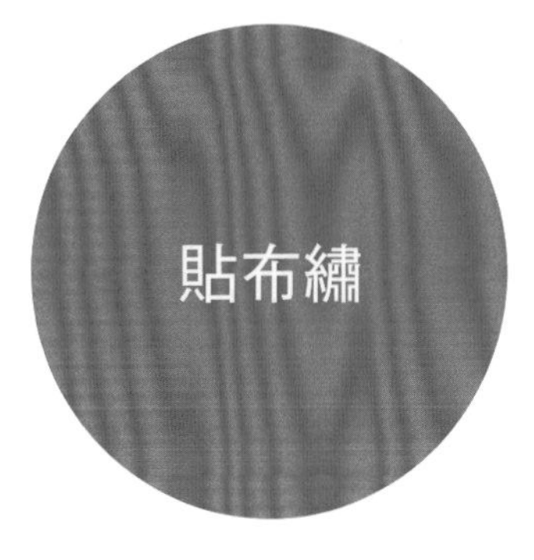
貼布繡

變化多端且應用方便的貼布繡。
學會兩種基本刺繡方法吧！

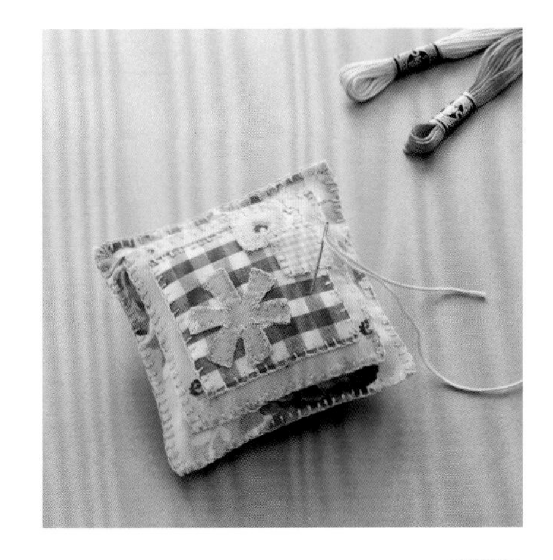

刺繡の基本知識

刺繡針法有著各式各樣的種類，

雖然玩刺繡很有趣，

但是應該很多人剛開始也覺得困難。

第一次接觸刺繡也沒關係，

首先從簡單的基礎開始。

認識了關於繡線、繡布的基本知識，

動手刺繡時就不會困惑了。

本章節匯集了各式各樣的刺繡知識，

就從閱讀這一頁開始嘗試吧！

關於繡線

繡線的顏色與粗細、種類很多，最常使用的是25號繡線。
會依據圖案的大小、刺繡的種類不同來選擇。

✲本書使用DMC繡線

繡線的粗細

繡線的粗細會以編號表示

5號
793

25號
3840

8號
793
N° 8

號碼越大表示繡線越細。
25號繡線一束大約長8公尺。

25號繡線的粗細

以「幾股」的條數來表示

25號繡線6股為1條繡線。

1股
2股
3股
4股
5股
6股

關於顏色

豐富的顏色

標籤上會註明顏色的編號。

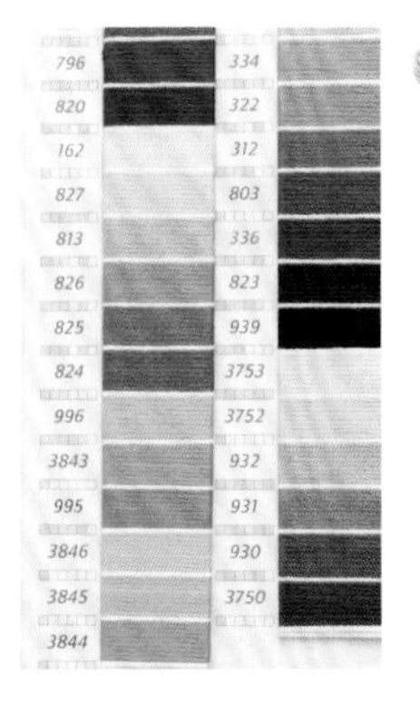
796
820
162
827
813
826
825
824
996
3843
995
3846
3845
3844
334
322
312
803
336
823
939
3753
3752
932
931
930
3750

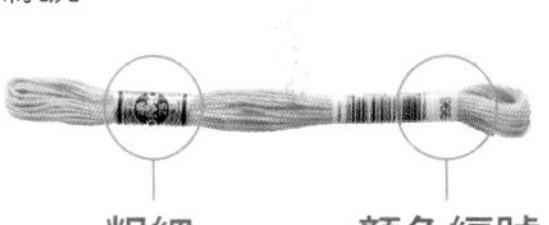
粗細
顏色編號

✲標籤上的編號很重要，使用時請保存到最後。

關於繡針

刺繡所使用的針，請配合刺繡類型作選擇。法國刺繡使用針孔較大、針尖較尖的針。十字繡針的針尖較圓，串珠刺繡針則為較細的針。

針的粗細

以繡線的股數來選擇繡針

Clover
57-036
Embroidery 3～6
フランス刺しゅう針
No. 3～6 取合せ

一般刺繡最常使用的是法國刺繡針。

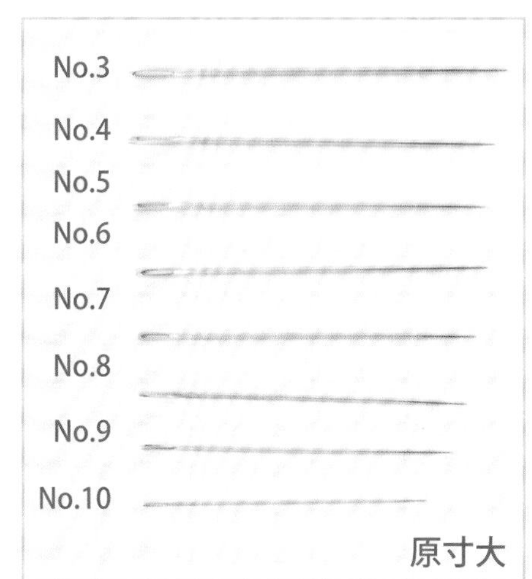

No.3
No.4
No.5
No.6
No.7
No.8
No.9
No.10
原寸大

編號越大的針越細，越粗的針越長。

配合布料的厚度選擇針的粗細

針的編號	25號繡線	布料
3	6股	厚
4	5・6股	厚
5	4・5股	中
6	3・4股	中
7	2・3股	薄
8	1・2股	薄
9	1股	薄
10	1股	薄

各種刺繡針

也有其他種類的刺繡用針

57-201
Clover
クロスステッチ針
No.19～23 取合せ

十字繡針

Clover
57-228
Beads Embroidery
ビーズ刺しゅう針
ビーズ刺しゅう専用の針です。
細 取合せ
クロバー株式会社

串珠刺繡針

針的差異

配合刺繡種類選用專用針較好上手

法國刺繡針的針孔較大。

十字繡針的針孔較大且針尖較圓。

串珠刺繡針為了穿過串珠的洞，非常地細。

法國刺繡針

十字繡針

串珠刺繡針

關於布料

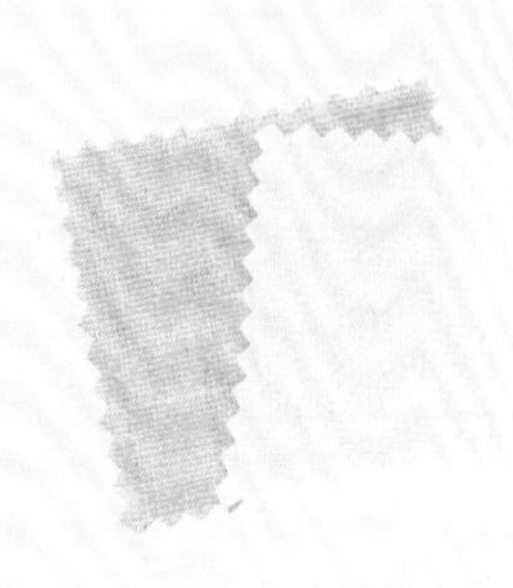

無論哪種布料都可以用來刺繡，但平織的布料最適合。中厚度的木棉料與亞麻料較方便使用。也有十字繡專用的布料。

平織的布料較為適合

只要是平織的布料都能用於刺繡

棉布

亞麻布

刺繡用布料以沒有凹凸起伏、沒有伸縮彈性的平織布料最適合。最常使用的是針容易刺穿、不會透到背面的中厚木棉布或是亞麻布料。

十字繡專用布

十字繡專用布的縱線與橫線有著同樣的織紋。

布料的準備

以熨斗熨燙

如果有摺痕或皺摺，就無法漂亮地複寫圖案，因此先以熨斗整燙平整。

布邊的處理

以捲針縫處理

十字繡專用布等容易鬚邊的布料，布邊以捲針縫處理。

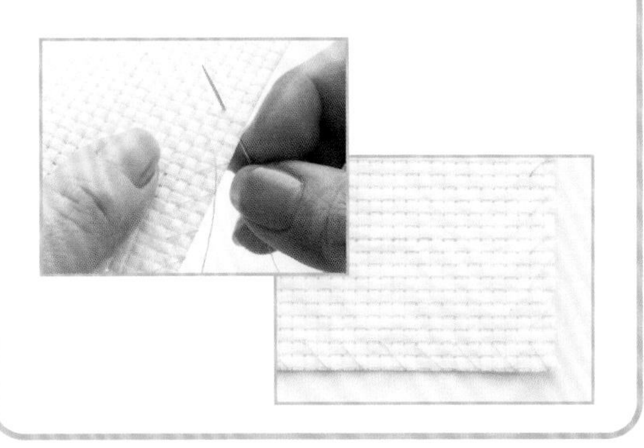

關於工具

剪刀、珠針等刺繡必須的工具有許多種類。除了專用品，也可以其他合用的工具代替。工具齊全以後就可以開始刺繡了。

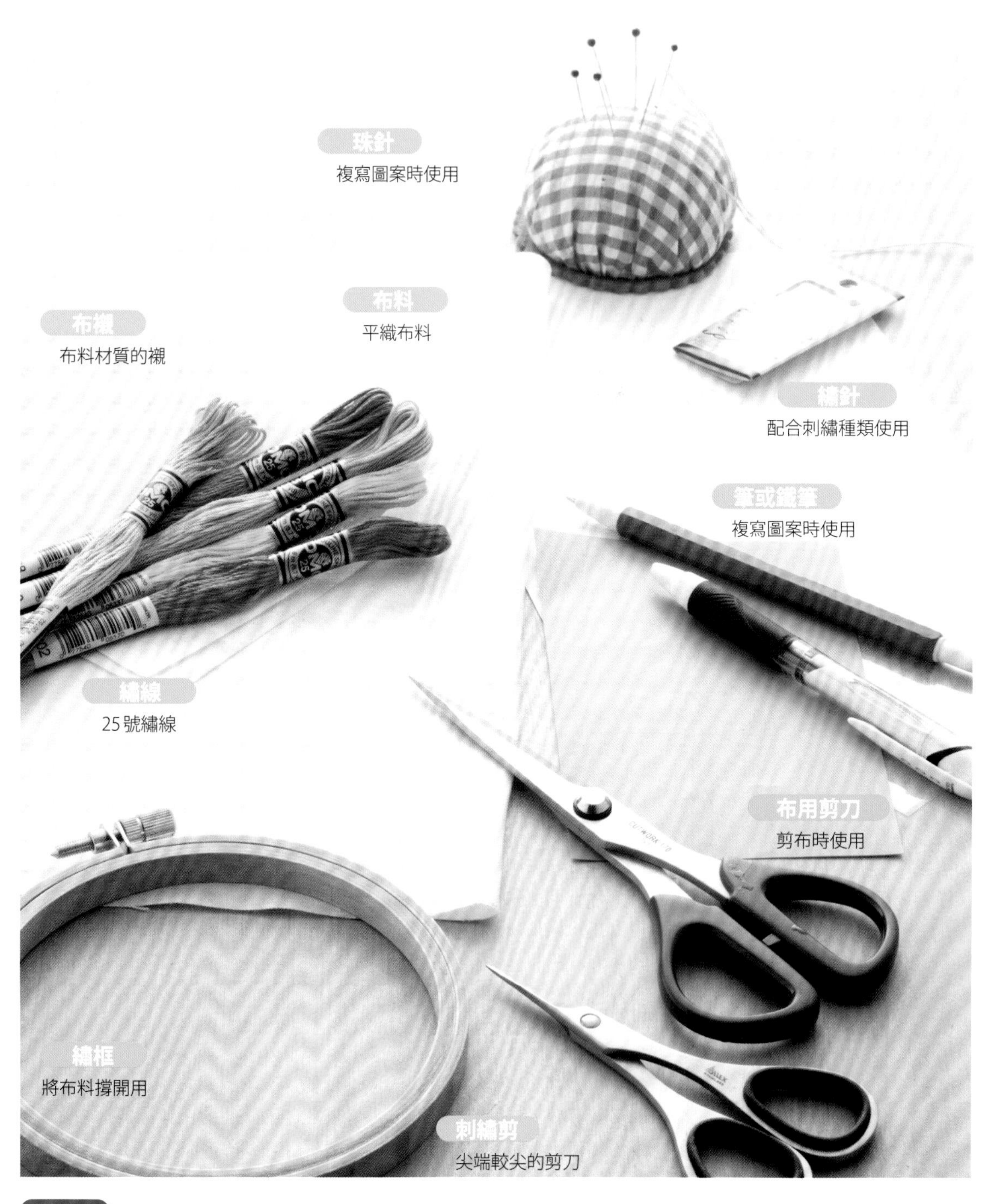
珠針
複寫圖案時使用
布料
平織布料
布襯
布料材質的襯
繡針
配合刺繡種類使用
筆或鐵筆
複寫圖案時使用
繡線
25號繡線
布用剪刀
剪布時使用
繡框
將布料撐開用
刺繡剪
尖端較尖的剪刀

複寫圖案的方法

刺繡時圖案是必要的，將圖案複寫漂亮也是刺繡成功的一大重點。細心地將圖案複寫漂亮吧！

1 於布料貼上布襯，裁切成適當的大小。

☆有些布料無法貼布襯。

2 將布用複寫紙背面朝下，放置在布料上。

3 複寫紙的上方放上圖案，以珠針固定。

4 圖案上方墊上玻璃紙。

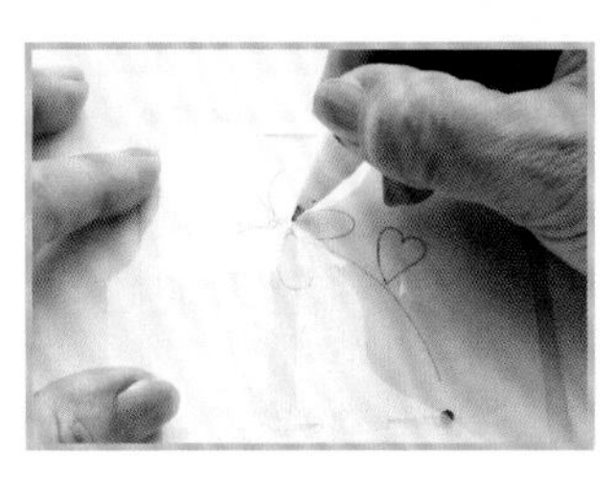

5 以原子筆複寫。

需要的工具

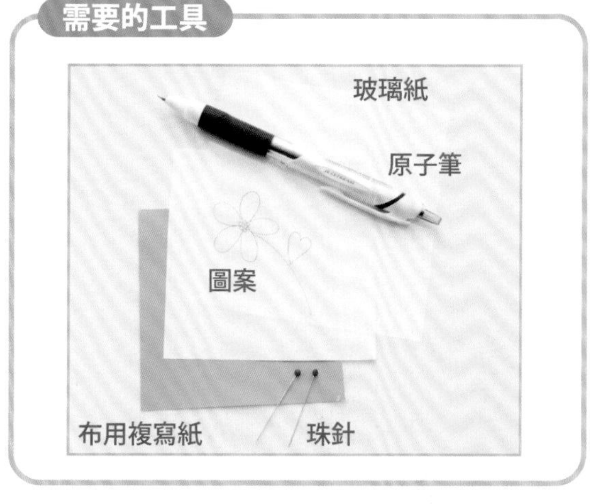
玻璃紙
原子筆
圖案
布用複寫紙
珠針

布用複寫紙

準備單面的布用複寫紙，水消式的較為方便。

圖案複寫完成。

繡框的使用方法

繡框可以將布料撐開，方便刺繡，也可以防止縫製時布料縮起。如果使用的布料較硬挺，不使用繡框也可以刺繡。

1 將繡框的內圈在桌上放好。

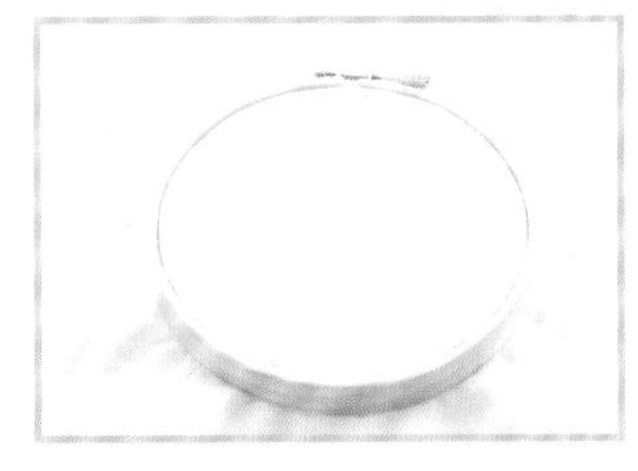

2 將布料放置於框上。

3 由上而下將外圈套上，拴緊螺絲。

繡框的拿法

以左手拿框，右手刺繡。

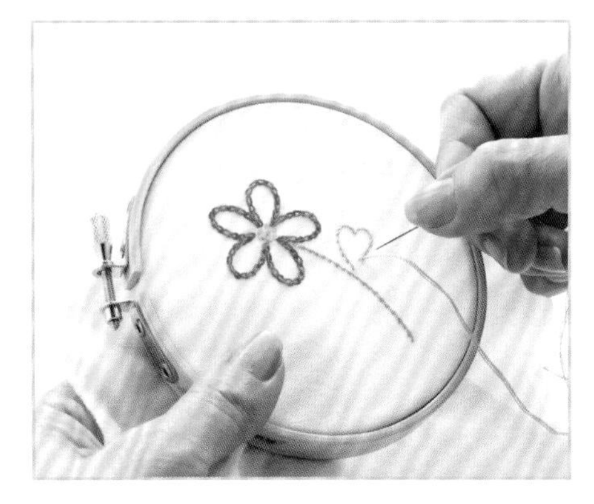

配合圖案，以方便刺繡為主，一邊旋轉一邊刺繡。

關於布襯

薄布料貼上布襯會較好操作

請使用布料材質，單面有膠的襯。

布料背面與布襯背面貼合，以中溫熨斗施加壓力，熨燙貼合。

抽取繡線的方法

以經常使用的25號繡線為例。保留標籤直接將繡線拉出來使用，並依照需要從6股1束中抽出1股或2股使用。

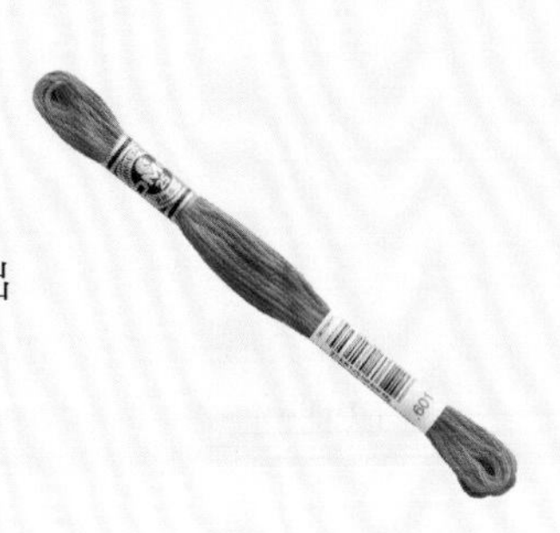

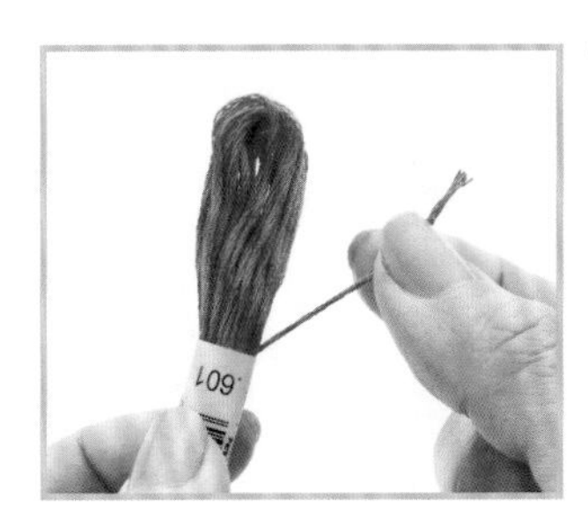

1 握住繡線的標籤，拉出線頭。注意不要讓其餘的繡線縮起，請小心謹慎慢慢拉出。

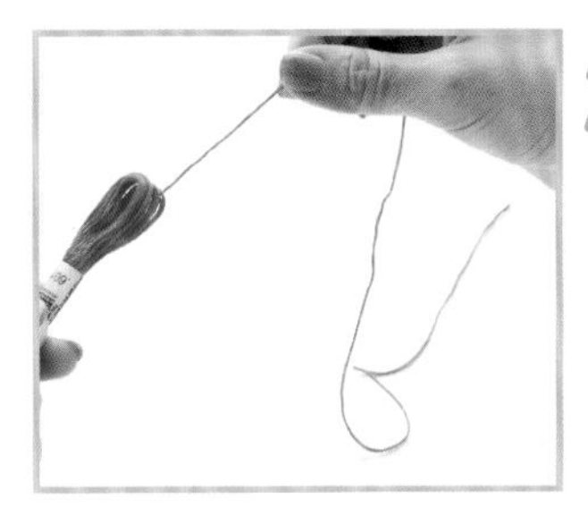

2 拉出50cm左右的長度，剪斷。

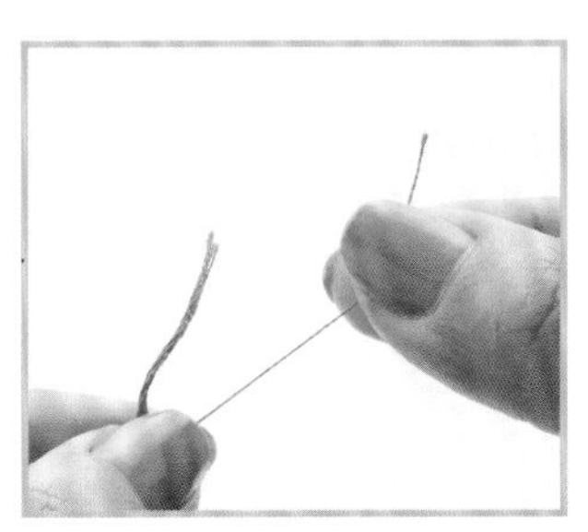

3 拿著剪斷的線頭部分，1股1股地抽出來。需要使用2股時也請1股1股地抽出來。

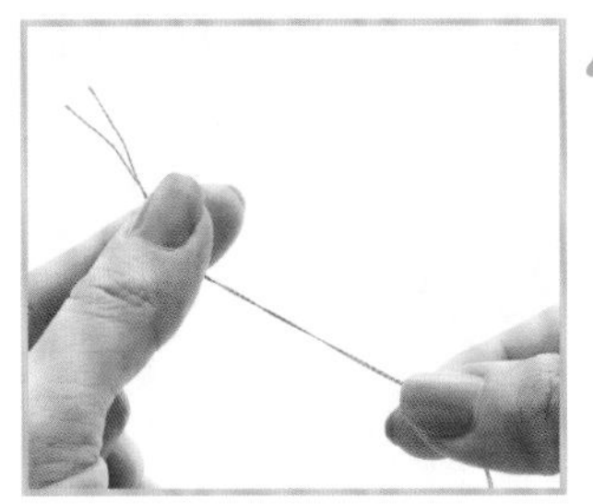

4 將1股1股拉出來的繡線，組合成需要的股數。

繡線1束有6股

25號繡線1束由6股線組合而成。

標示「幾股」的股數便是1束繡線的1/6為1股。

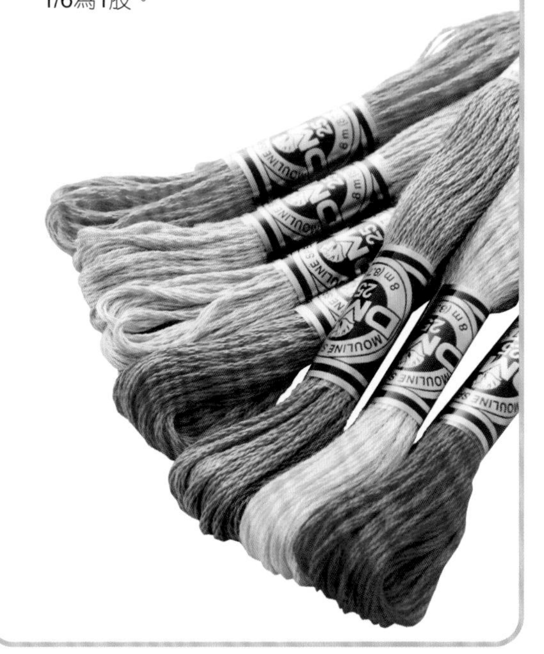
MOULINE

穿針的方法

使用25號繡線時，無論股數都可以一次穿過的方法。將線捻在一起，一次就能穿過針孔，非常便利。也可以使用穿線器。

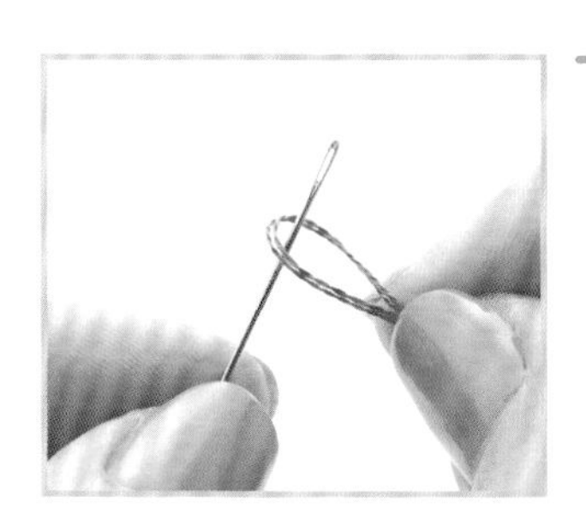

1 將線的10cm左右處圈在針上。

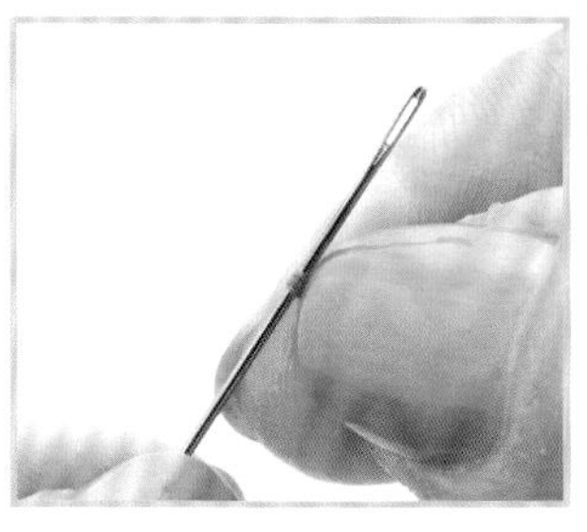

2 將線圈收到最緊壓住，作出摺痕。

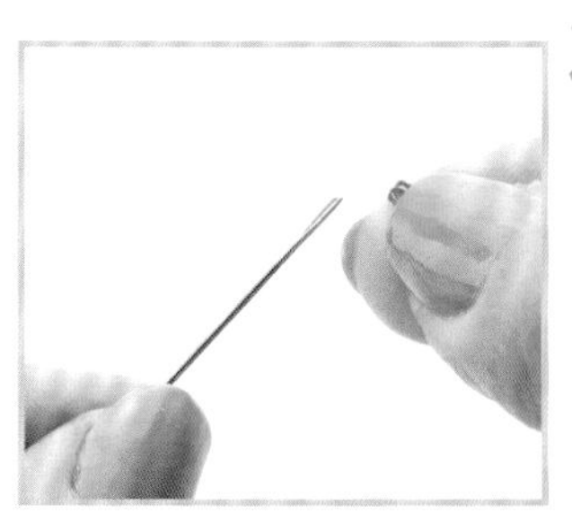

3 將針從線圈中抽出，並壓扁線圈。

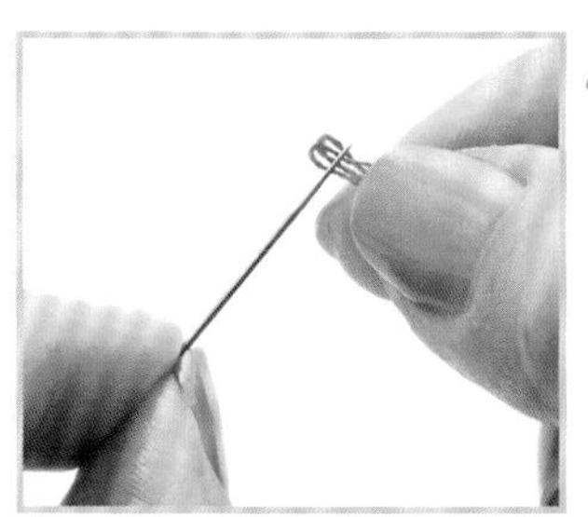

4 壓扁的線圈穿入針孔。

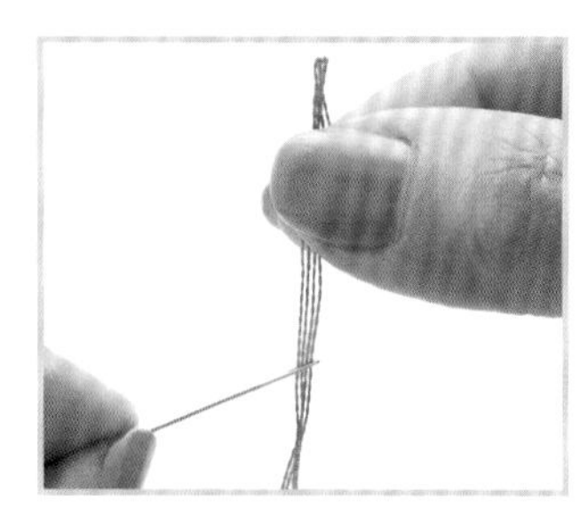

5 線頭穿過針孔後，出針。

使用非常方便！穿線器

繡線難以穿過時，可以使用穿線器。

1 將穿線器尖端的金屬絲圈穿過針孔。

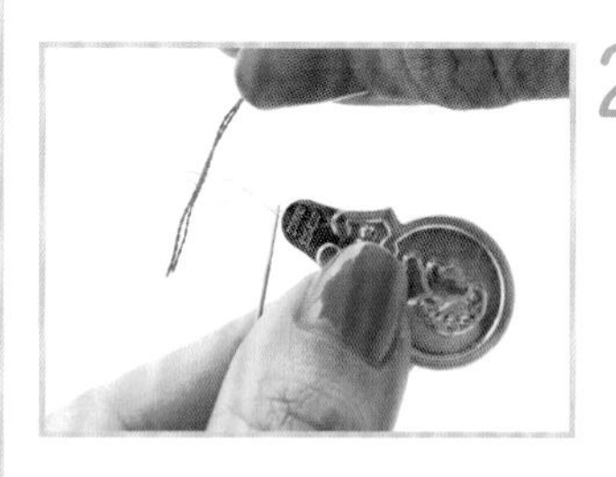

2 將線穿入穿線器的金屬絲圈裡。

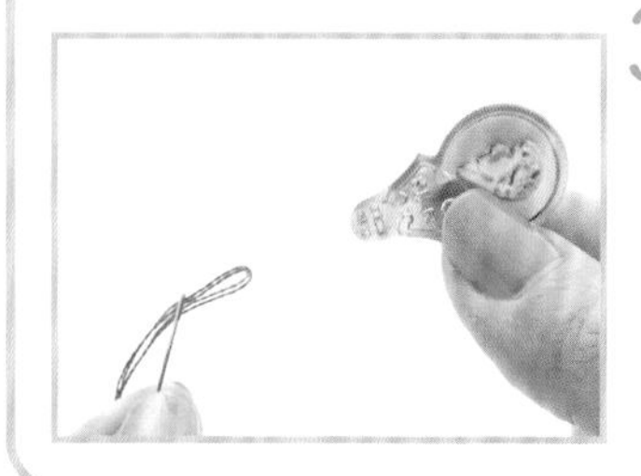

3 將穿線器拉出，便可順利穿好線。

刺繡完成後的處理

將刺繡前複寫的圖案消去，並以熨斗熨燙，完成作品。有些種類的布用複寫紙，一旦熨燙就無法消去複寫痕跡，請注意。

1 將繡框取下。

2 以棉花棒沾水，把圖案擦掉。

☆水消型布用複寫紙適用。

3 將浴巾或毛巾鋪在下面，墊上一張白色的布。

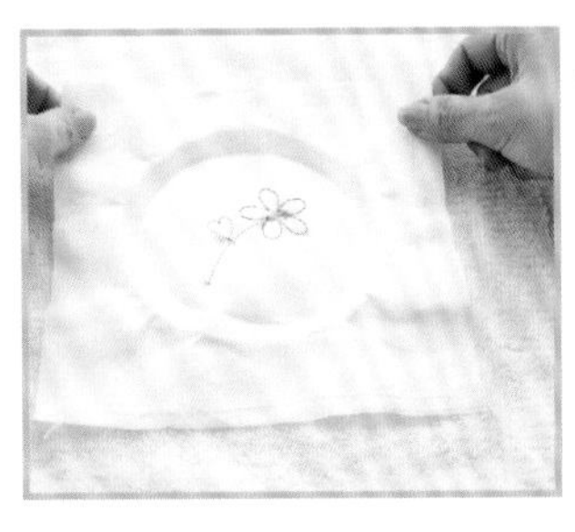

4 繡好的作品背面朝上，放置在白布上。

5 墊上一片擋布。

6 以熨斗熨燙。從上方以按壓，而非滑動的方式熨燙。

7 完成。

熨燙時請輕壓，避免將刺繡花樣壓扁。

起針與收針的方法

刺繡開始與結尾的線頭處理。較常用的方式是在背面將線繞3、4圈，打上始縫結或止縫結。

使用始縫結、止縫結的方法

使用背面縫線不明顯的刺繡針法時，適合以始縫結、止縫結起針與收針。

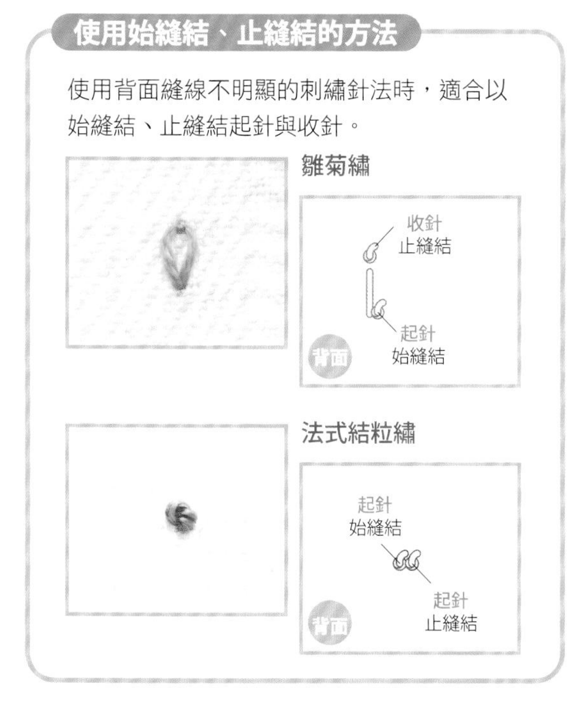

雛菊繡
收針
止縫結
起針
始縫結
背面
法式結粒繡
起針
始縫結
起針
止縫結
背面

在背面將線穿入針目藏線的方法

將起針與收針的線頭，穿入背面的針目藏線。

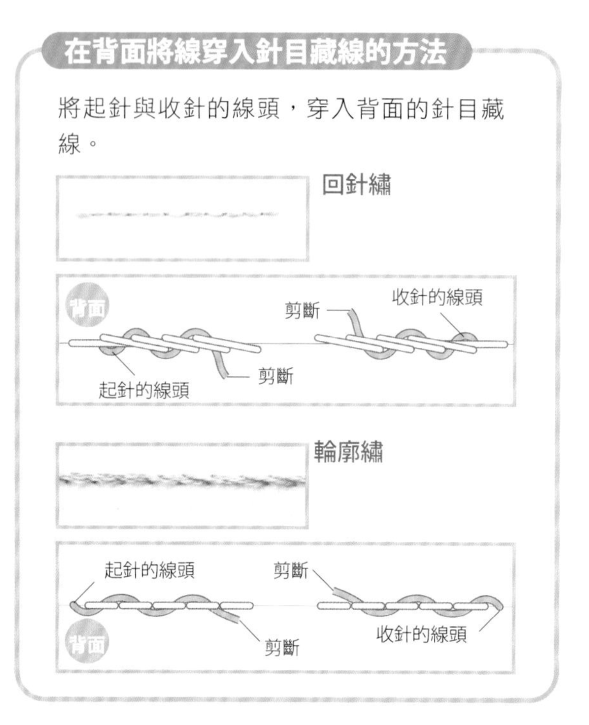

回針繡
背面
剪斷
收針的線頭
起針的線頭
剪斷
輪廓繡
起針的線頭
剪斷
背面
剪斷
收針的線頭

穿入針目的方法

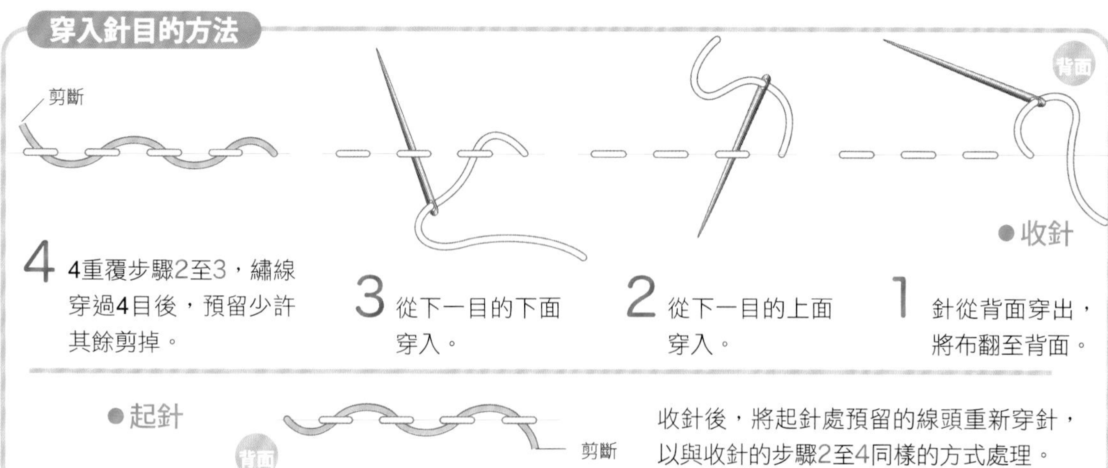

背面
●收針
1 針從背面穿出，將布翻至背面。
2 從下一目的上面穿入。
3 從下一目的下面穿入。
剪斷
4 4重覆步驟2至3，繡線穿過4目後，預留少許其餘剪掉。
●起針
背面
剪斷
收針後，將起針處預留的線頭重新穿針，以與收針的步驟2至4同樣的方式處理。

⁎ 上圖為同一條線，為了更淺顯易懂，起針與收針處的線頭以不同顏色標示。

起針・始縫結

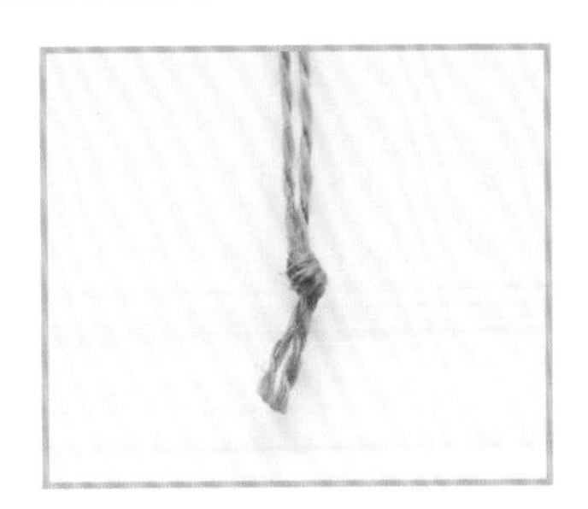

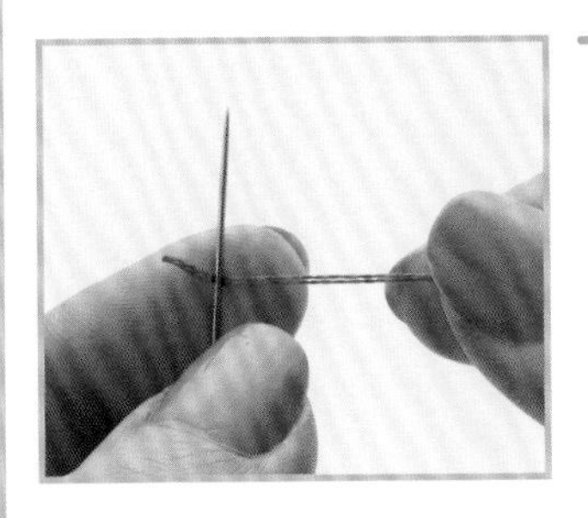

1 將線頭夾於針與手指之間。

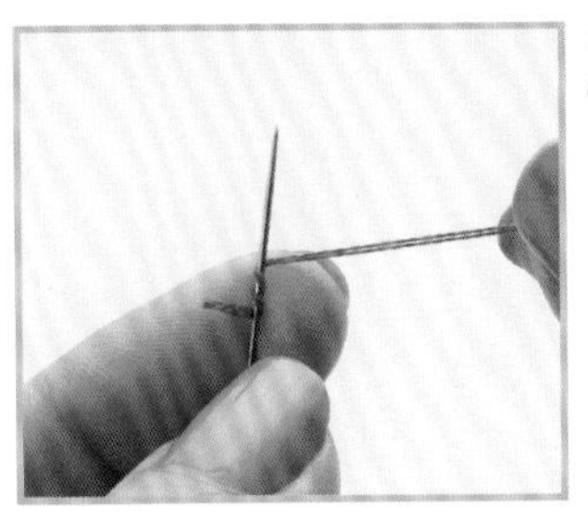

2 以線繞針2圈。

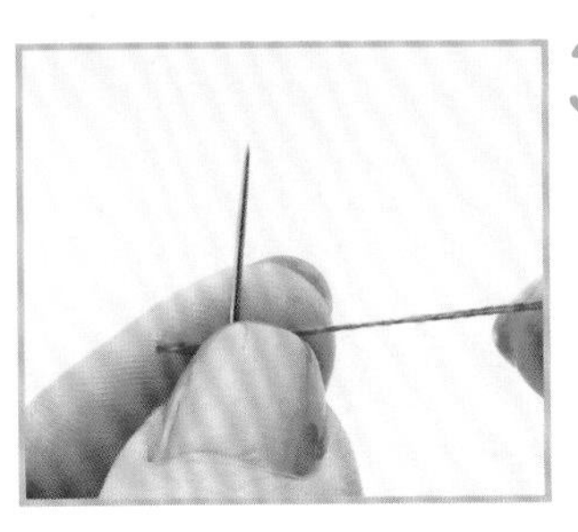

3 繞好的線圈以手指壓住。

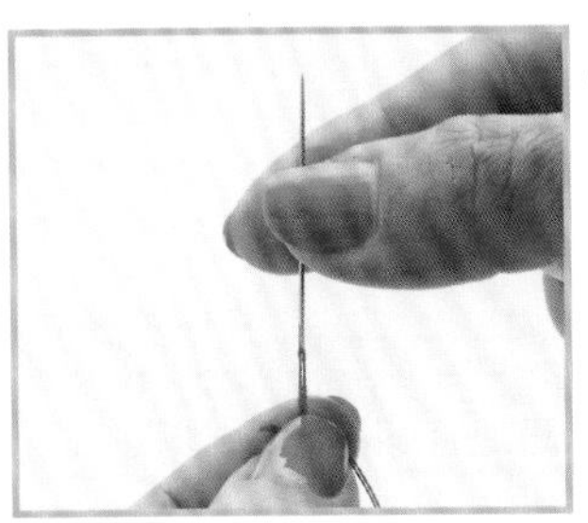

4 一邊壓緊線圈一邊出針，完成打結。

收針・止縫結

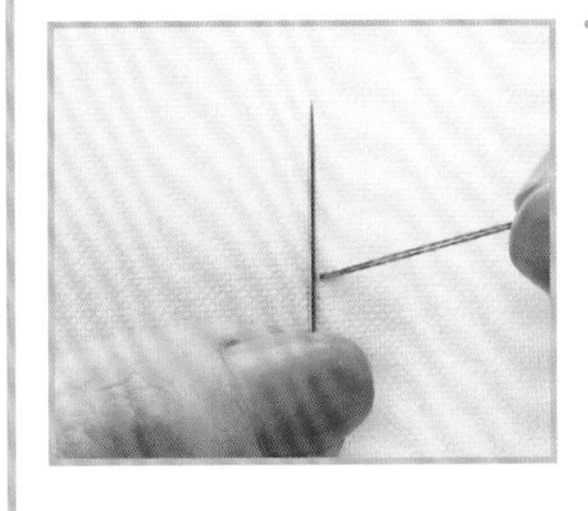

1 將針放在線穿出處。

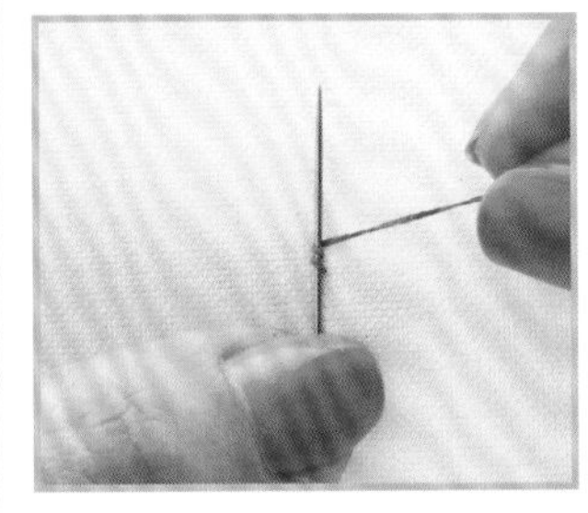

2 以線繞針2圈。

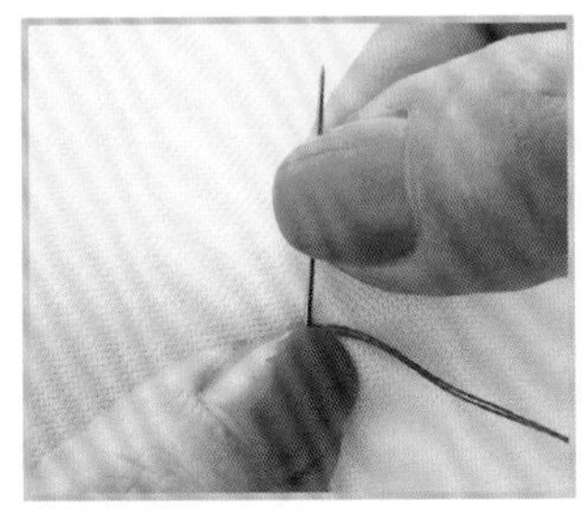

3 拇指壓住繞好的線圈，出針。

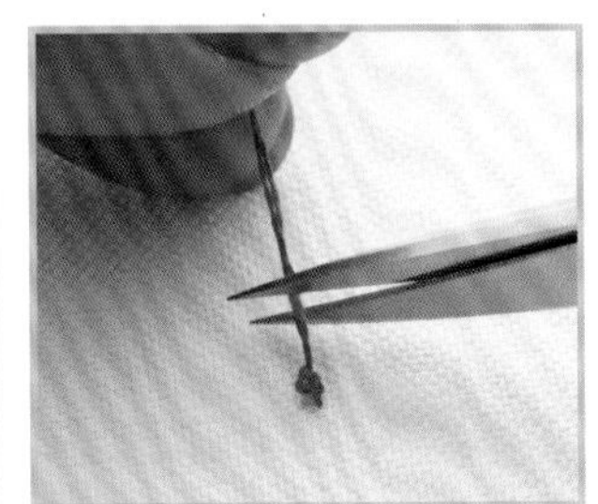

4 以剪刀將線剪斷。

線條の刺繡

線條的繡法。

因為只需要繡出圖案的輪廓線條，

非常適合初學者從這裡開始挑戰。

最大的重點在於漂亮地複寫圖案，

再於複寫出來的圖案上穿針刺繡。

每下一針都要注意，

繡線有沒有平整？

繡線有沒有拉太緊？

一邊確認一邊刺繡。

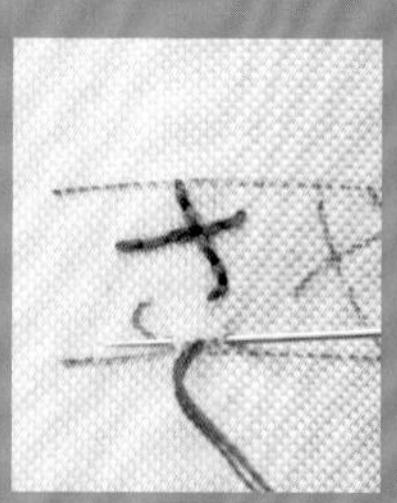

線條の刺繡

☆圖案請見P.45

平針繡
直線繡
回針繡
輪廓繡
釘線繡
山形繡
飛羽繡

可愛的雜貨
Sweet Heart
GIFT
TEA TIME
love

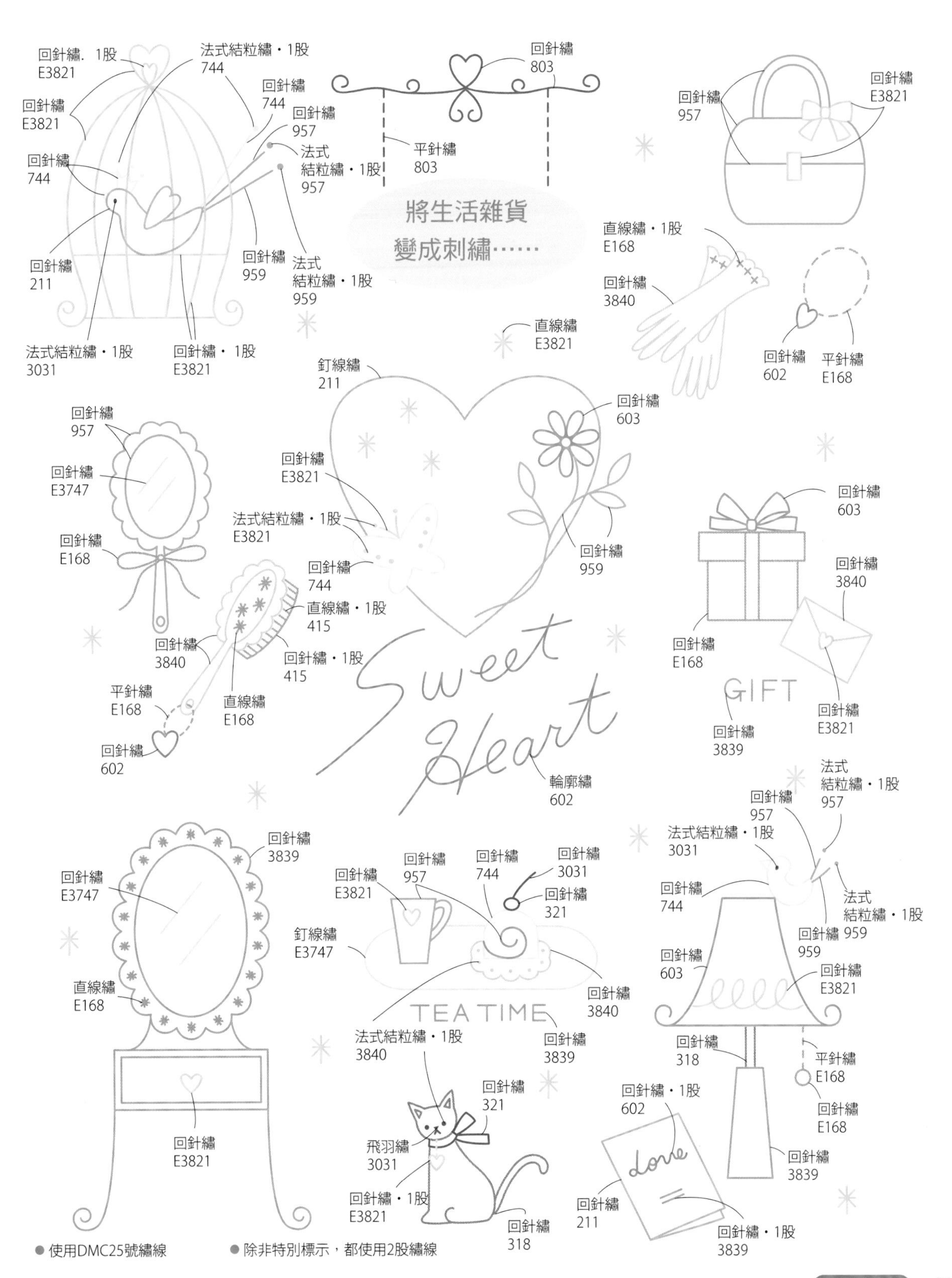

將生活雜貨
變成刺繡……
回針繡. 1股
E3821
法式結粒繡・1股
744
回針繡
803
回針繡
E3821
回針繡
744
回針繡
957
法式
結粒繡・1股
957
平針繡
803
回針繡
744
回針繡
211
回針繡
959
法式
結粒繡・1股
959
法式結粒繡・1股
3031
回針繡・ 1股
E3821
回針繡
957
回針繡
E3821
直線繡・1股
E168
回針繡
3840
直線繡
E3821
回針繡
602
平針繡
E168
釘線繡
211
回針繡
603
回針繡
957
回針繡
E3747
回針繡
E3821
法式結粒繡・1股
E3821
回針繡
E168
回針繡
744
回針繡
959
直線繡・1股
415
回針繡
603
回針繡
3840
回針繡
3840
回針繡・1股
415
回針繡
E168
平針繡
E168
直線繡
E168
GIFT
回針繡
3839
回針繡
E3821
回針繡
602
Sweet Heart
輪廓繡
602
法式
結粒繡・1股
957
回針繡
957
法式結粒繡・1股
3031
回針繡
3839
回針繡
E3747
回針繡
957
回針繡
E3821
回針繡
744
回針繡
3031
回針繡
321
回針繡
744
法式
結粒繡・1股
959
回針繡
959
釘線繡
E3747
回針繡
603
回針繡
E3821
直線繡
E168
TEA TIME
回針繡
3840
法式結粒繡・1股
3840
回針繡
3839
回針繡
318
平針繡
E168
回針繡
321
回針繡・1股
602
回針繡
E168
飛羽繡
3031
Love
回針繡
3839
回針繡
E3821
回針繡・1股
E3821
回針繡
211
回針繡
318
回針繡・1股
3839

● 使用DMC25號繡線　● 除非特別標示，都使用2股繡線

以線條組成的花朵

FLOWER
HAPPY
Flower

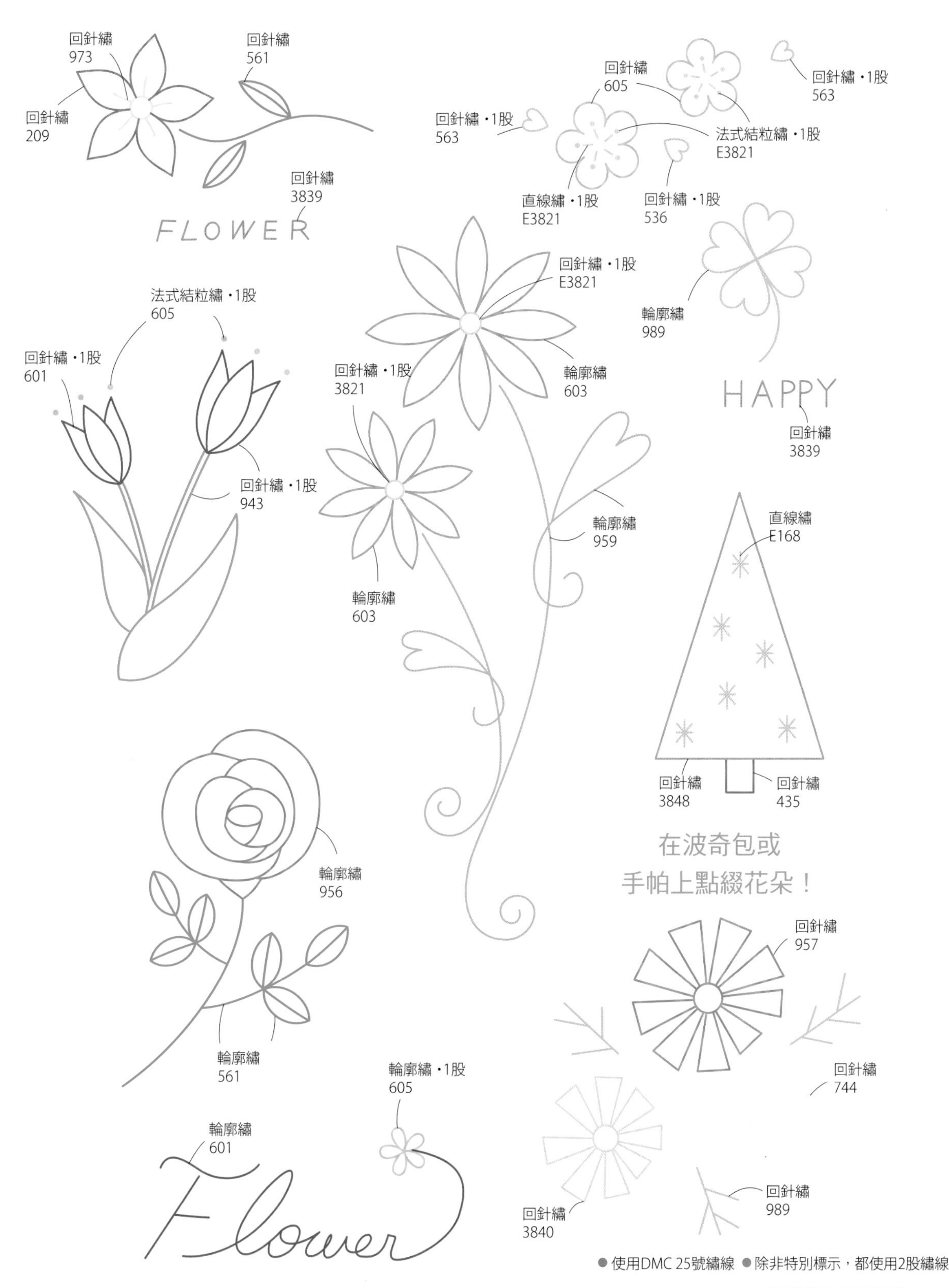
回針繡
973
回針繡
561
回針繡
209
回針繡
605
回針繡・1股
563
回針繡・1股
563
法式結粒繡・1股
E3821
直線繡・1股
E3821
回針繡・1股
536
回針繡
3839
FLOWER
回針繡・1股
E3821
法式結粒繡・1股
605
回針繡・1股
601
輪廓繡
989
回針繡・1股
3821
輪廓繡
603
HAPPY
回針繡
3839
回針繡・1股
943
輪廓繡
959
直線繡
E168
輪廓繡
603
回針繡
3848
回針繡
435
在波奇包或
手帕上點綴花朵！
輪廓繡
956
回針繡
957
回針繡
744
輪廓繡
561
輪廓繡・1股
605
輪廓繡
601
Flower
回針繡
989
回針繡
3840

●使用DMC 25號繡線 ●除非特別標示，都使用2股繡線

以線條呈現北歐風

HOME

以單色完成重點裝飾，
繡上喜歡的顏色……

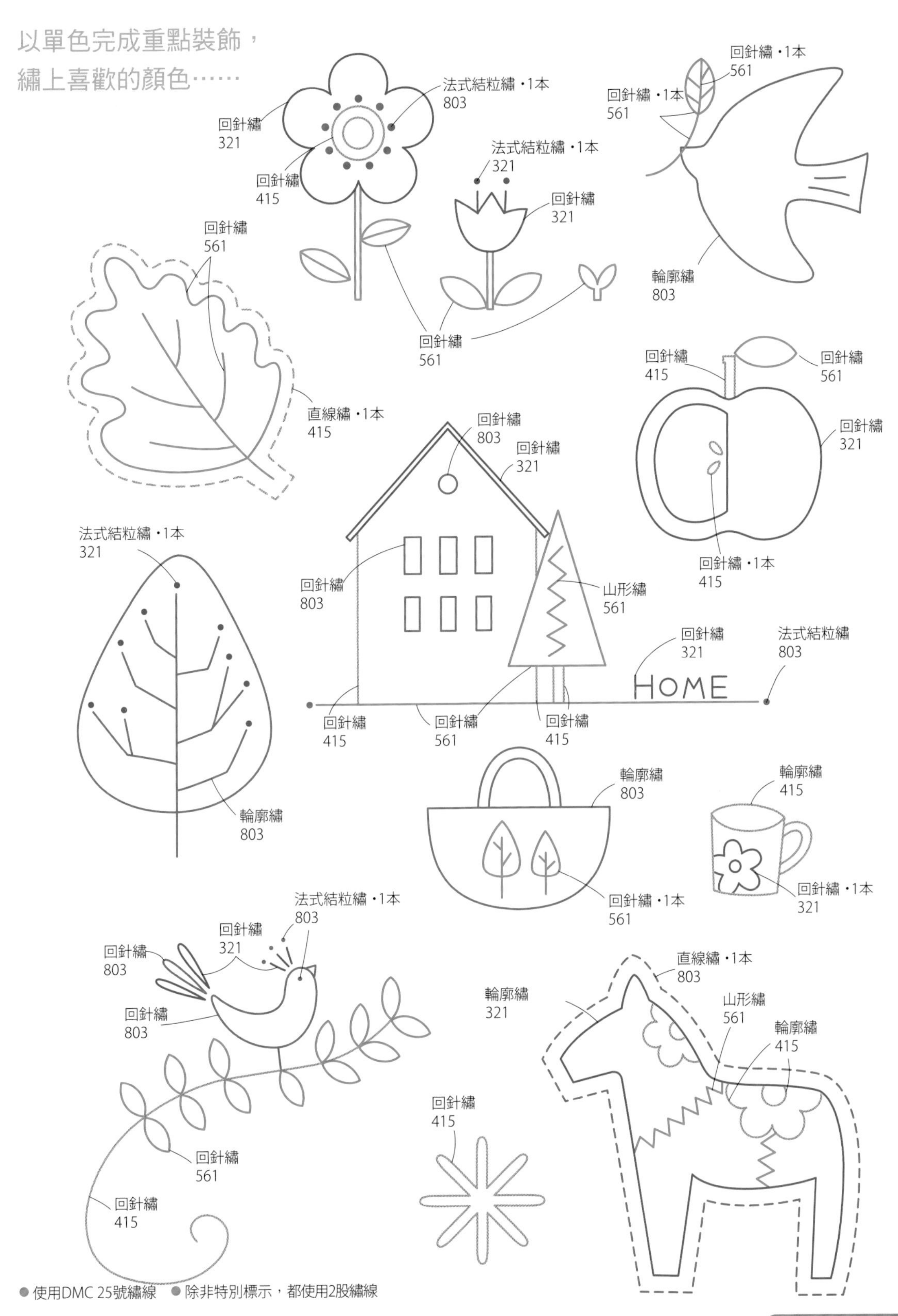

法式結粒繡・1本
803
回針繡
321
回針繡
415
法式結粒繡・1本
321
回針繡
321
回針繡・1本
561
回針繡・1本
561
輪廓繡
803
回針繡
561
回針繡
561
直線繡・1本
415
回針繡
415
回針繡
561
回針繡
803
回針繡
321
回針繡
321
回針繡・1本
415
法式結粒繡・1本
321
回針繡
803
山形繡
561
回針繡
321
法式結粒繡
803
HOME
回針繡
415
回針繡
561
回針繡
415
輪廓繡
803
輪廓繡
803
輪廓繡
415
回針繡・1本
561
回針繡・1本
321
法式結粒繡・1本
803
回針繡
321
回針繡
803
回針繡
803
直線繡・1本
803
輪廓繡
321
山形繡
561
輪廓繡
415
回針繡
415
回針繡
561
回針繡
415

● 使用DMC 25號繡線　● 除非特別標示，都使用2股繡線

平針繡

單純的縫針，與平針縫相同的刺繡針法。
只要重覆入針穿出即可完成，主要用於繡線條時。

✲圖案請見P.45

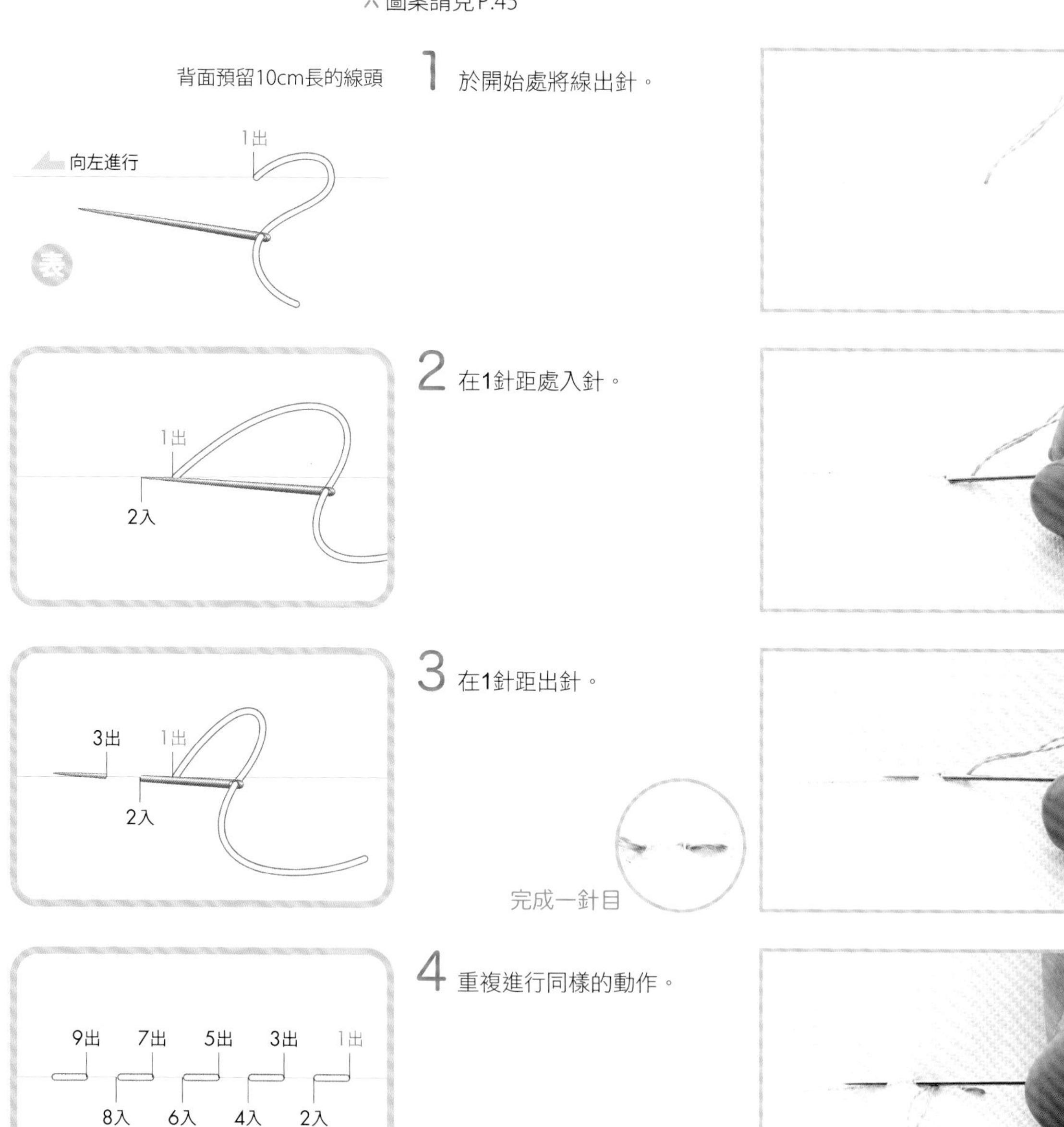
背面預留10cm長的線頭
1 於開始處將線出針。
向左進行
1出
表
2 在1針距處入針。
1出
2入
3 在1針距出針。
3出
1出
2入
完成一針目
4 重複進行同樣的動作。
9出
7出
5出
3出
1出
8入
6入
4入
2入
重覆步驟2至3

關於刺繡的針距

將刺繡的針距保持一致

也有正面與背面的針距不相同的刺繡針法。

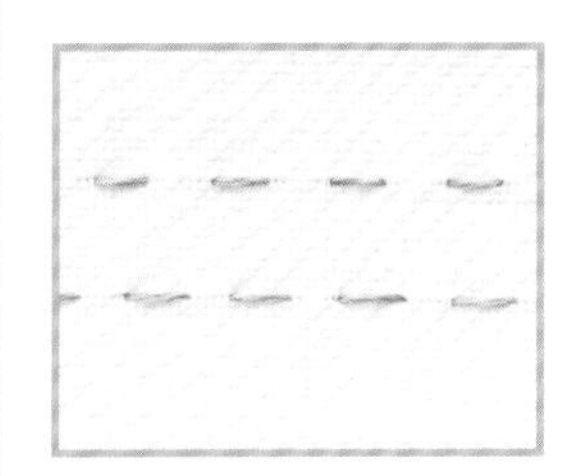

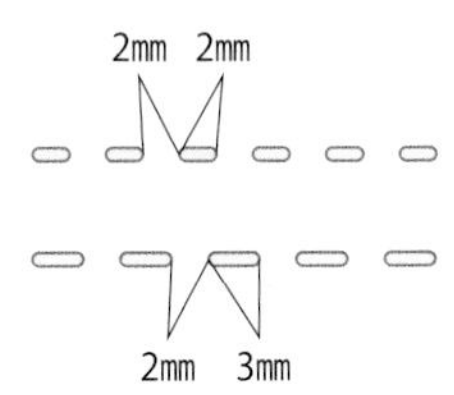
2mm 2mm
2mm 3mm

直線的繡法

連續刺繡3至4針

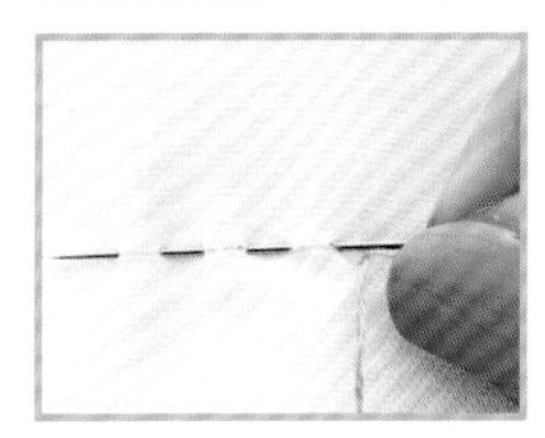

連續刺繡會比較容易，針目也較整齊漂亮。

弧線的繡法

一針一針刺繡

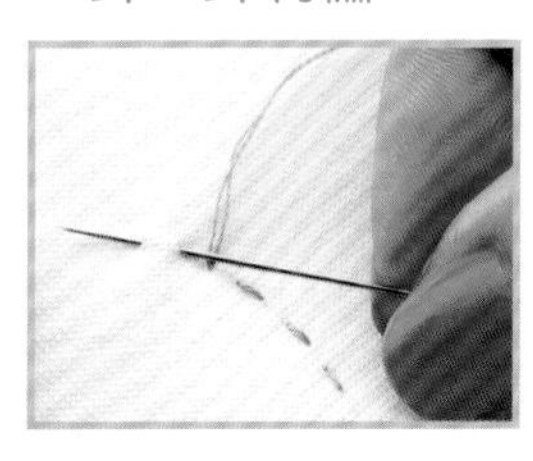

沿著圖案的弧線，一針一針刺繡。

繡得漂亮的訣竅

拉伸繡線

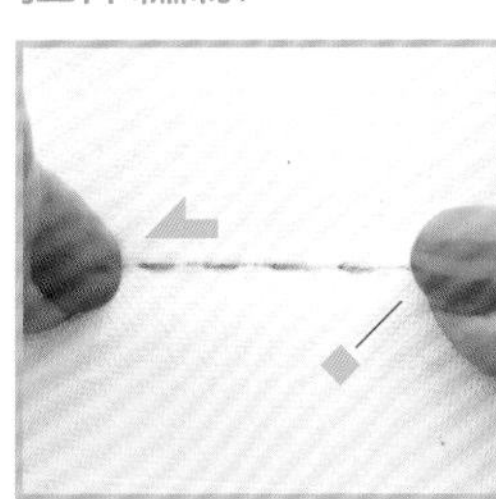

繡了幾針後，為了不使繡線縮緊，請將繡線拉伸一下，讓針目平整漂亮。

將◆壓住，往◢的方向拉伸。

起針與收針

●收針

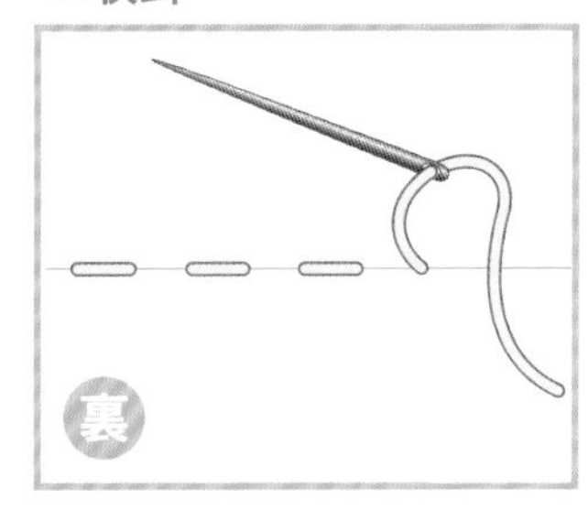
裏

1 從背面出針，將布料翻至背面朝上。

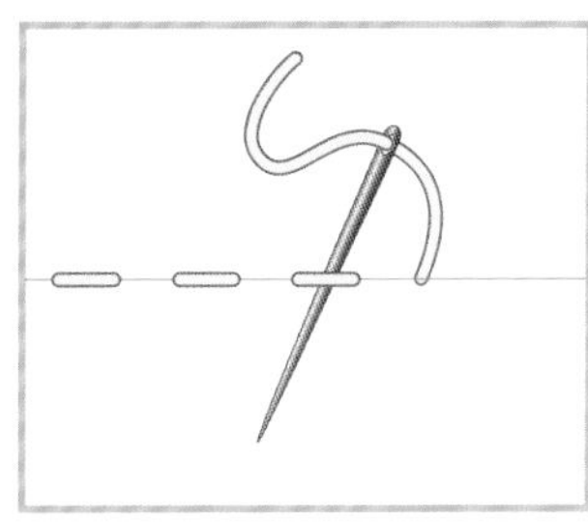

2 從下一針目的上方入針。

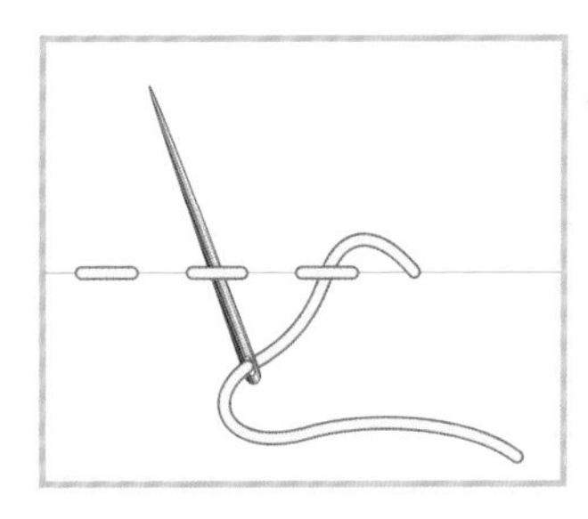

3 從下一針目的下方入針。

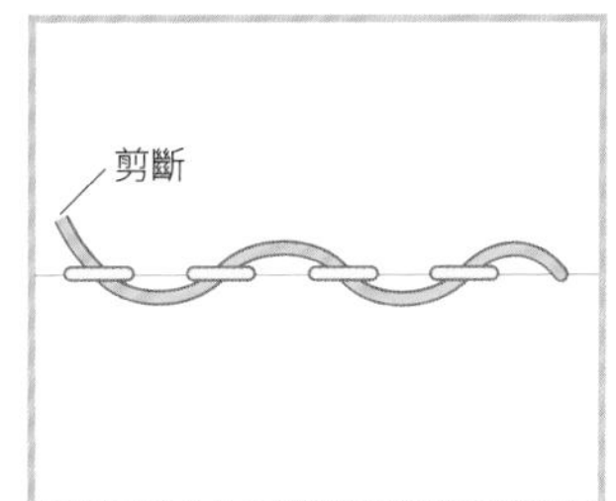
剪斷

4 重複步驟2至3，穿入4針後，預留少許繡線剪斷。

●起針

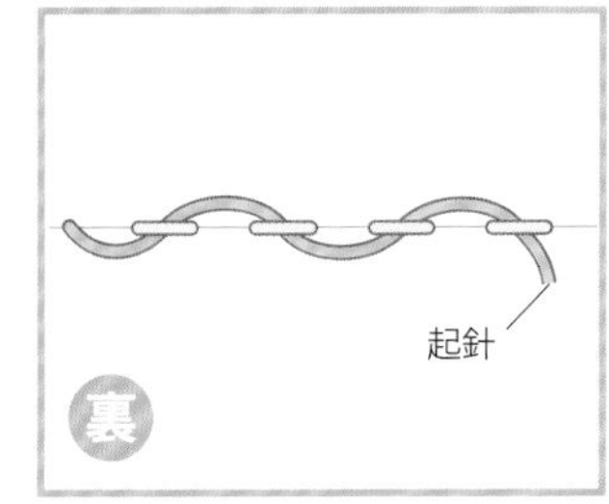
起針
裏

將起針時預留的線頭穿針，以與收針的步驟2至3同樣方式處理。

回針繡

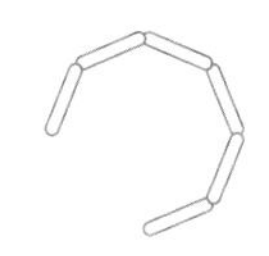

往後繡一針，再往前繡。與回針縫相同的刺繡針法。針與針之間不留空隙，繡成一條線，描繪圖案輪廓時非常方便的繡法。

✧圖案請見P.45

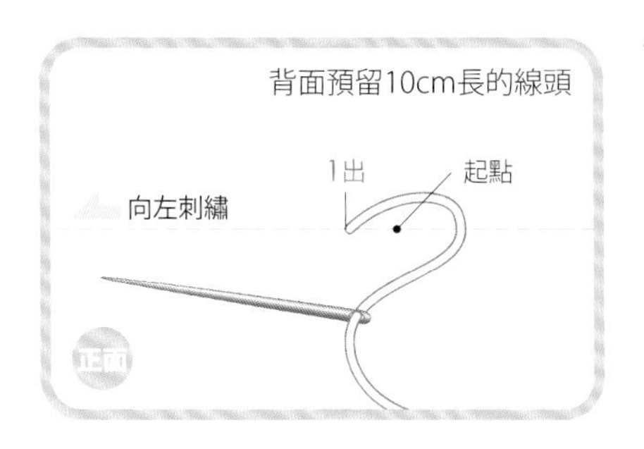
背面預留10cm長的線頭
1出
起點
向左刺繡
正面

1 於第1針目的前端出針。

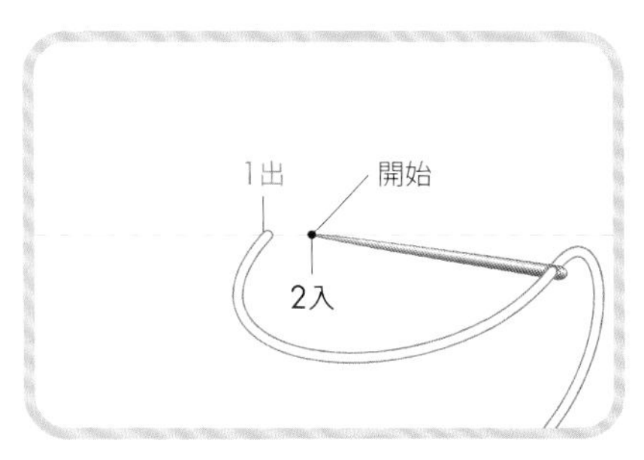
1出
開始
2入

2 往回於起點入針。

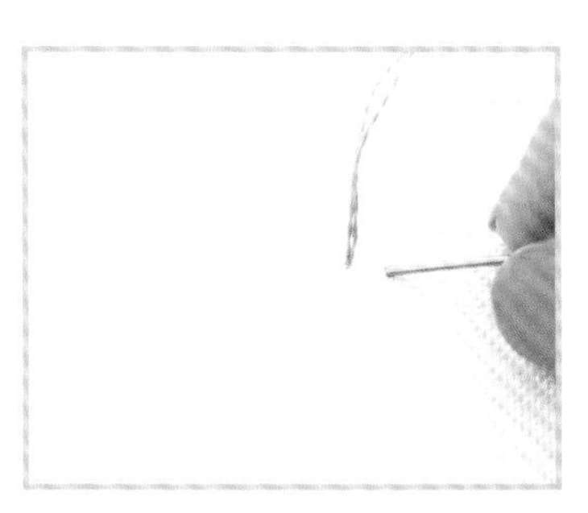

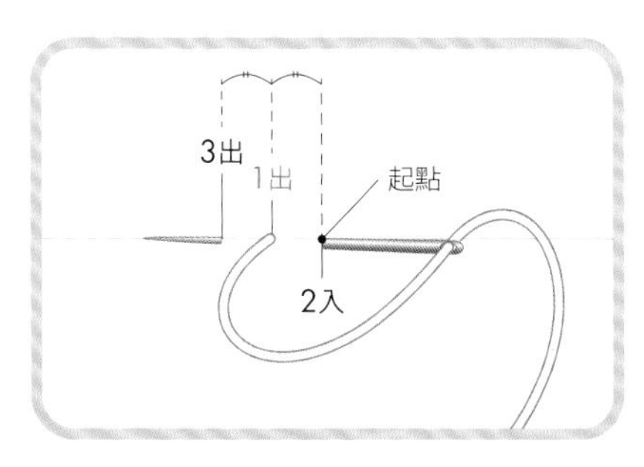
3出
1出
起點
2入

3 於往前2個針目處出針。

完成1針目

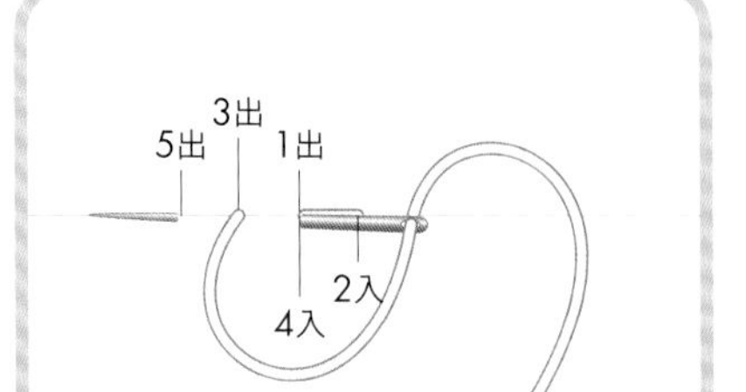
3出
5出
1出
2入
4入

4 於步驟1穿出處下針，往前2個針目再出針。

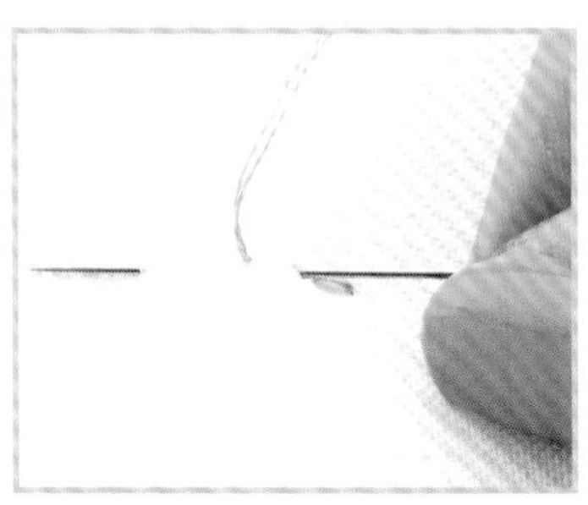

重覆步驟2至3

關於線條的粗細

配合線條的粗細選擇股數

繡線的股數，可以改變線條的粗細。

1股

2股

3股

起針與收針

●收針

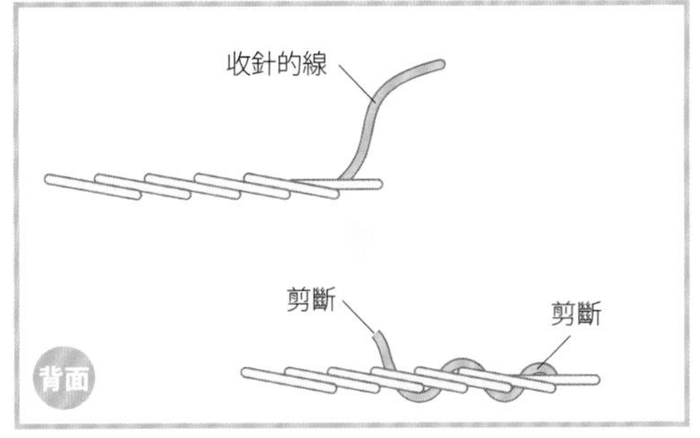

收針的線
剪斷
剪斷
背面

將收針的線於背面穿入針目3至4回，預留少許後剪斷。

●起針

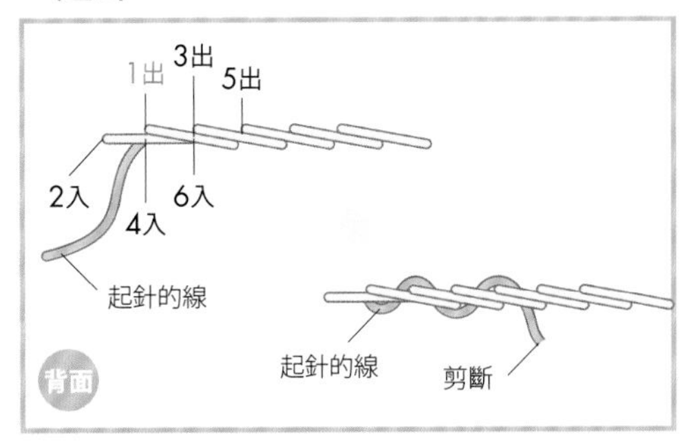

1出
3出
5出
2入
4入
6入
起針的線
背面
起針的線
剪斷

將起針預留的線頭穿針，於背面穿入針目3至4回，預留少許後剪斷。

以回針繡繡名字

要繡名字時，以線條連續不斷的回針繡最適合

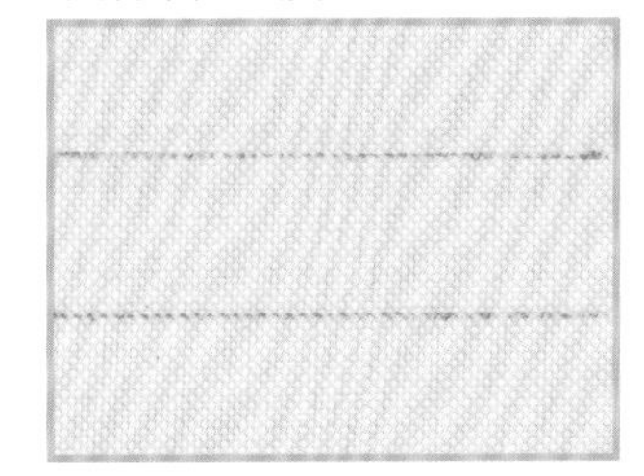

1 以消失筆畫出確定字體高度的 2 條基準線。

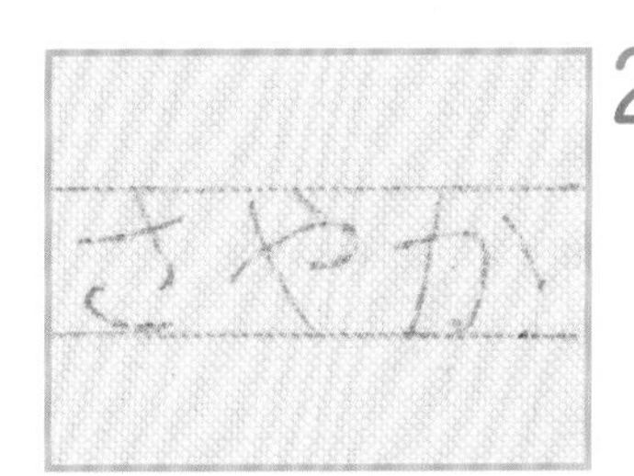

さやか

2 依照基準線將名字寫好。

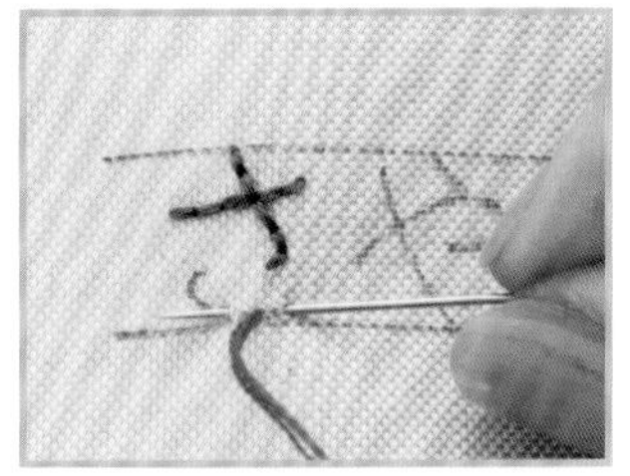

3 以回針繡沿著寫好的線條刺繡。

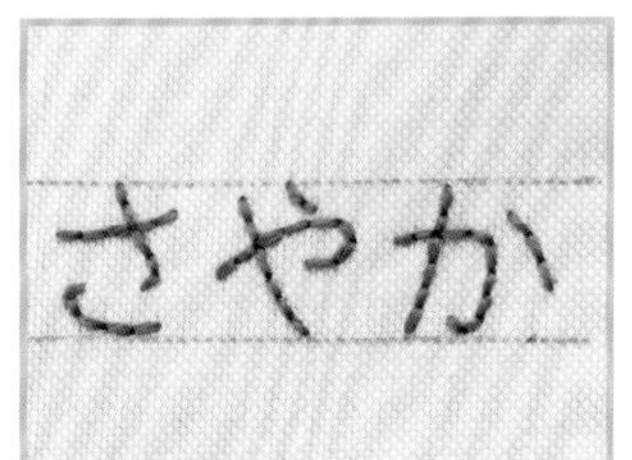

さやか

4 消去基準線，完成刺繡。

原寸大

さやか

☆如上圖2畫出兩條基準線，就算是手寫的名字也可以很漂亮。

輪廓繡

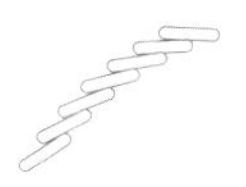

斜針入針後，如同倒退般由左向右刺繡。斜針可以加粗線條，描繪輪廓時再適合不過了。

☆圖案請見P.45

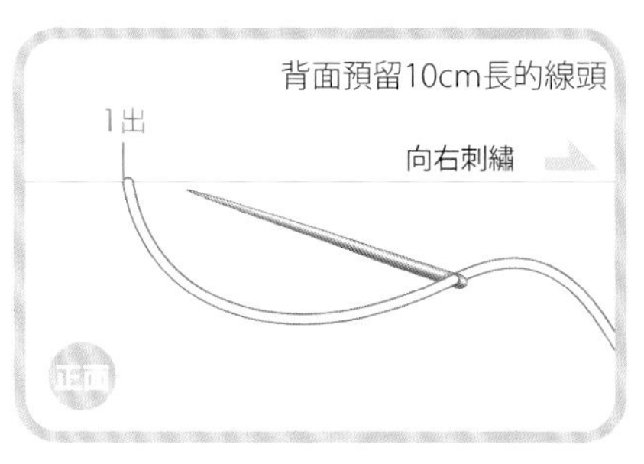

背面預留10cm長的線頭
1出
向右刺繡

1 於開始處將線出針。

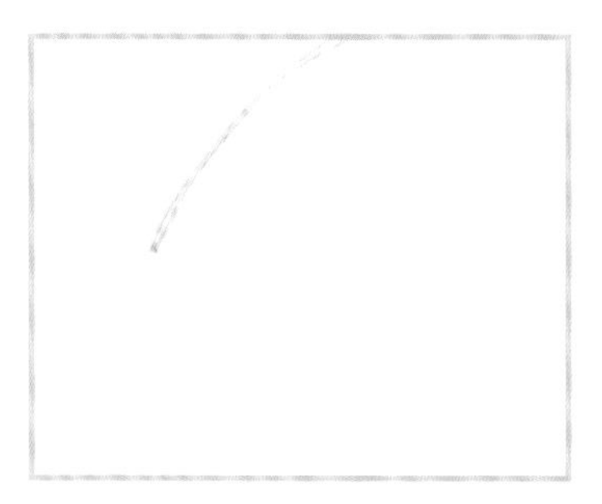

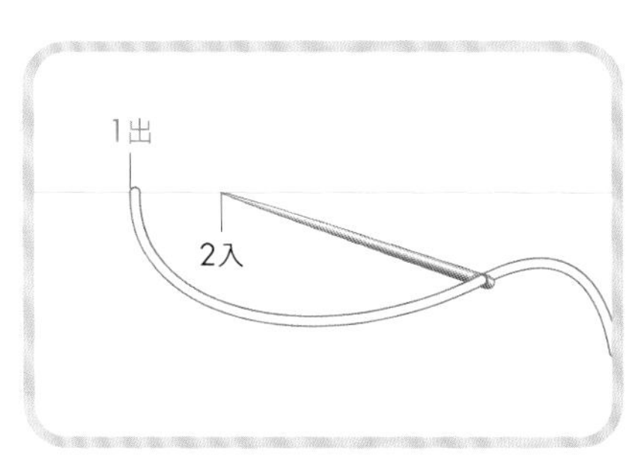

1出
2入

2 於第1針目的前端入針。

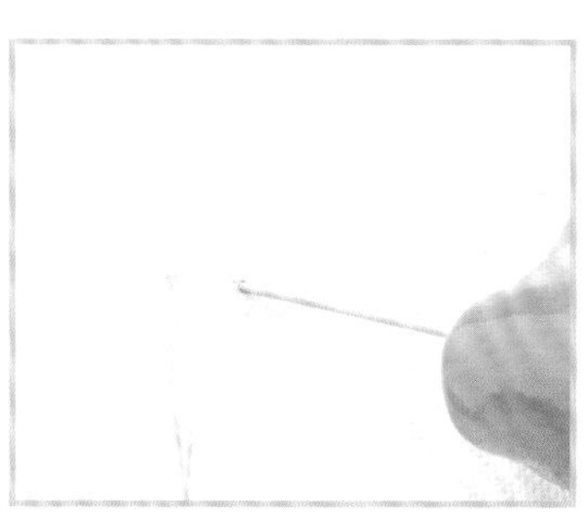

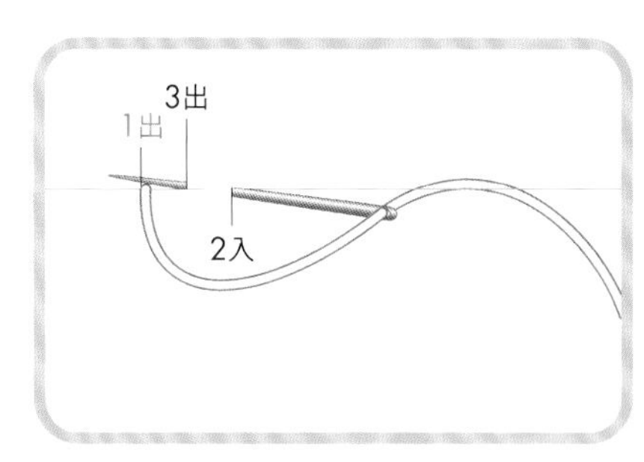

3出
1出
2入

3 於半針目處將針出針。

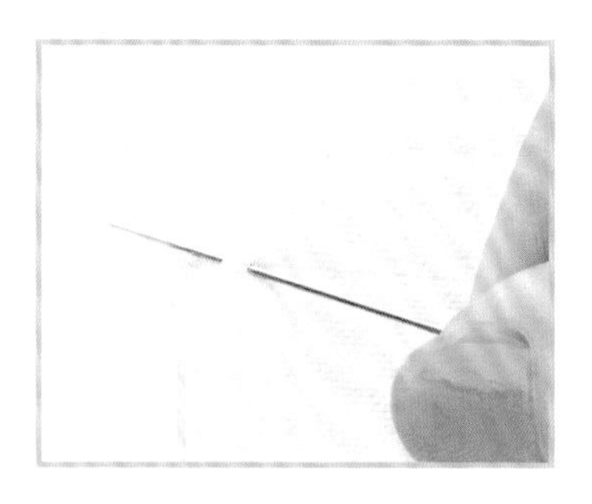

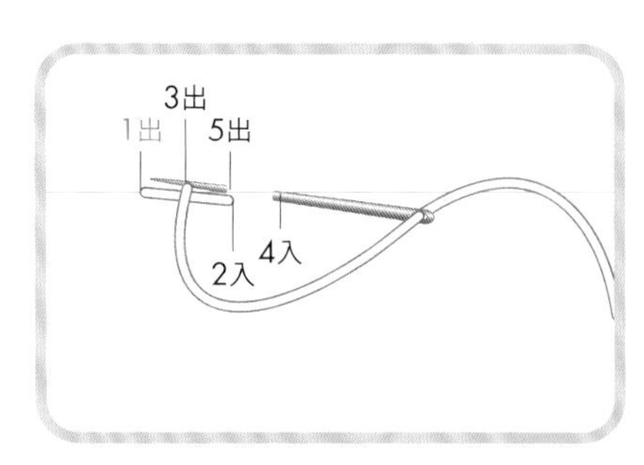

3出
1出
5出
2入
4入

4 重複進行同樣的方式。

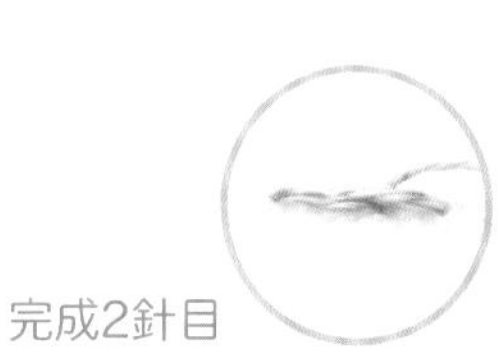

完成2針目

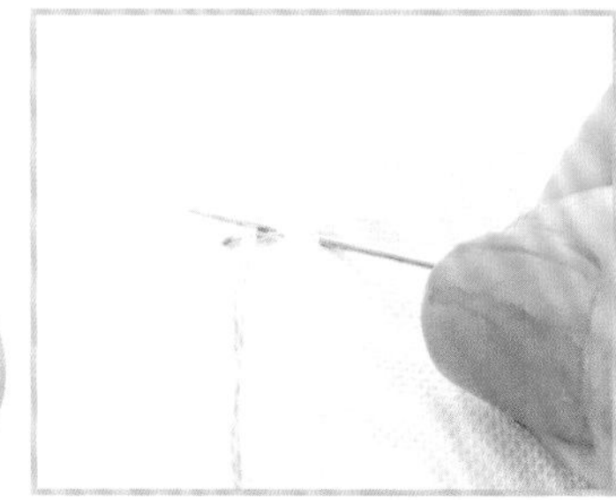

關於線條的粗細

以下針的角度控制線條的粗細

●細線條

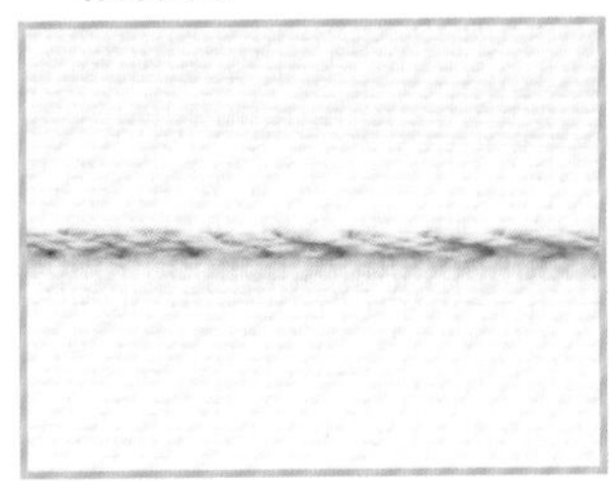

若下針的角度不大，每一針的重疊處減少，線條就會變細。

●粗線條

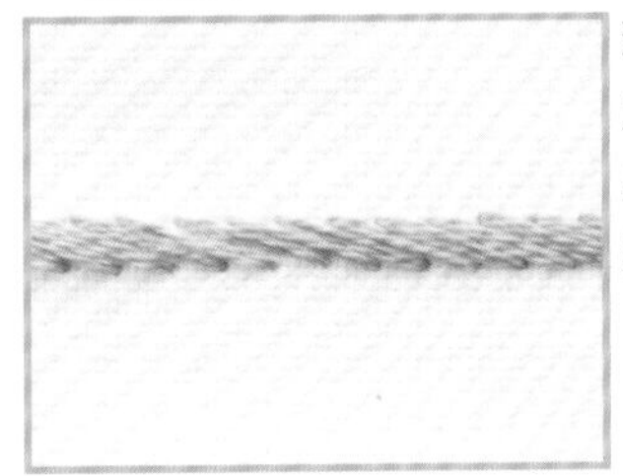

若下針的角度較大，每一針的重疊處增加，線條就會變粗。

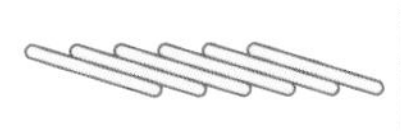

☆下針的角度保持一致，整體線條粗細不變，才會繡得漂亮。

起針與收針

●收針

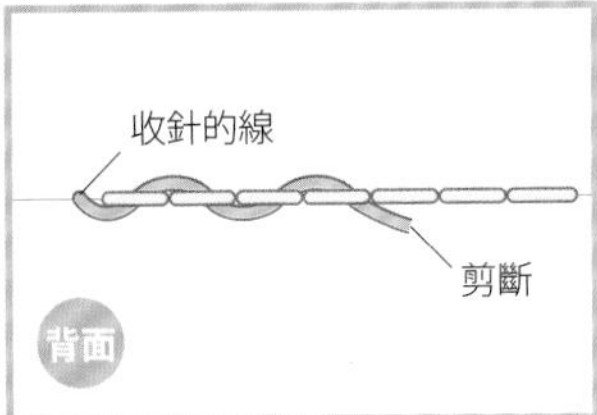

收針的線
剪斷
背面

將收針的線於背面穿入針目3至4回，預留少許後剪斷。

●起針

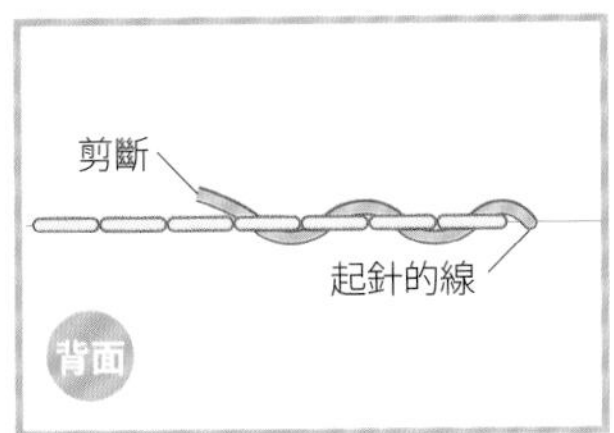

剪斷
起針的線
背面

將起針預留的線頭穿針，於背面穿入針目3至4回，預留少許後剪斷。

刺繡弧線時

以較小的針目刺繡弧線

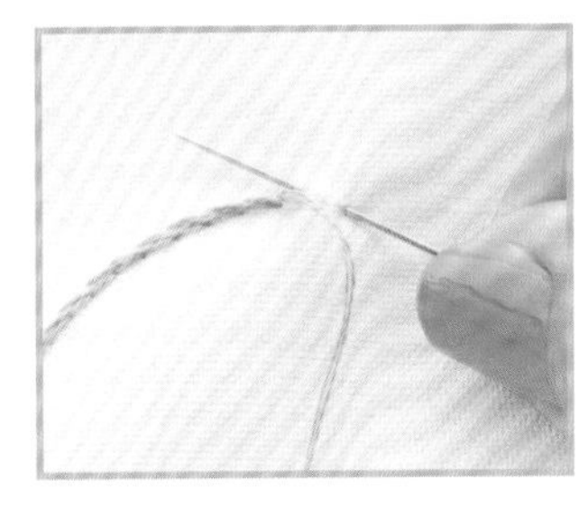

出針的位置落在圖案的線條上。

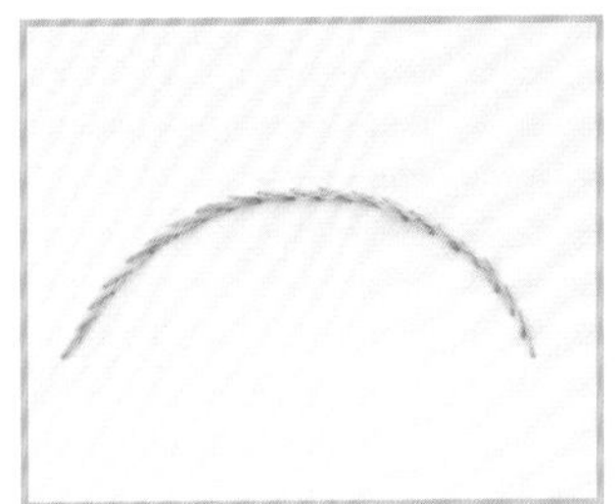

較小的針目可以繡出漂亮的弧度。

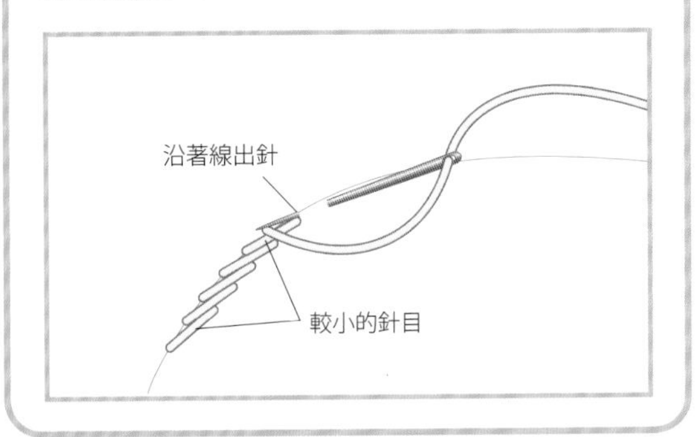

沿著線出針
較小的針目

繡得漂亮的訣竅

針目的大小與角度

針目排列整齊就會看起來漂亮， 請一針一針細心謹慎地刺繡。

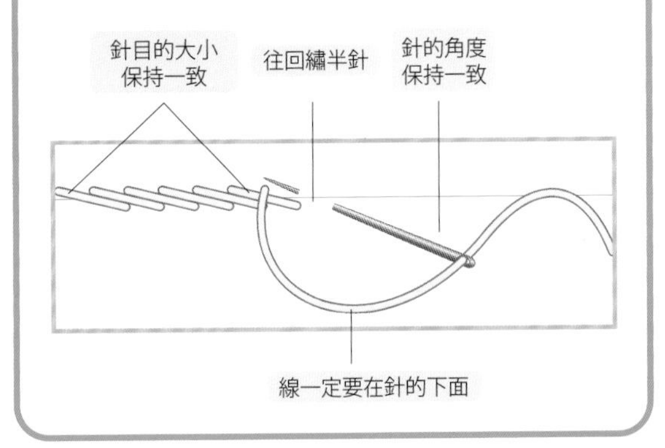

針目的大小保持一致
往回繡半針
針的角度保持一致
線一定要在針的下面

直線繡

一針繡出一條直線的刺繡針法。依據針目的長度與方向組合不同，可以變化出各式各樣的花樣，但不適合長距離的刺繡。

圖案請見P.45

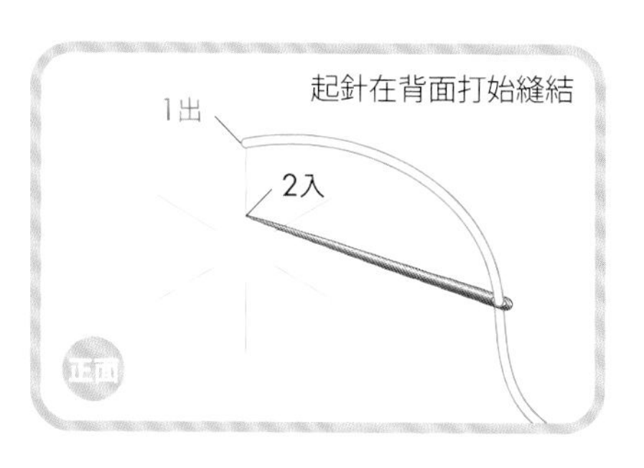

起針在背面打始縫結
1出
2入
正面

1 從圖案開始處出針，從結束處將入針。

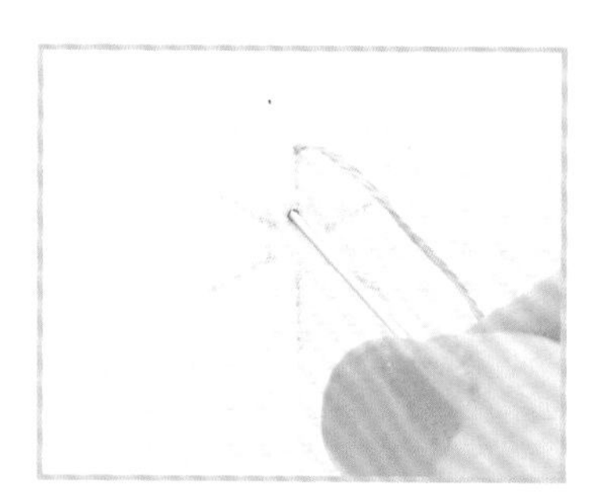

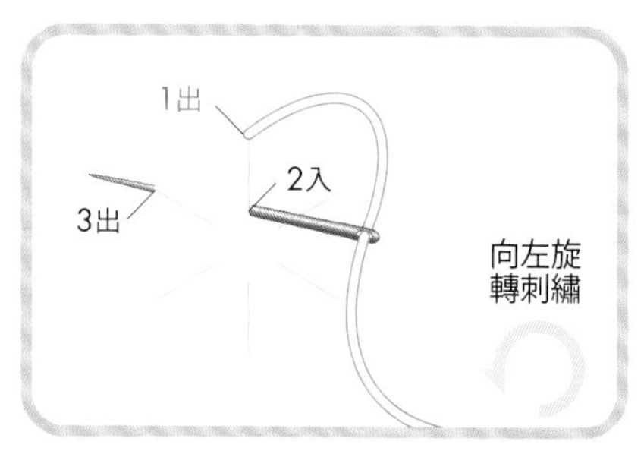

1出
2入
3出
向左旋轉刺繡

2 從下一個想要刺繡之處出針。

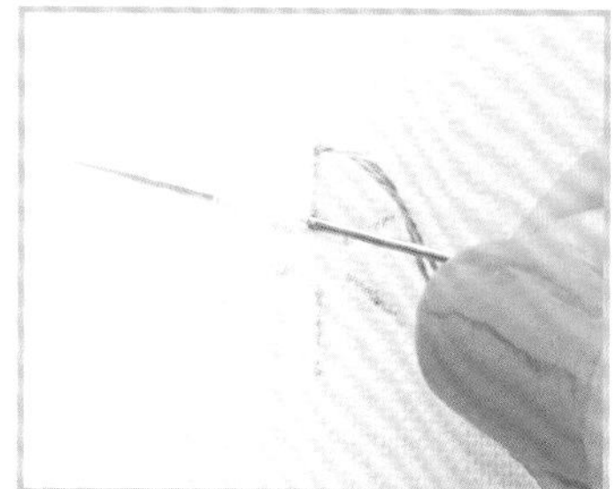

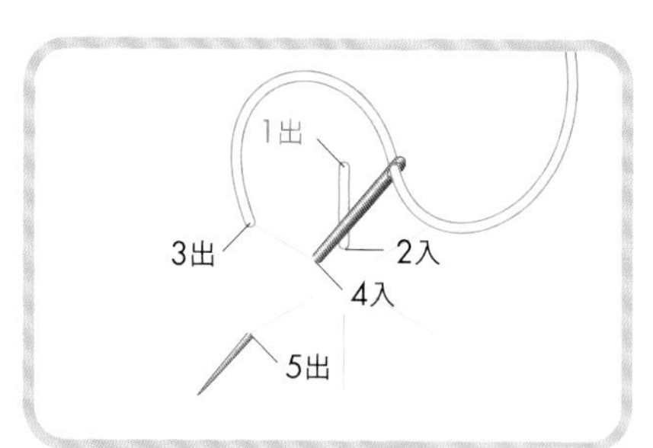

1出
2入
3出
4入
5出

3 重複進行同樣的方式。

重複步驟1至2

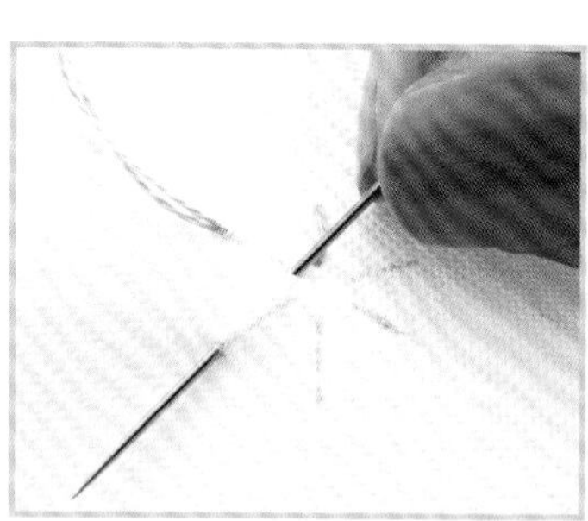

起針與收針

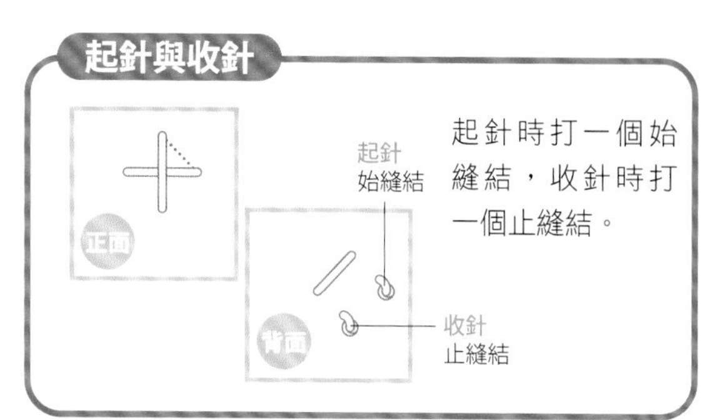

正面
背面
起針
始縫結
收針
止縫結

起針時打一個始縫結，收針時打一個止縫結。

呈弧線排列時

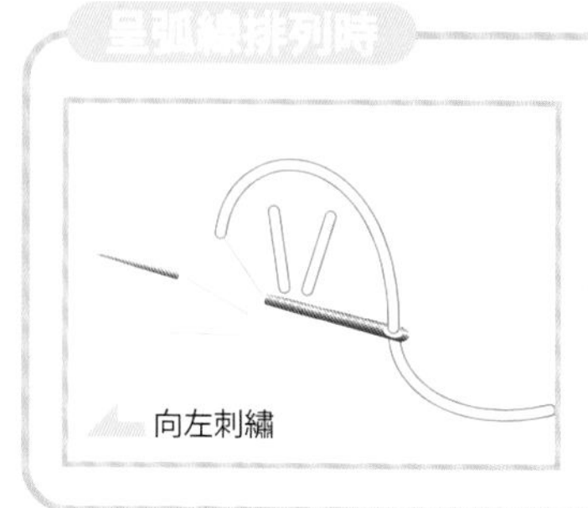

向左刺繡

從右端的圖案開始，向左進行刺繡。

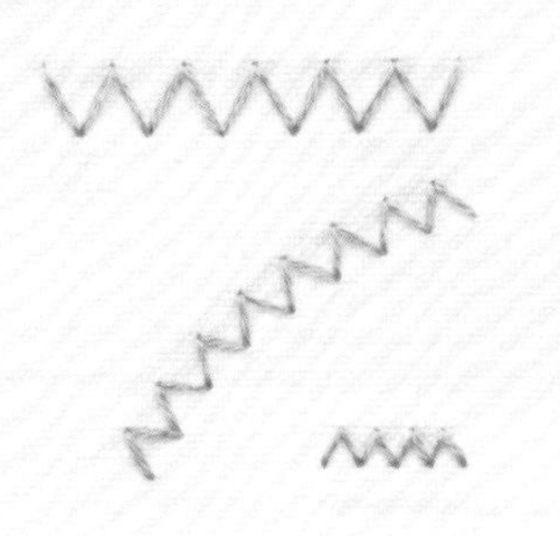

山形繡

鋸齒狀的刺繡針法。有「一針一針的刺繡方法」與「右側先刺繡完成，再回頭繡左側的方法」。這裡介紹「一針一針的刺繡方法」。

✲圖案請見P.45

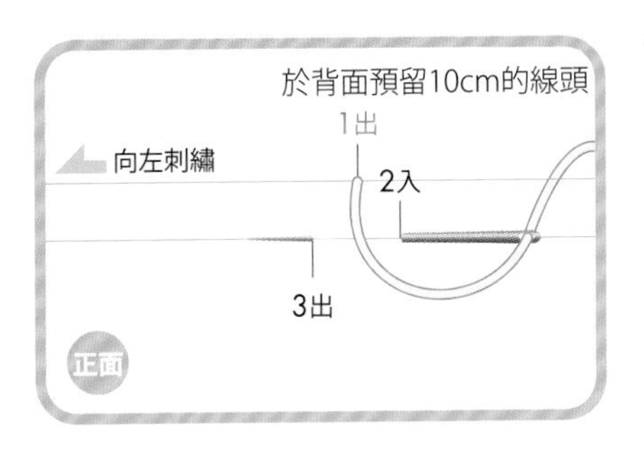
於背面預留10cm的線頭
1出
向左刺繡
2入
3出
正面

1 於開始的山頂出針，在起點的右下入針，然後從山的左下出針。

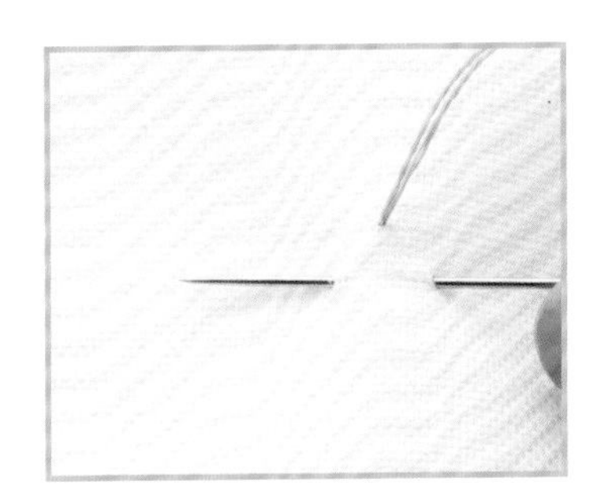

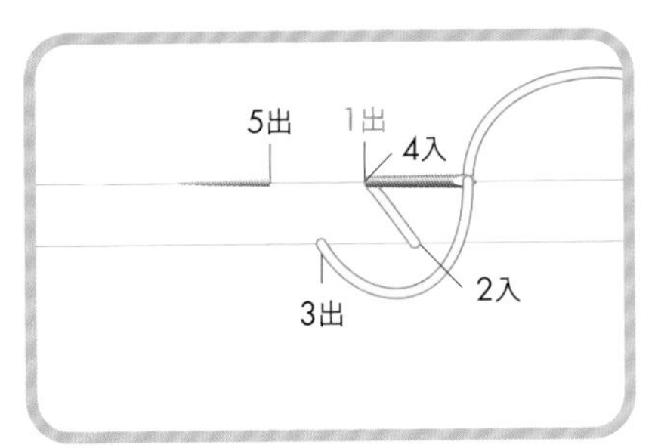
5出
1出
4入
2入
3出

2 於開始的山頂將針入針，從下一個山頂出針。

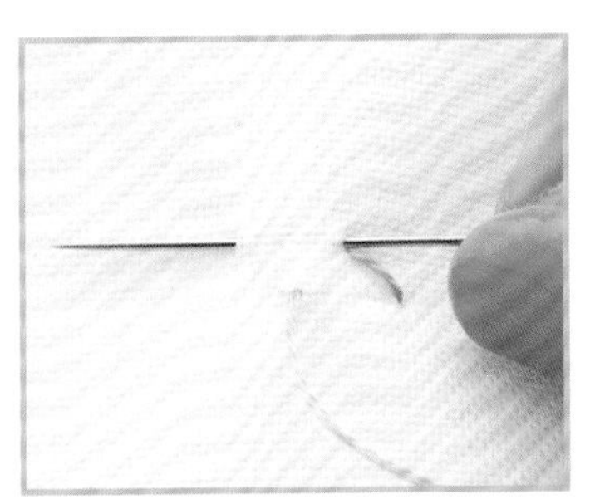

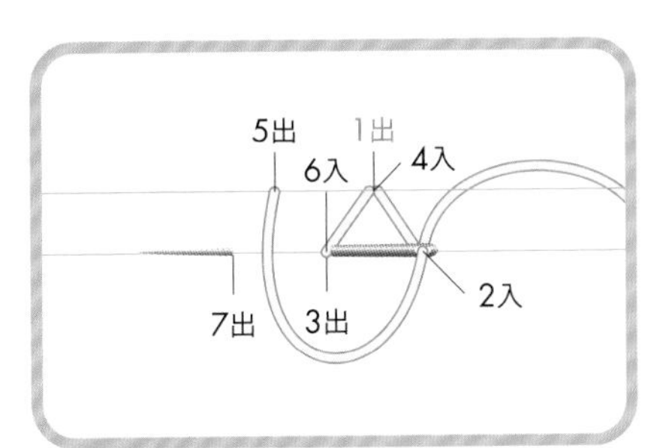
5出
1出
6入
4入
2入
7出
3出

3 重複進行同樣的方式。

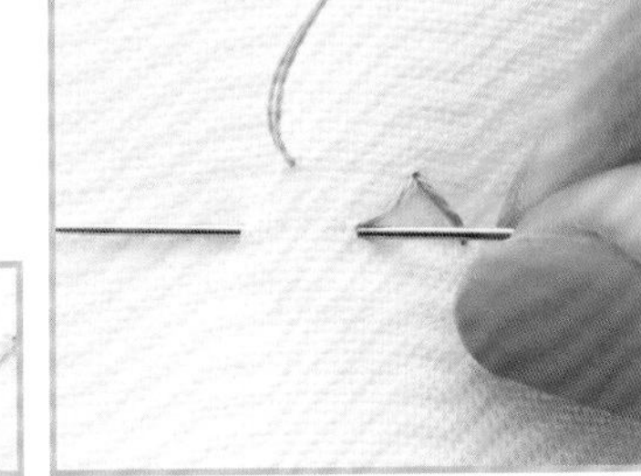

重複步驟1至2

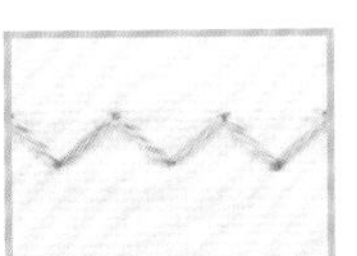

起針與收針

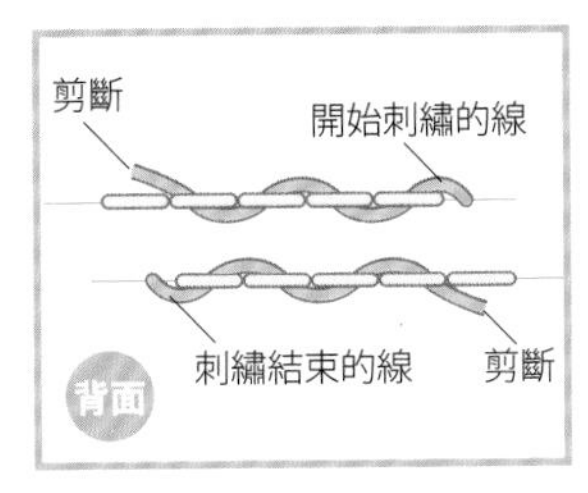
剪斷
開始刺繡的線
刺繡結束的線
剪斷
背面

將收針的線於背面穿入針目3至4回，預留少許後剪斷。將起針的線頭穿針，以同樣方式固定。

背面

正面

背面會如回針繡般，呈現上下兩條平行線。

背面

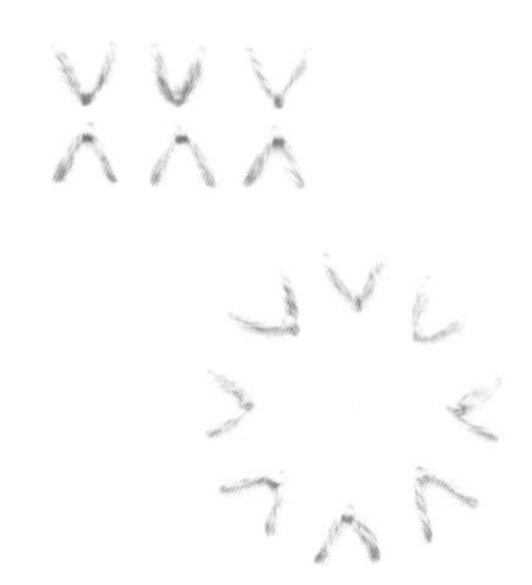

飛羽繡

呈現V形或Y形的刺繡針法，取決於最後一針的長度。可以橫向並排、可以繡成圓形，也可以連續刺繡花樣。

圖案請見P.45

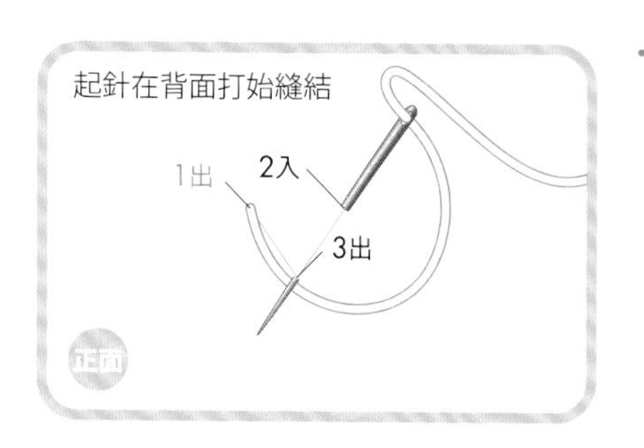
起針在背面打始縫結
1出
2入
3出
正面

1 從左端出針，於右邊同高度處入針後，從下方出針。

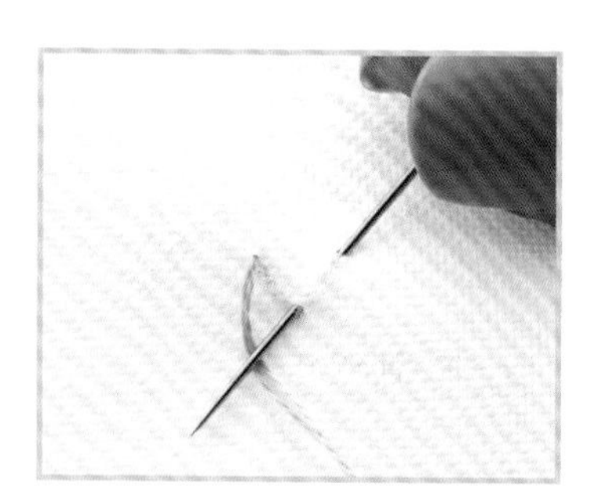

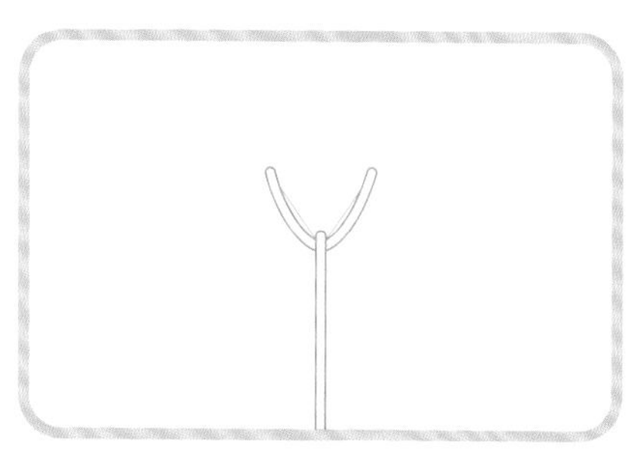

2 出針，線往下拉，輕輕拉緊。

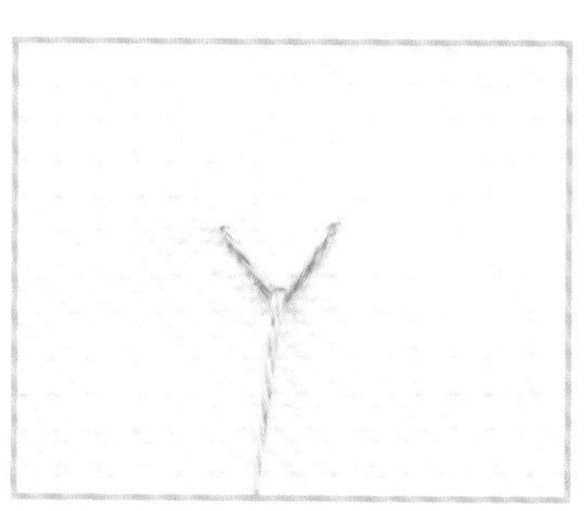

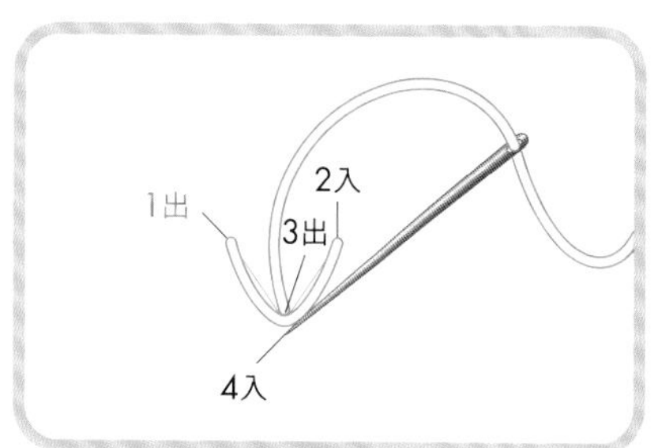
1出
2入
3出
4入

3 於出針處下方入針。

起針與收針

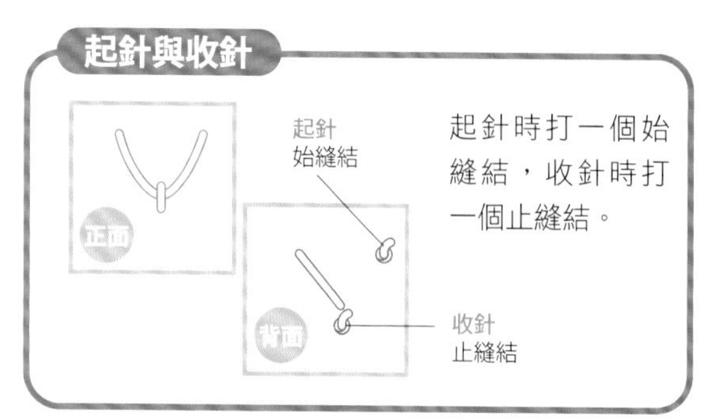
起針
始縫結
正面
背面
收針
止縫結

起針時打一個始縫結，收針時打一個止縫結。

不同種類的飛羽繡

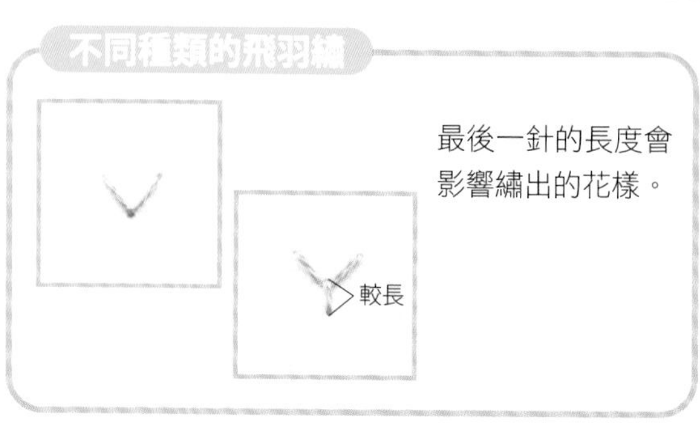
較長

最後一針的長度會影響繡出的花樣。

釘線繡

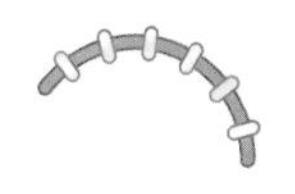

將作為芯的線（芯線）縫於布上，再以另一條線（固定線）縫合固定的刺繡針法。芯線與固定線選用不同顏色，可以營造不同的效果，或在想要加粗線條時使用。

✲圖案請見P.45

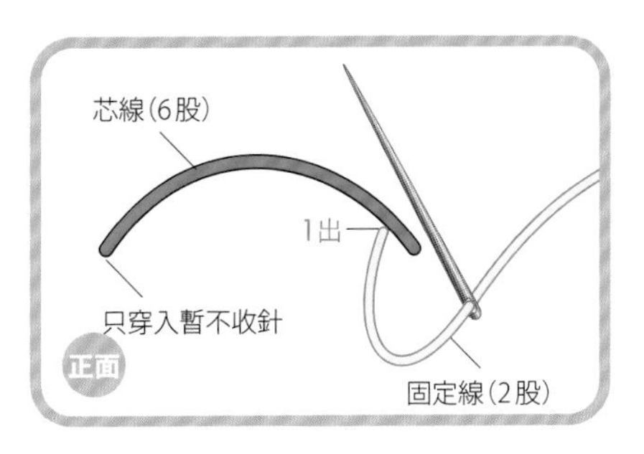

芯線(6股)
1出
只穿入暫不收針
正面
固定線(2股)

1 將芯線沿著圖案，固定線則從芯線靠近開始處下方出針。

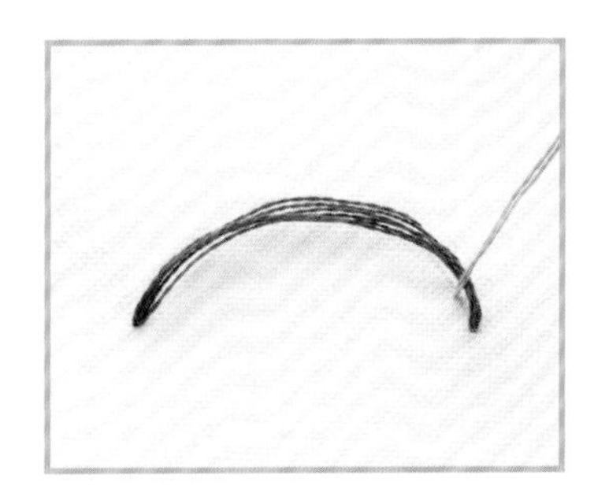

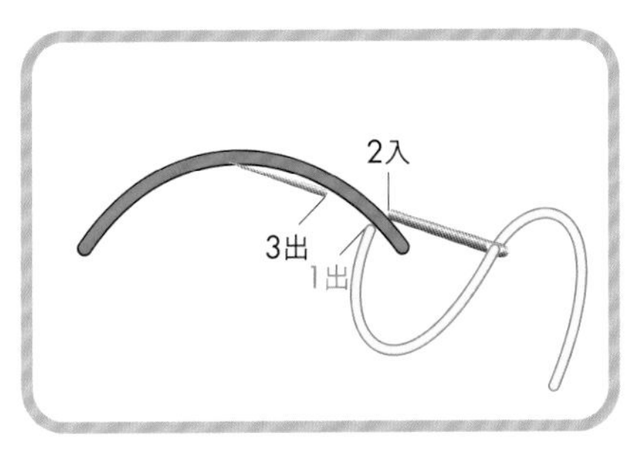

2入
3出
1出

2 固定線的針從芯線的上面穿入，下一針從芯線的下方出針。

1針固定完成

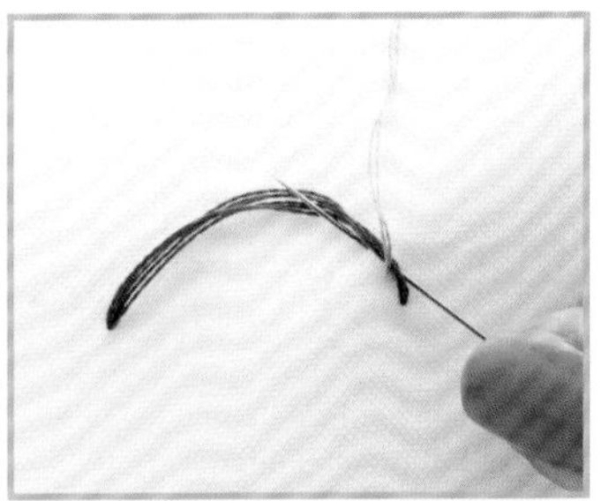

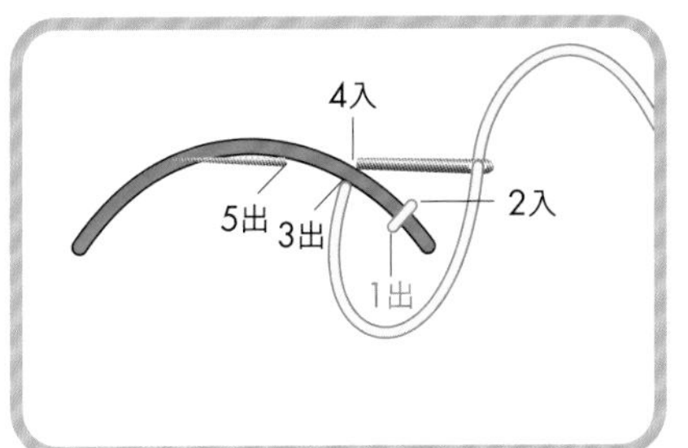

4入
2入
5出
3出
1出

3 重複進行同樣的方式。

重複步驟1至2

繡得漂亮的秘訣

固定線與芯線呈直角
並且每針間隔相同

與芯線呈直角

間隔相同

起針與收針

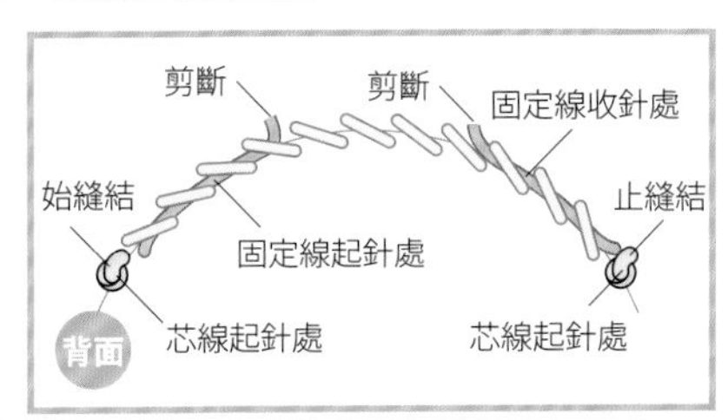

剪斷
剪斷
固定線收針處
始縫結
止縫結
固定線起針處
背面
芯線起針處
芯線起針處

將芯線打一個始縫結起針，固定線繡完收針後拉緊芯線，再打一個止縫結將芯線收針。固定線的起針與收針，都在背面的針目穿入3至4次後，將多餘的線剪斷。

Sweet Heart……

小手提包

素面的手作手提包
只是一針一針繡上圖案
就變身為高貴優雅
並且獨一無二的包款……

Sweet
Heart

作法請見P.143

Sweet
Heart

Flower

以文字點綴！

緞帶束口袋

不起眼的束口袋
只是裝飾上小小的文字
就變得更可愛、更有個性……

Flower

☆作法請見P.144

自然風格的……

小鳥書套

攜帶與閱讀書籍
都變得更令人開心，
如此賞心悅目的書套
當禮物也很適合……

✰作法請見P.145

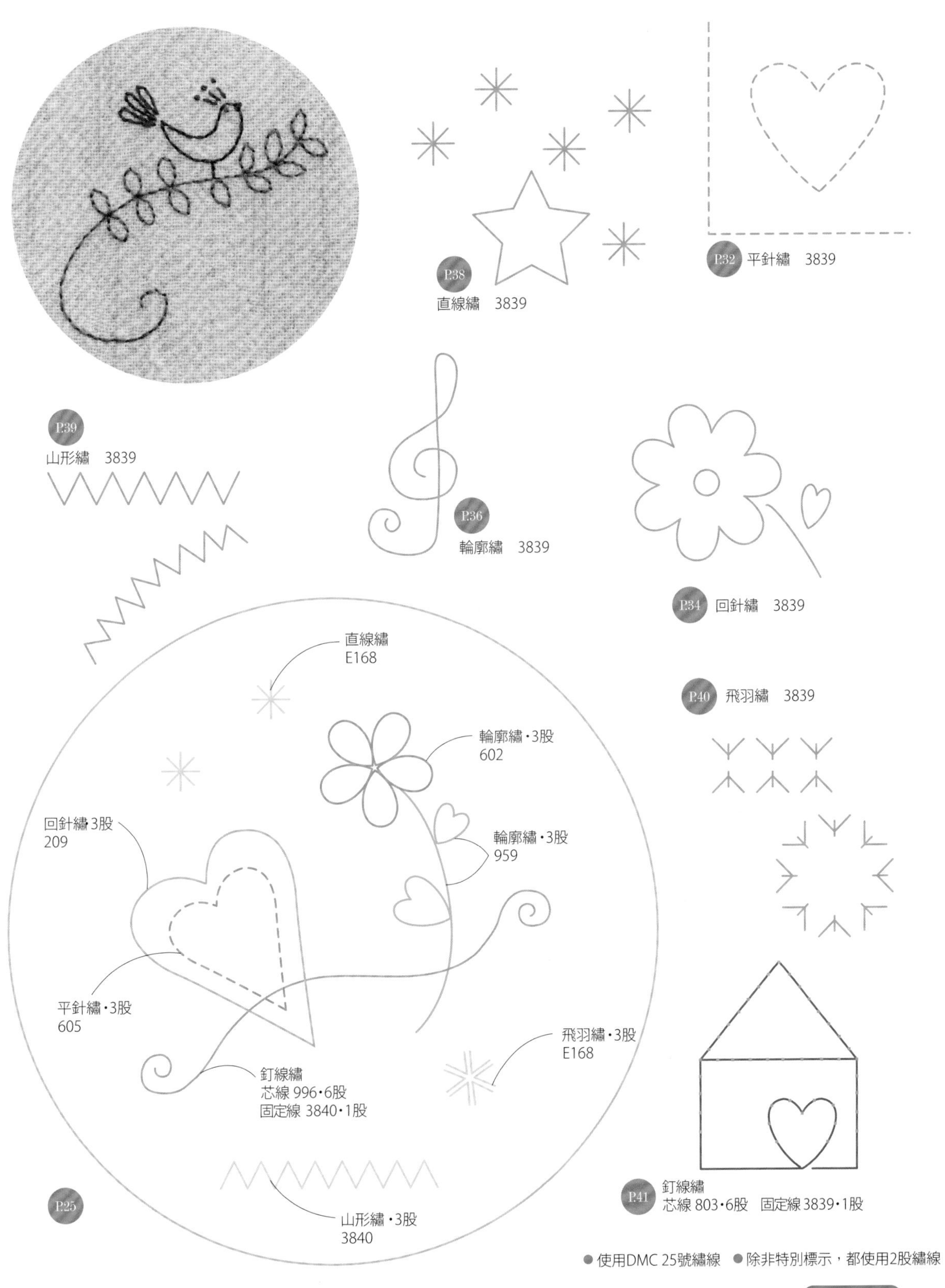
P.38
直線繡　3839
P.32
平針繡　3839
P.39
山形繡　3839
P.36
輪廓繡　3839
P.34
回針繡　3839
P.40
飛羽繡　3839
直線繡
E168
輪廓繡・3股
602
輪廓繡・3股
959
回針繡·3股
209
平針繡・3股
605
飛羽繡・3股
E168
釘線繡
芯線 996・6股
固定線 3840・1股
山形繡・3股
3840
P.25
P.41
釘線繡
芯線 803・6股　固定線 3839・1股

●使用DMC 25號繡線　●除非特別標示，都使用2股繡線

填色の刺繡

填滿面積的刺繡。

緞面繡&長短針繡，

鎖鏈繡&法式結粒繡，

都適合用來填滿需要的面積。

從小面積開始試繡，

就算出現空隙也沒關係，

可以再疊加補繡。

一邊轉動布料，在順手的位置進行。

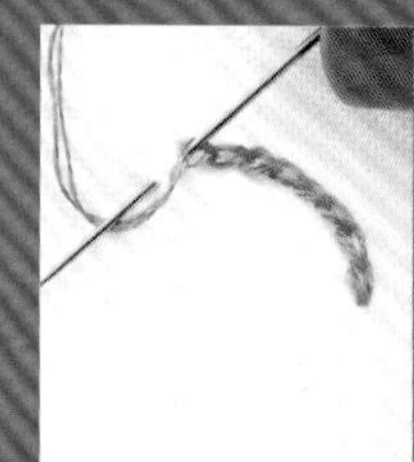

填色の刺繡

✲圖案請見P.65

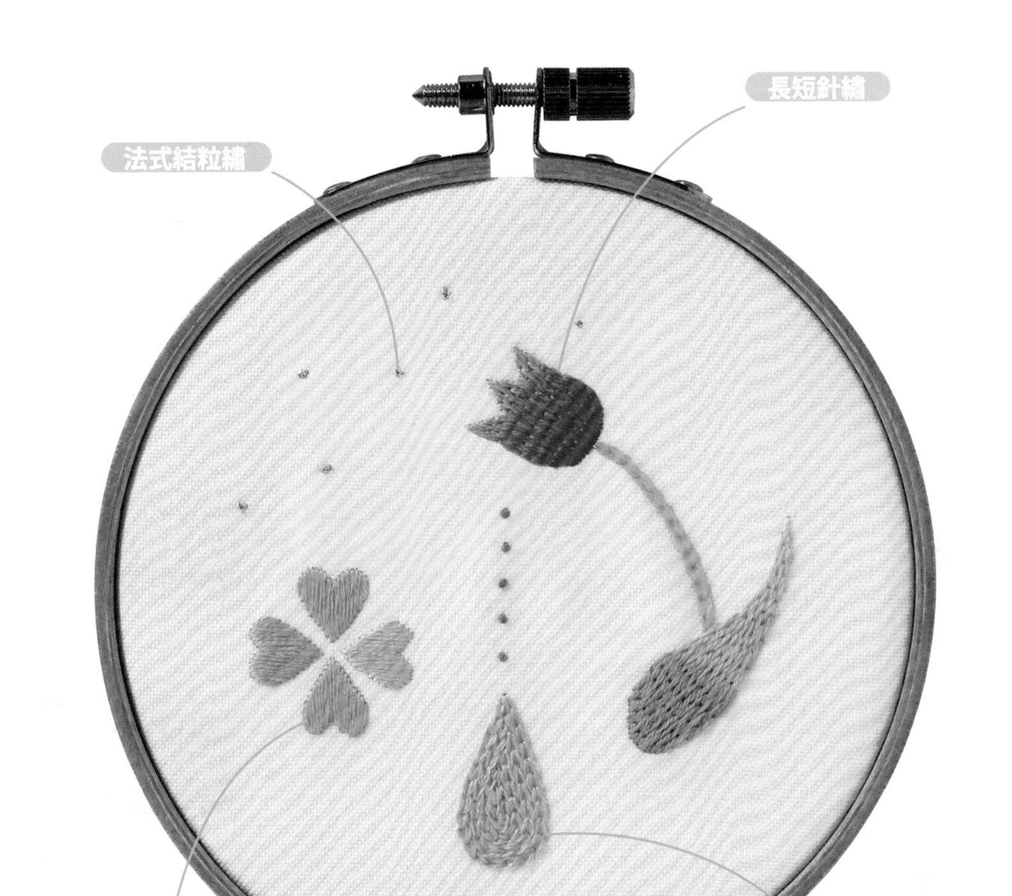
長短針繡
法式結粒繡
緞面繡
鎖鏈繡

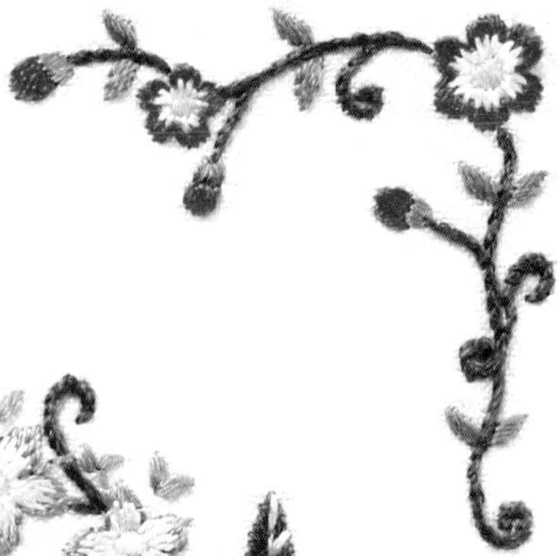

小小的花

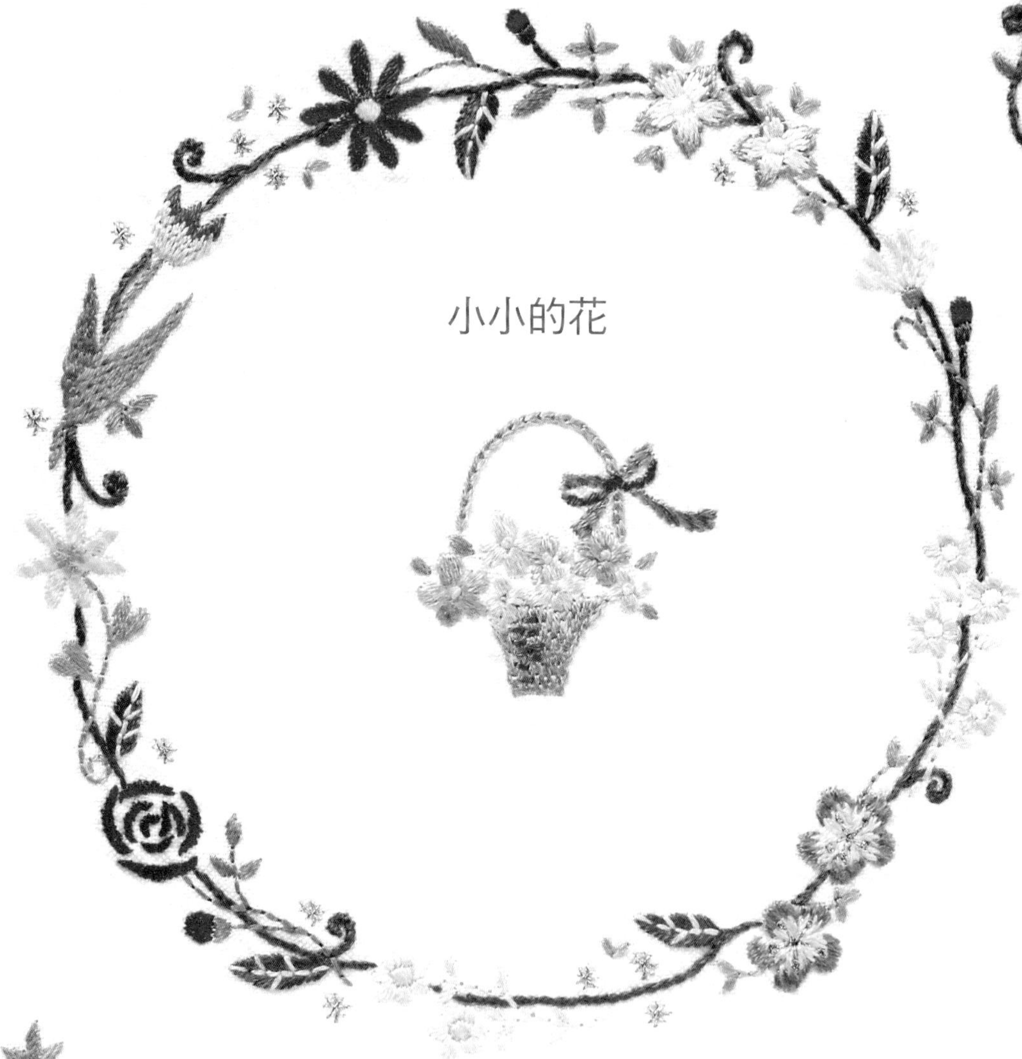

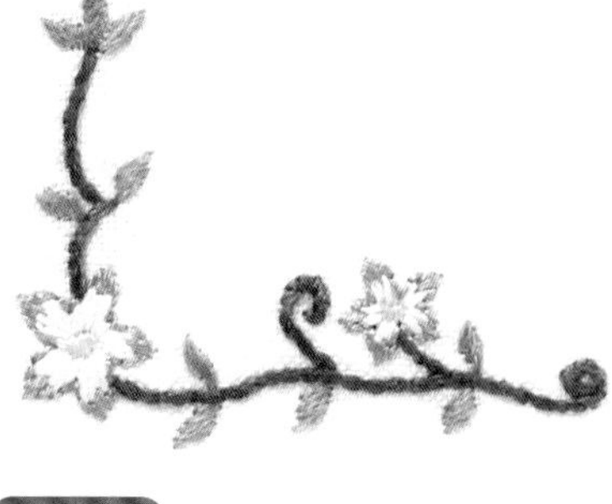

雖然需要填色
小小的花樣應該能完成吧……

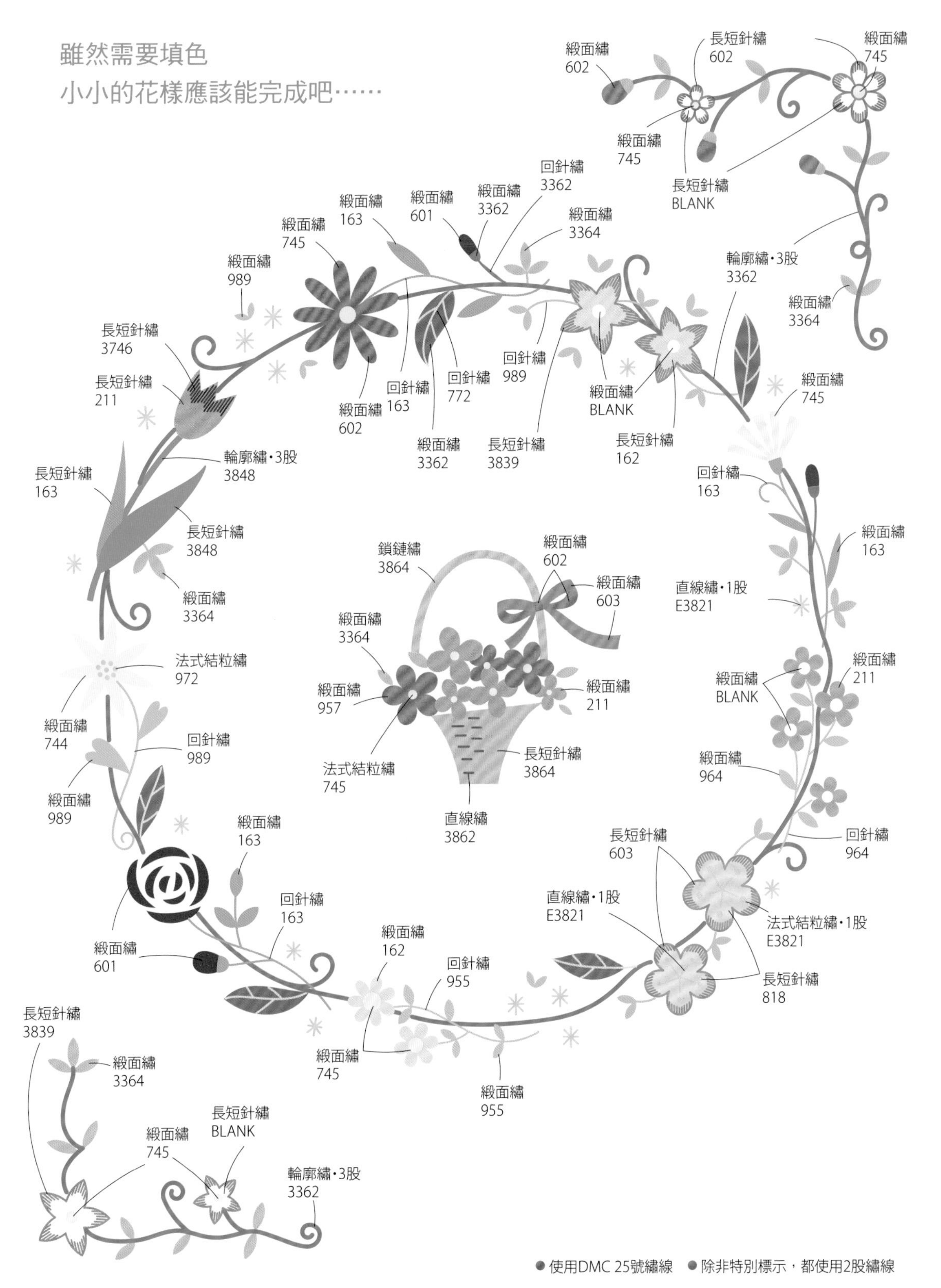

緞面繡
602
長短針繡
602
緞面繡
745
緞面繡
745
長短針繡
BLANK
回針繡
3362
緞面繡
163
緞面繡
601
緞面繡
3362
緞面繡
745
緞面繡
3364
緞面繡
989
輪廓繡・3股
3362
緞面繡
3364
長短針繡
3746
長短針繡
211
緞面繡
602
回針繡
163
回針繡
772
回針繡
989
緞面繡
BLANK
緞面繡
745
緞面繡
3362
長短針繡
3839
長短針繡
162
輪廓繡・3股
3848
長短針繡
163
長短針繡
3848
回針繡
163
緞面繡
163
鎖鏈繡
3864
緞面繡
602
緞面繡
603
直線繡・1股
E3821
緞面繡
3364
緞面繡
3364
法式結粒繡
972
緞面繡
3364
緞面繡
957
緞面繡
211
緞面繡
BLANK
緞面繡
211
緞面繡
744
回針繡
989
法式結粒繡
745
長短針繡
3864
緞面繡
964
緞面繡
989
直線繡
3862
緞面繡
163
長短針繡
603
回針繡
964
回針繡
163
直線繡・1股
E3821
法式結粒繡・1股
E3821
緞面繡
601
緞面繡
162
回針繡
955
長短針繡
818
長短針繡
3839
緞面繡
3364
緞面繡
745
緞面繡
955
長短針繡
BLANK
緞面繡
745
輪廓繡・3股
3362

●使用DMC 25號繡線　●除非特別標示，都使用2股繡線

小小的動物們

回針繡・1股
318
法式結粒繡
838
緞面繡
601
緞面繡
602
長短針繡
957
長短針繡
762
緞面繡
602
緞面繡
989
回針繡
989
法式結粒繡
745
法式
結粒繡・
1股
838
回針繡
838
長短針繡
318
長短針繡
948
緞面繡
948
疊加山形繡
3862
長短針繡
3862
法式結粒繡
838
輪廓繡
3829
輪廓繡
3840
緞面繡
838
長短針繡
745
緞面繡
745
回針繡
318
長短針繡
783
緞面繡
3862
平針繡
989
回針繡
959
緞面繡
959
法式結粒繡・1股
838
長短針繡
745
緞面繡
435
法式結粒繡
3840
長短針繡
435
將可愛的小動物們
裝飾在手帕或洋裝上！
輪廓繡
957
輪廓繡
435
輪廓繡
602
法式結粒繡
838
輪廓繡
435
長短針繡
741
長短針繡
745
輪廓繡・3股
435
法式結粒繡
957
法式結粒繡
838
長短針繡
3840
法式結粒繡・1股
838
緞面繡
BLANK
輪廓繡
435
長短針繡
957
長短針繡
435
飛羽繡
318
緞面繡
973
長短針繡
BLANK
緞面繡
943
直線繡・1股
741
緞面繡
741
緞面繡
973
輪廓繡
435
緞面繡
762
輪廓繡
602
輪廓繡
957
法式結粒繡
838
法式結粒繡・1股
838
直線繡・1股
318
回針繡
318
直線繡
989
長短針繡
745
緞面繡
959
法式結粒繡
838
法式結粒繡・1股
E3821
緞面繡・1股
E3821
緞面繡
973
直線繡・1股
318
長短針繡
948
法式結粒繡・1股
838
法式結粒繡
838
緞面繡
948
平針繡
975
回針繡
3839
長短針繡
162
輪廓繡
E168
直線繡・3股
3706

●使用DMC 25號繡線　●除非特別標示，都使用2股繡線

英文字母＆花

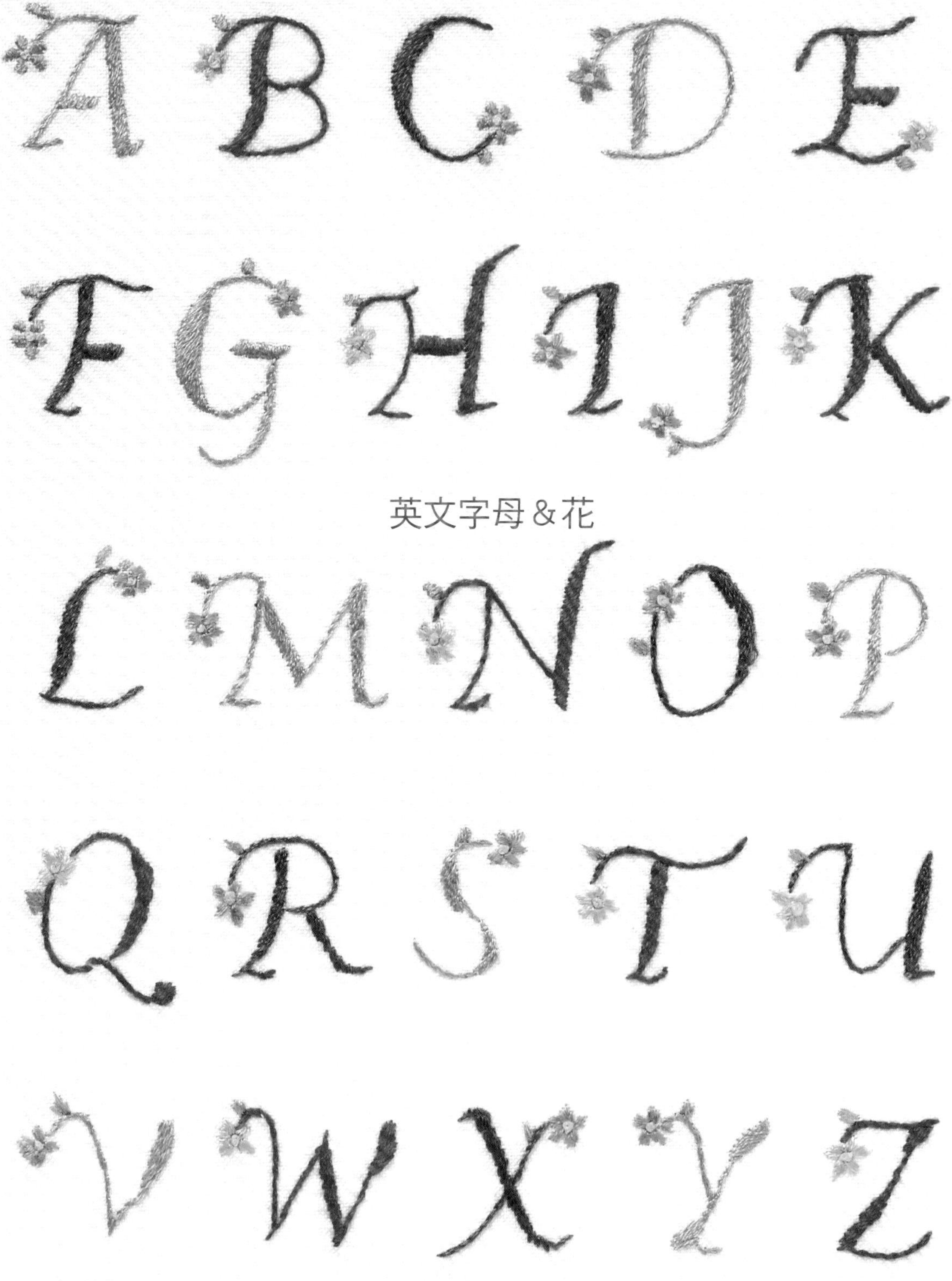
A B C D E
F G H I J K
L M N O P
Q R S T U
V W X Y Z

輪廓繡
601
緞面繡・1本
957
緞面繡
601
輪廓繡
3862
緞面繡
3862
緞面繡・1股
603
法式結粒繡
973
緞面繡・1股
989
輪廓繡
799
緞面繡
799

首字母繡上小小的花朵

非常適合運用在禮物上！

● 使用DMC 25號繡線　● 除非特別標示，都使用2股繡線

緞面繡

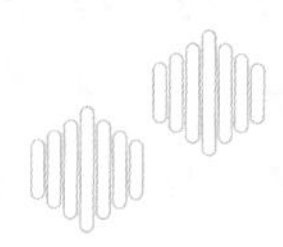

能完全填滿面積的刺繡針法。從圖案的一端到另外一端以線填滿，適合刺繡較小的圖案。填色時注意繡線平整是針法的重點。

✲圖案請見P.65

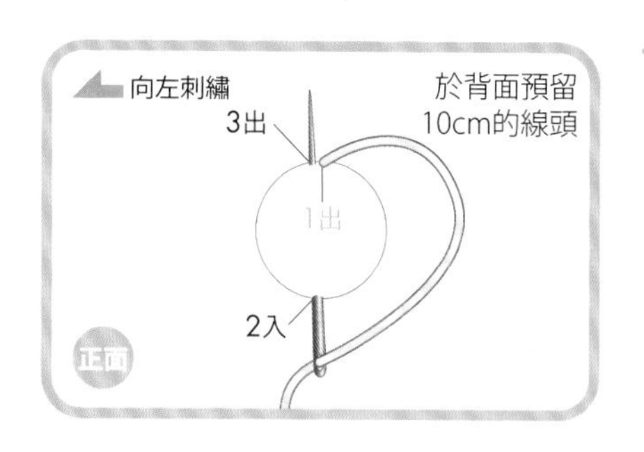
向左刺繡
於背面預留
10cm的線頭
3出
1出
2入
正面

1 從圖案的中心出針，於另外一側入針，再從穿出處的旁邊出針。

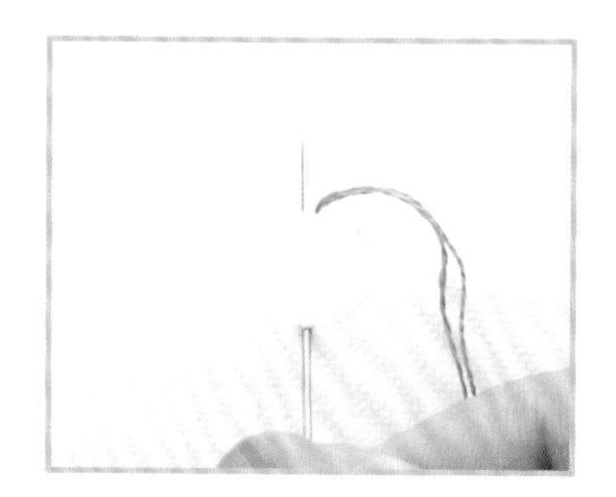

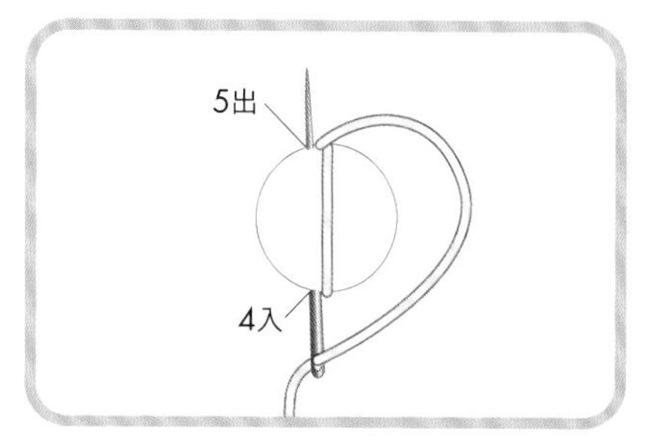
5出
4入

2 拉線時注意不要讓繡線縮緊，於旁邊入針再出針。

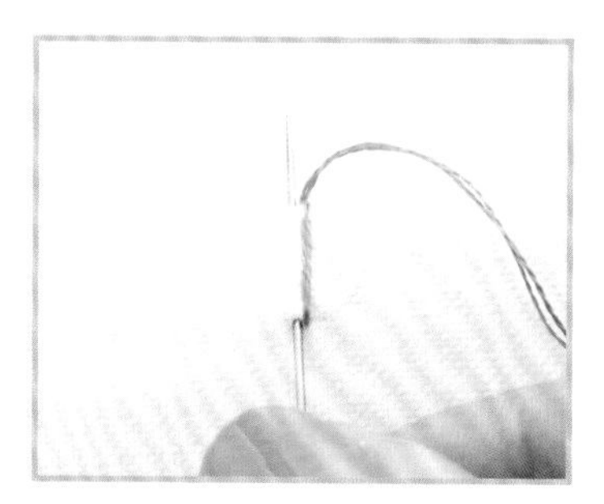

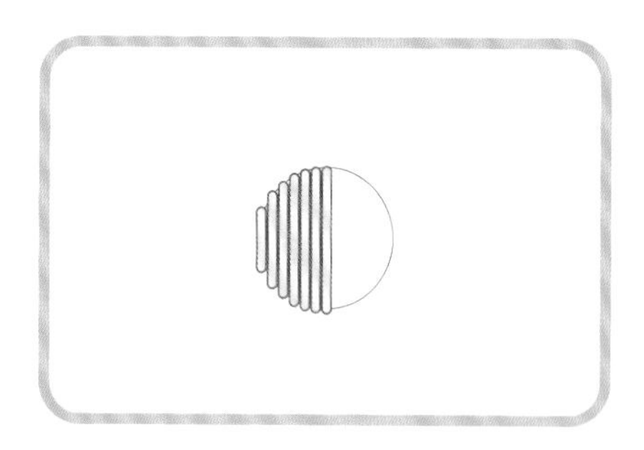

3 重複以上步驟，將圖案的左半部繡滿。

完成半面

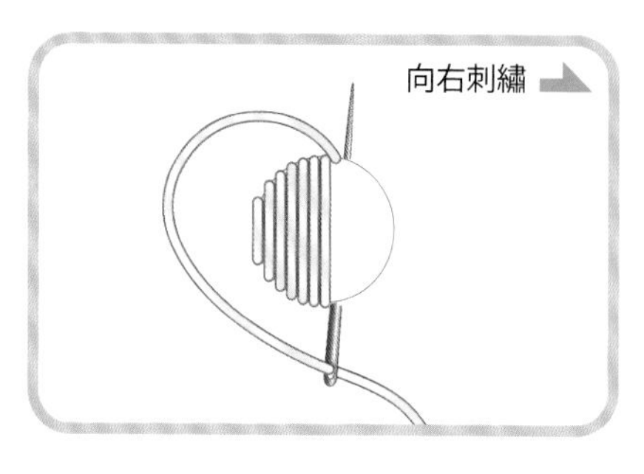
向右刺繡

4 回到中心，以同樣的方式繡右半邊。

重複步驟1至2

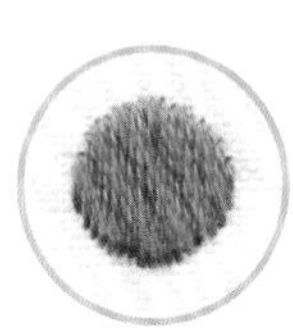

關於刺繡的角度

刺繡的角度不同，成品的效果也不同

開始繡前先決定好方向吧！

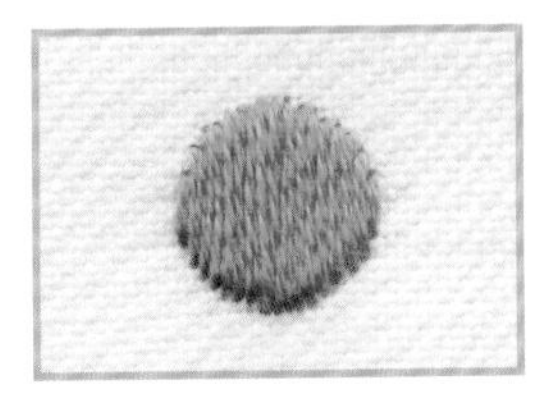
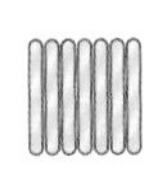

直向

斜向

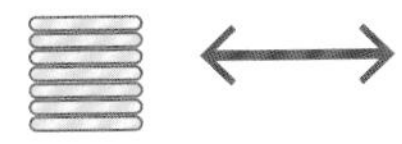

橫向

填色有空隙時

最後再補繡整理

無論刺繡的線條再怎麼整齊，中間有空隙看起來就不會漂亮。

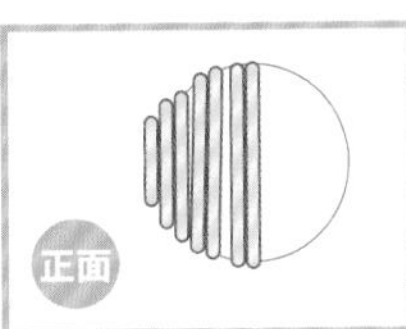

正面

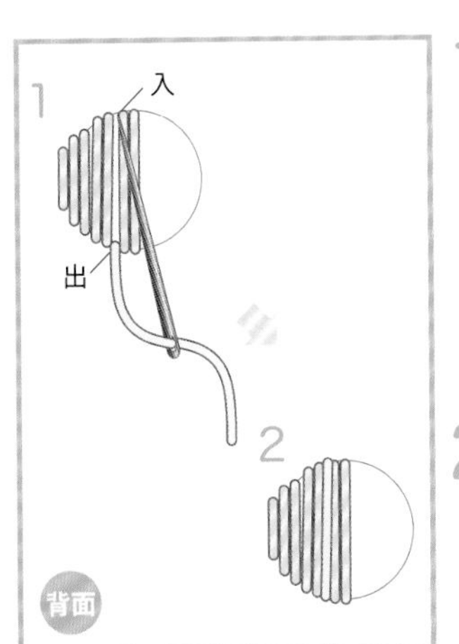

1
入
出
2
背面

1 於空隙處出針。

2 再一次以刺繡補上就漂亮許多。

起針與收針

繡小面積時，以始縫結起針OK！

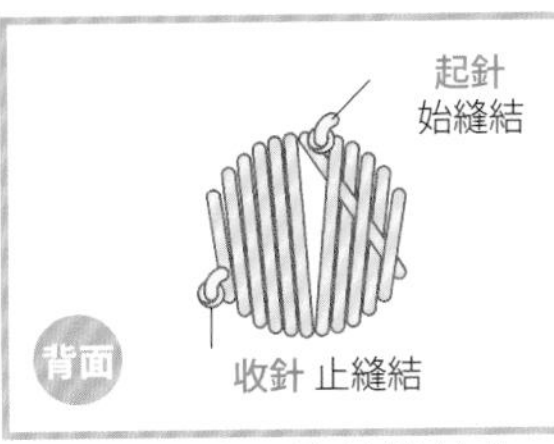

起針
始縫結
收針 止縫結
背面

起針時打一個始縫結，收針時打一個止縫結。

✲ 以回針繡取代始縫結也OK！

● 起針

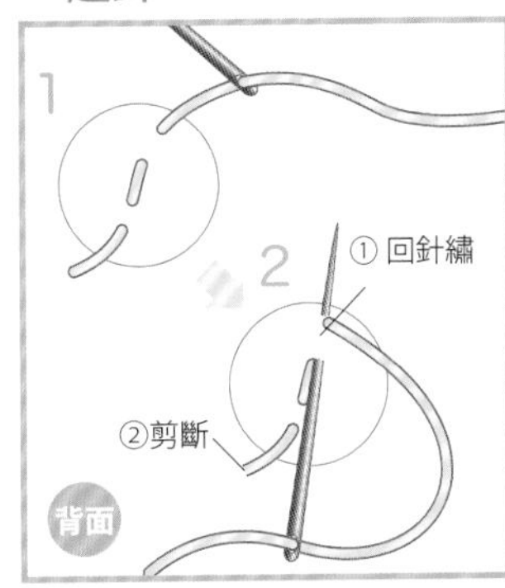

1
2
① 回針繡
②剪斷
背面

1 進行3針平針繡。

2 進行1針回針繡。

● 繡好一半時……

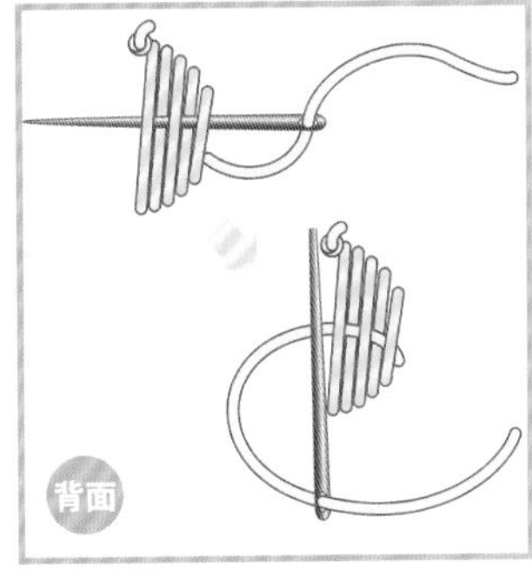

背面

繡好一半後，從背面的針目穿入，回到中央。

● 收針

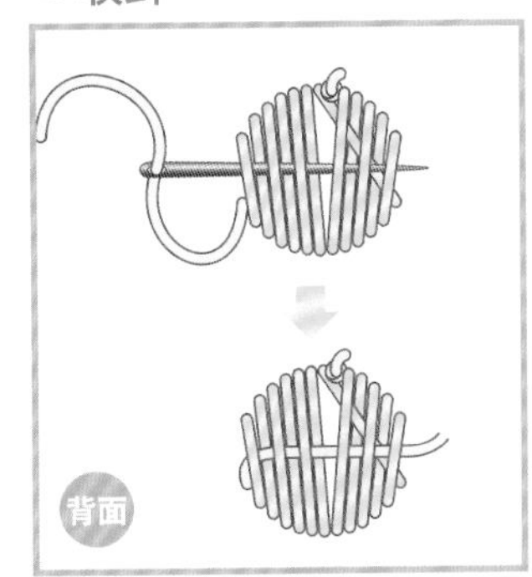

背面

收針時，從背面的針目穿入5至6針，預留少許後剪斷。

鎖鏈繡

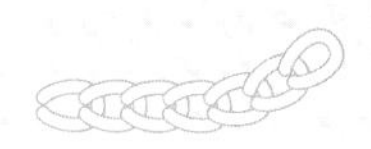

一環一環連接的刺繡針法。繡出大小均等的環是針法的重點。可以用來繡粗的線條，要使用在填色上也沒問題。

✲圖案請見P.65

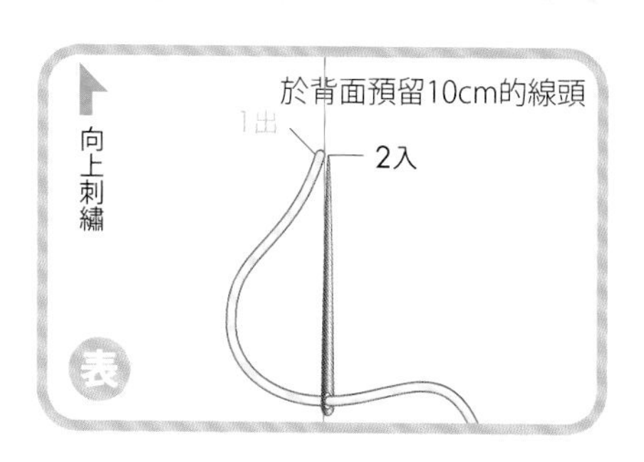

於背面預留10cm的線頭
向上刺繡
1出
2入
表

1 於開始處出針，於同個位置入針，再於正上方出針。

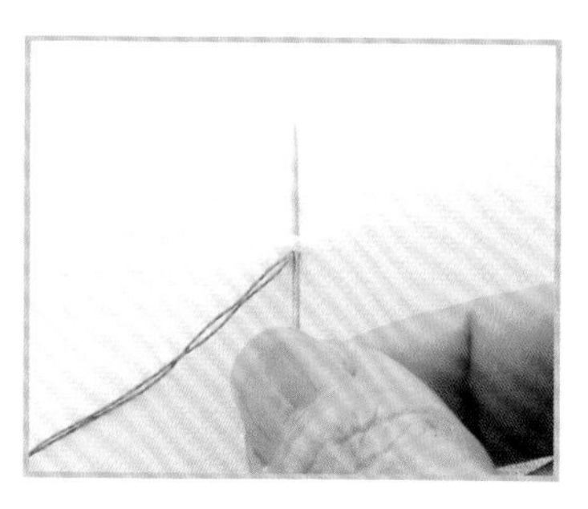

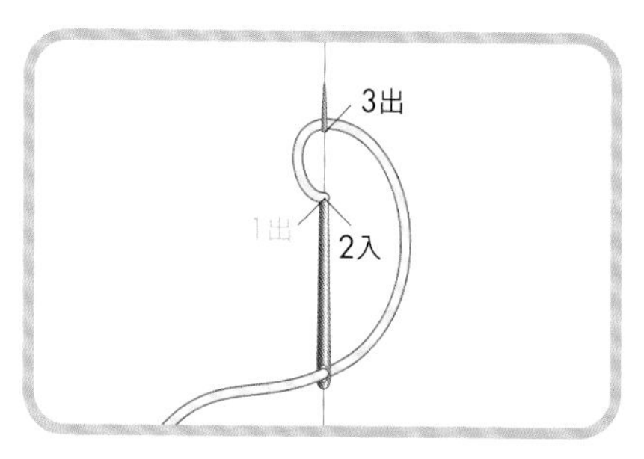

3出
1出
2入

2 將線套在針上。

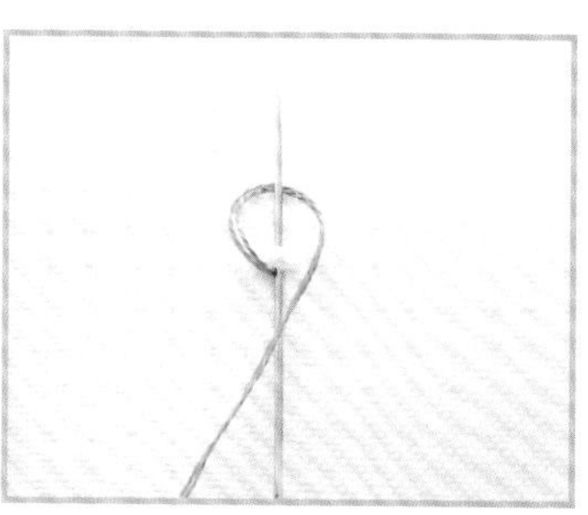

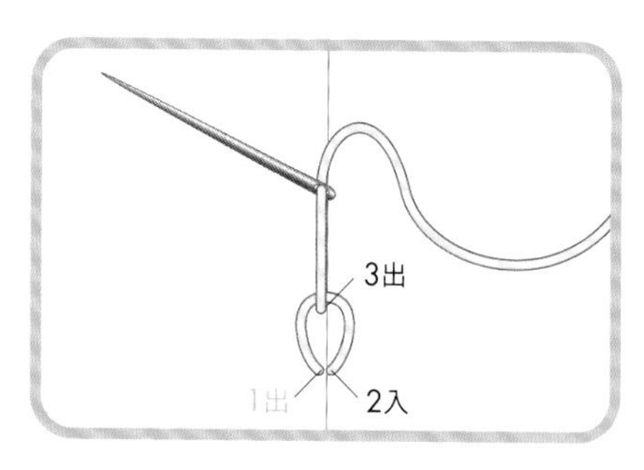

3出
1出
2入

3 向上出針並稍微拉緊。

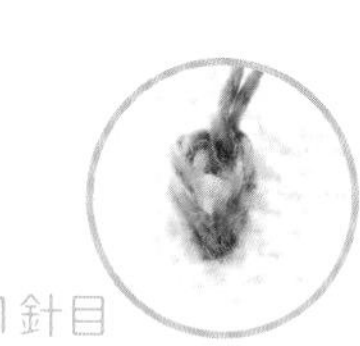
完成1針目

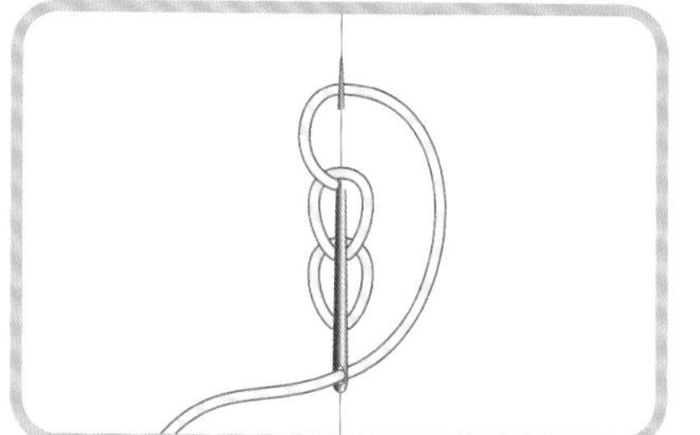

4 重複進行同樣的方式。

重複步驟1至3

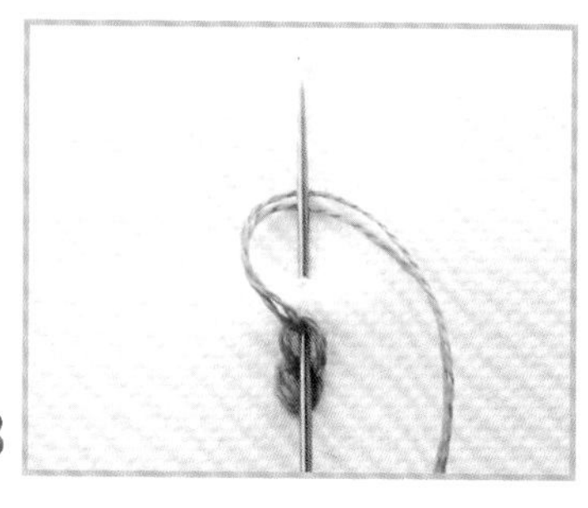

刺繡弧線時

在圖型的線上入針與出針

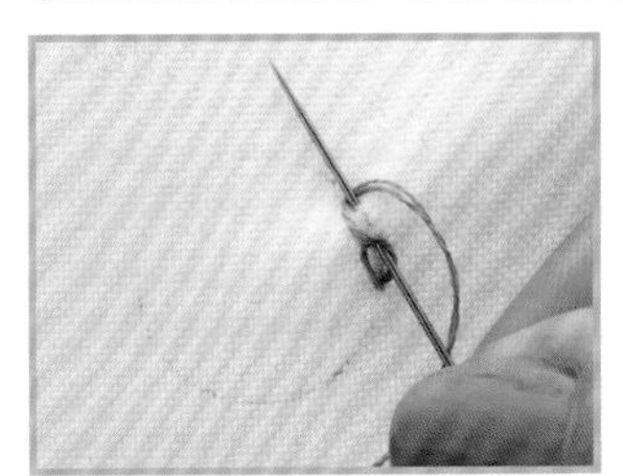

沿著圖案的弧度，一針一針刺繡。

最後一針的固定方法

縫1針固定

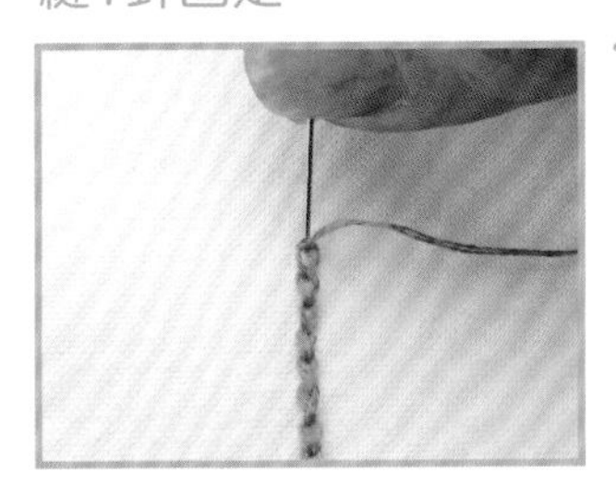

1 於出針處上方，跨過線圈入針。

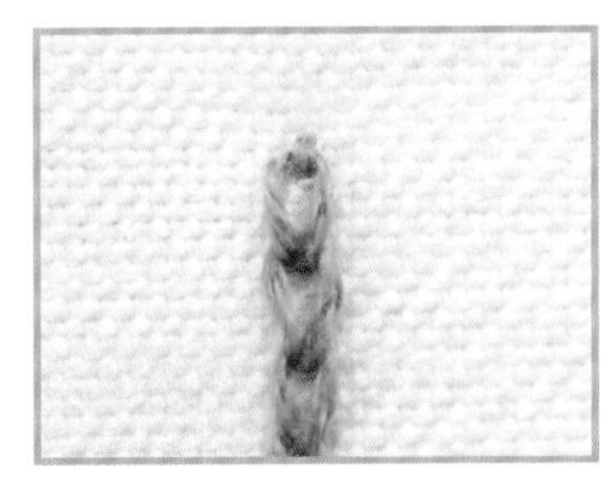

2 於背面出針。

繡得漂亮的訣竅

線圈大小保持一致

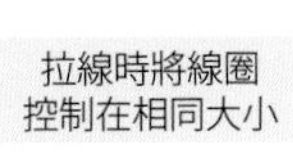
拉線時將線圈
控制在相同大小

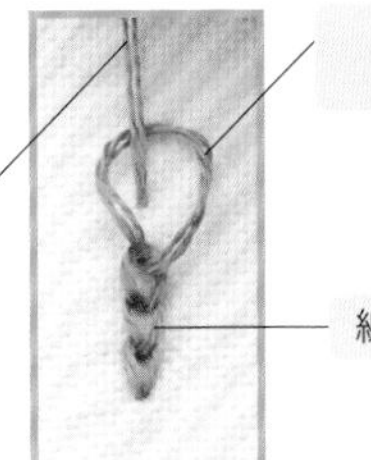
注意線圈的
繡線不要扭轉
線圈的大小均匀

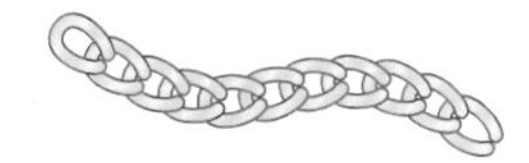

用來填色時

從外側開始刺繡

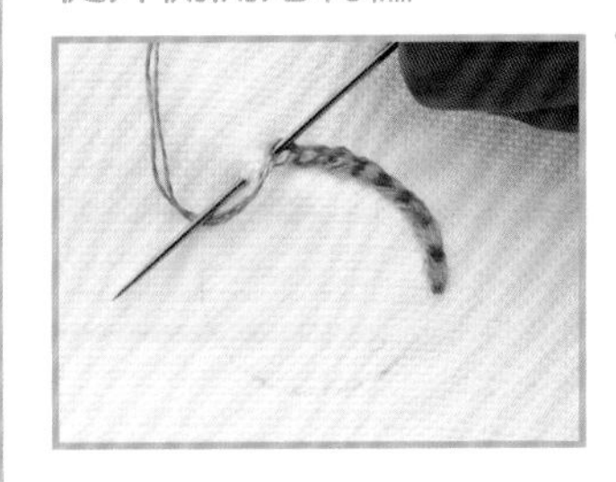

1 從圖案的外側開始刺繡。

2 呈旋渦狀往中心刺繡。

起針與收針

●收針

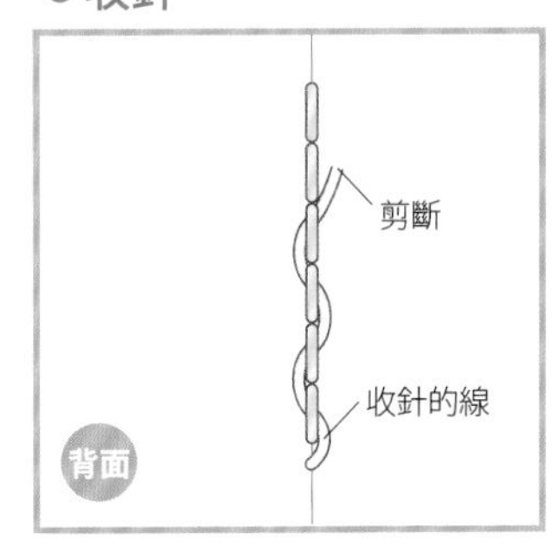
剪斷
收針的線
背面

將收針的線於背面穿入針目3至4回，預留少許後剪斷。

●起針

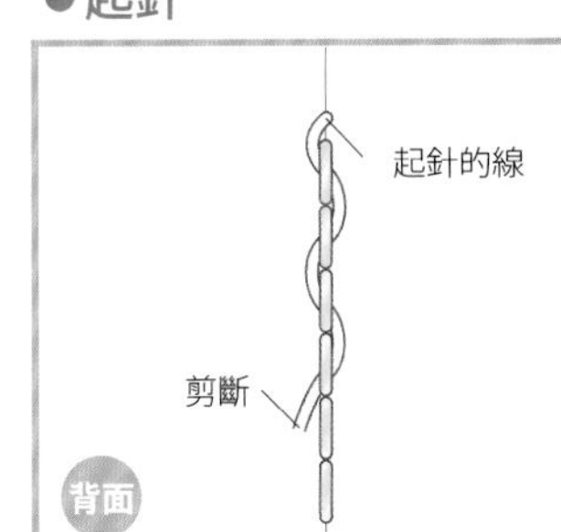
起針的線
剪斷
背面

將起針預留的線頭穿針，於背面穿入針目3至4回，預留少許後剪斷。

長短針繡

以長針與短針填色的刺繡針法。透過長短針目的排列組合，可以變化出各種形狀的刺繡。使用不同顏色的繡線可以繡出漸層感，非常漂亮。

✲圖案請見P.65

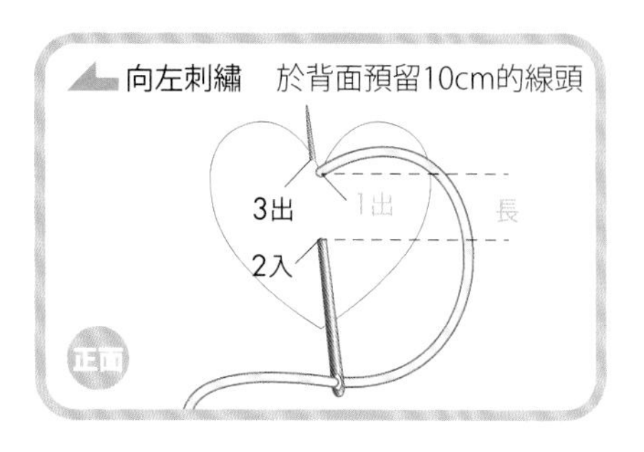

向左刺繡
於背面預留10cm的線頭
3出
1出
長
2入
正面

1 從圖案的中心出針，於第一針長針處入針，再從圖案的邊緣出針。

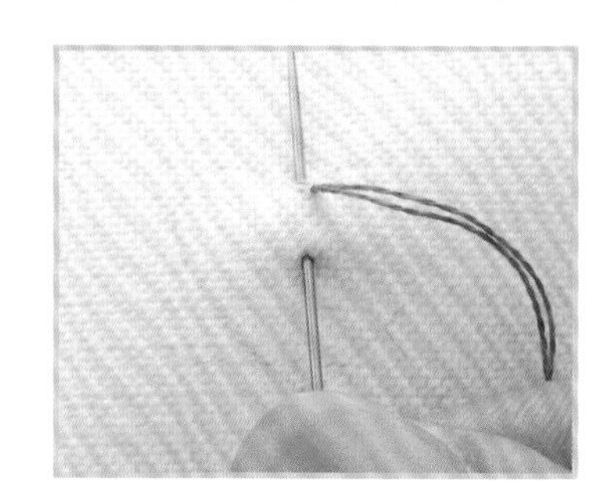

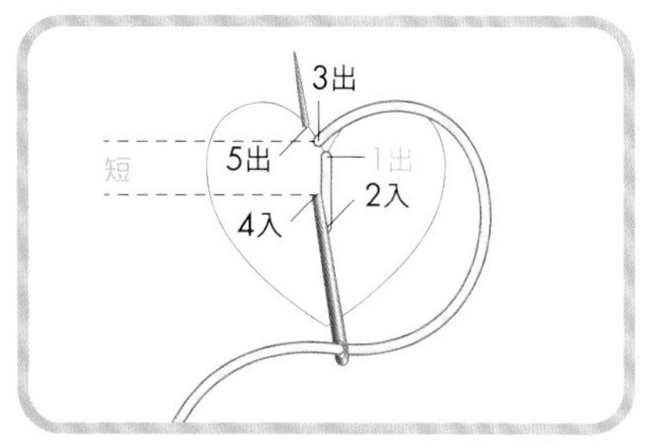

3出
短
5出
1出
2入
4入

2 於第二針短針處入針，再從圖案的邊緣出針。

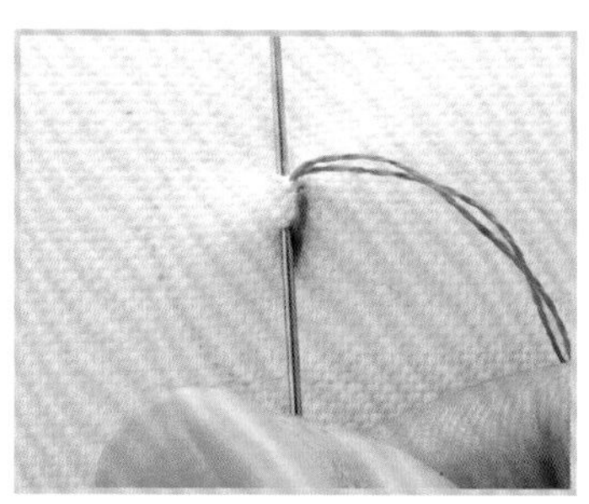

重複步驟1至3

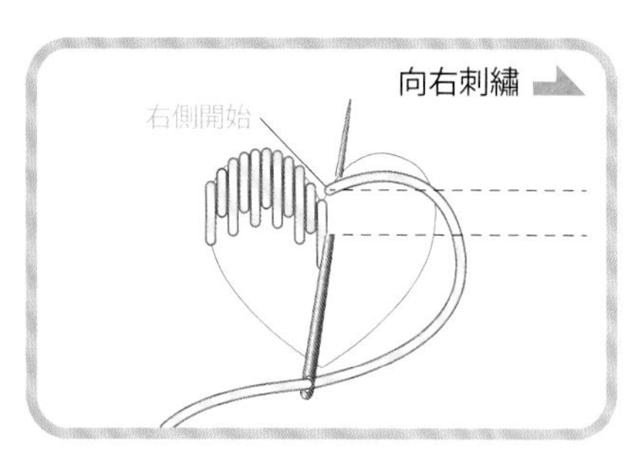

向右刺繡
右側開始

3 交錯長針與短針，重複進行至邊緣為止。

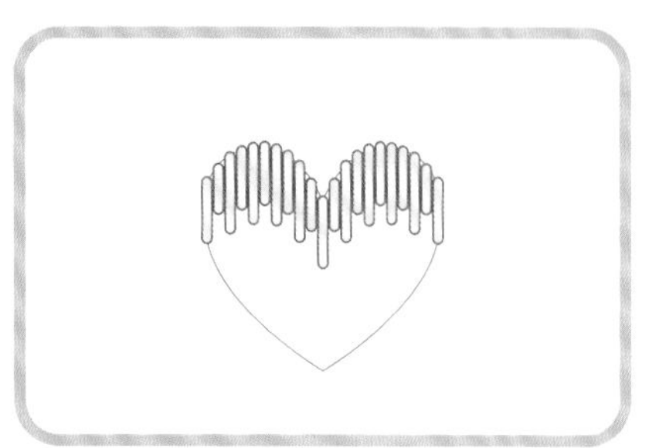

4 回到中心，右側部分從短針開始，同樣交錯長針與短針，重複進行至邊緣為止。

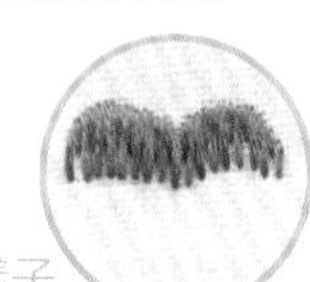

刺繡完成一排的樣子

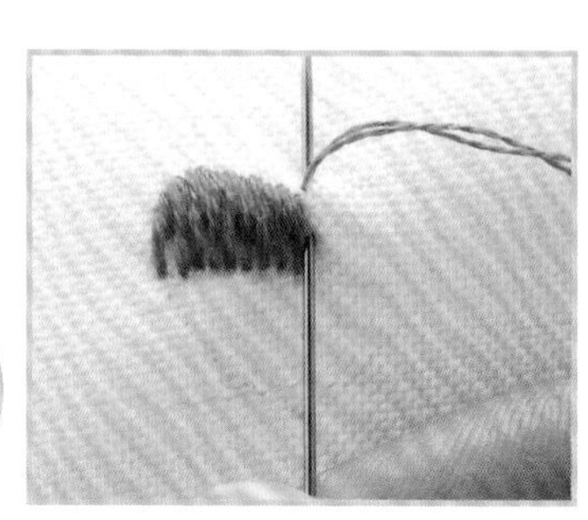

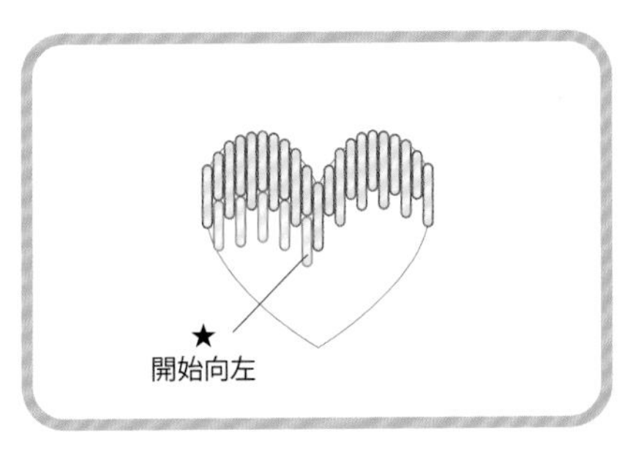

★
開始向左

5 開始繡第二排時，從第一排中心的短針下方出針，以同樣長度的針目將第一排的縫隙填滿，右側也以同樣方式填滿。

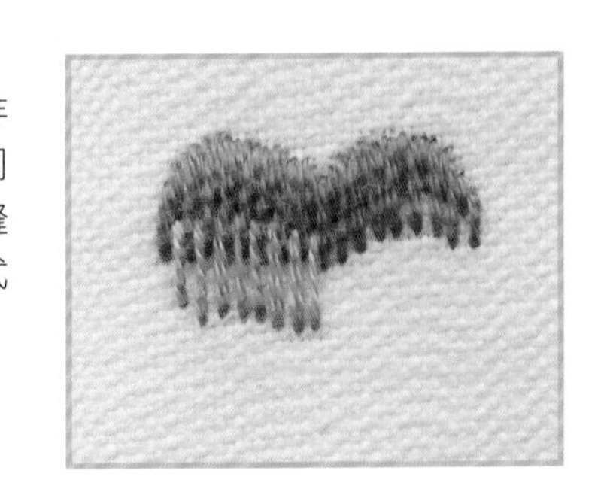

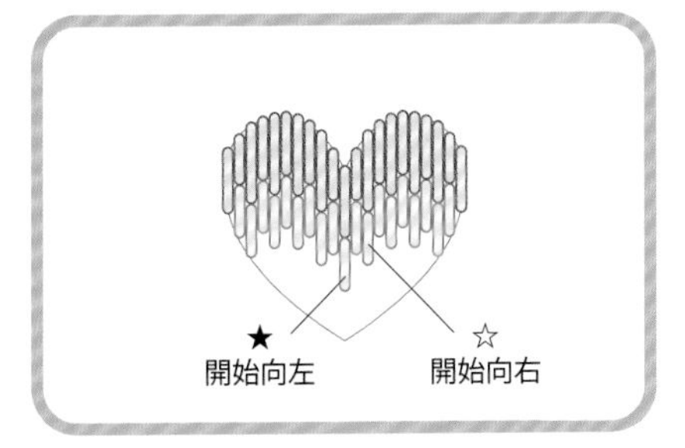

★
開始向左
☆
開始向右

6 開始繡第三排時，從第一排中心的長針下方出針，自中心向左、向右，以同樣長度的針目將第一排的空隙填滿。

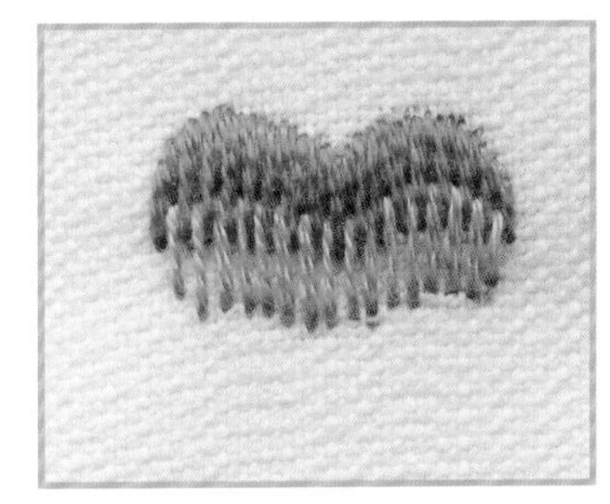

7 以同樣的方式進行刺繡，將圖案填滿。

起針與收針

● 繡好一半之後……

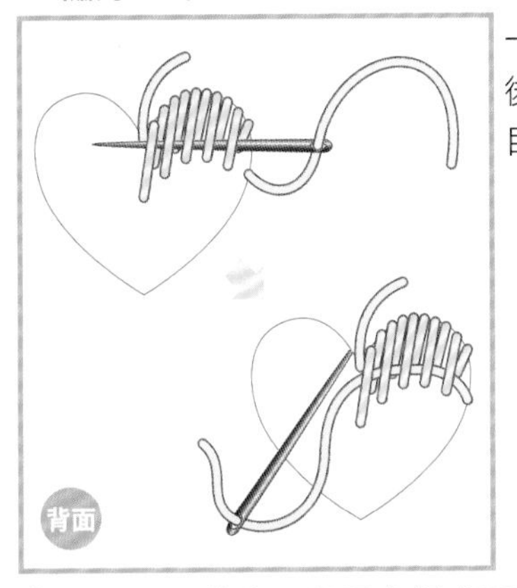

背面

一排繡好一半之後，穿過背面的針目回到中心。

✲ 每刺完一排後，都要穿過背面的針目回到中心，繼續刺下一排。

● 起針　● 收針

將收針的線穿入背面的針目3至4回，預留少許後剪斷。將起針預留的線頭再次穿針，以同樣方式固定。

法式結粒繡

以打結表現圓點的刺繡針法。以線的股數與捲針的圈數改變結粒的大小。常用於花朵的蕊心部分，緊密繡上也能用來填色。

✲圖案請見P.65

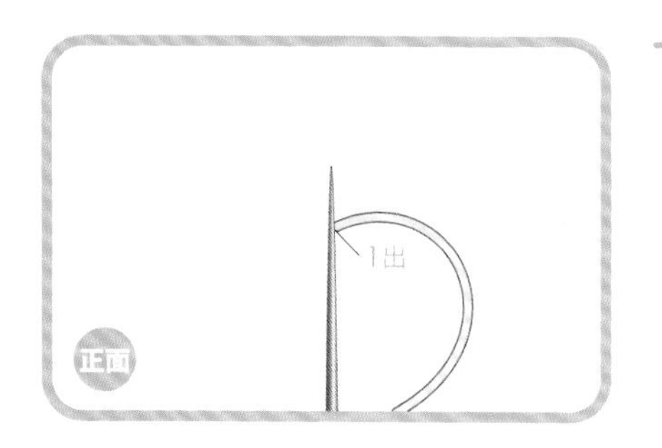
1出
正面

1 於出針處旁將針靠緊放置。

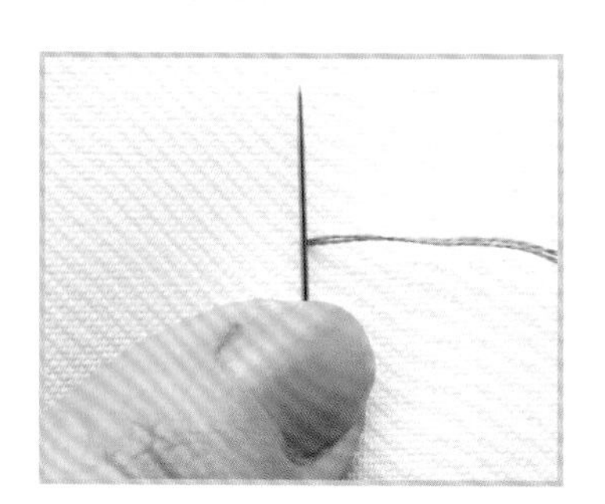

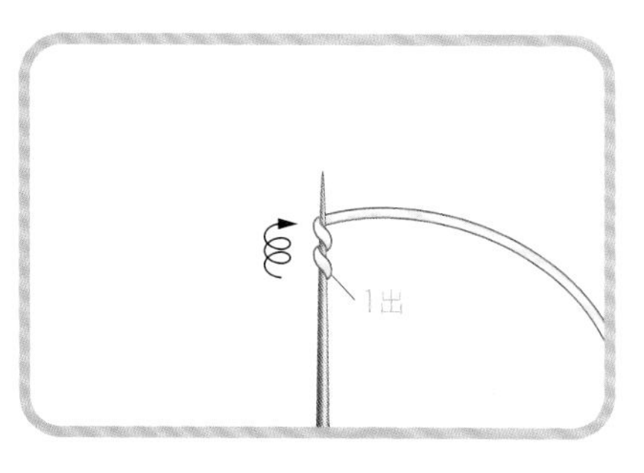
1出

2 以線繞針兩圈。

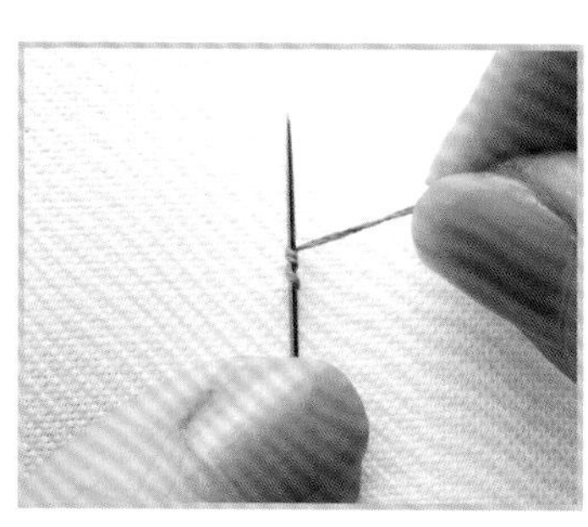

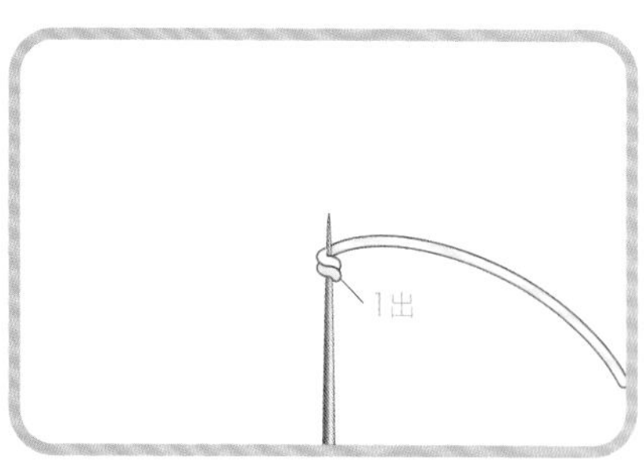
1出

3 將針往下挪，讓線圈移到靠近針尖處並拉緊。

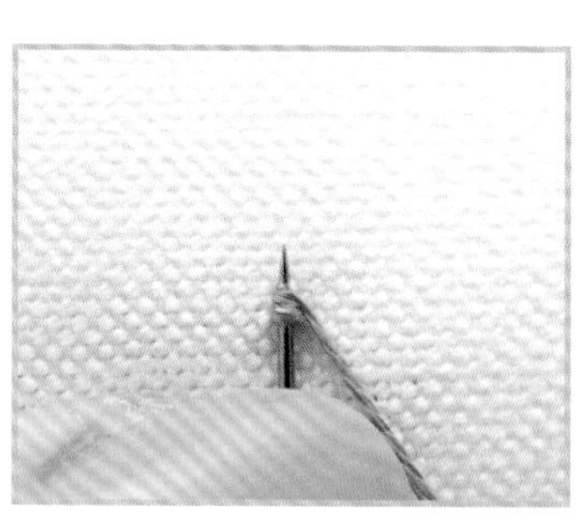

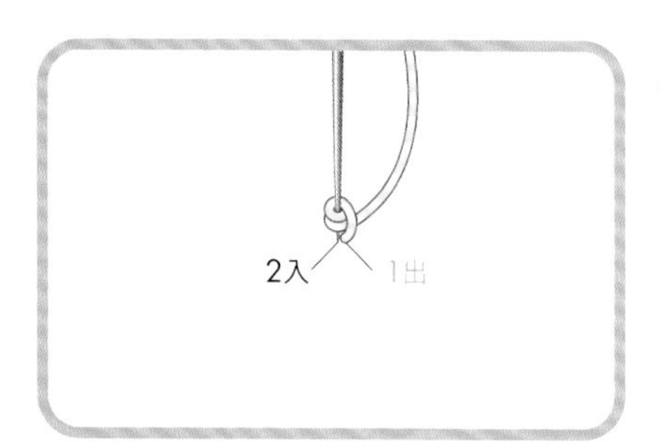
2入
1出

4 將針立起，從步驟1出針處旁入針。

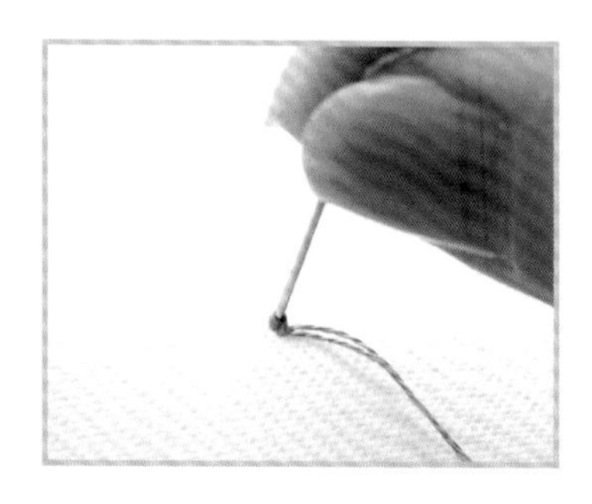

2入
1出
正面

5 不要讓線圈鬆開，將針穿到背面，在正面打成小結。

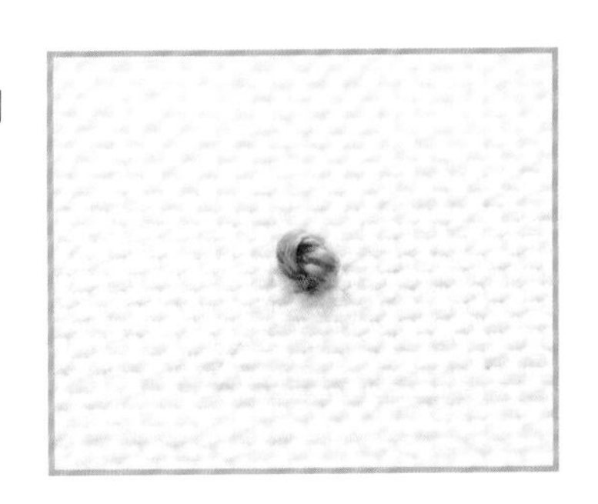

關於改變刺繡的大小

繡線的股數與捲針的圈數會改變結粒的大小

線圈拉緊的程度也會影響結粒的大小，請斟酌需要的大小控制拉線的力道。

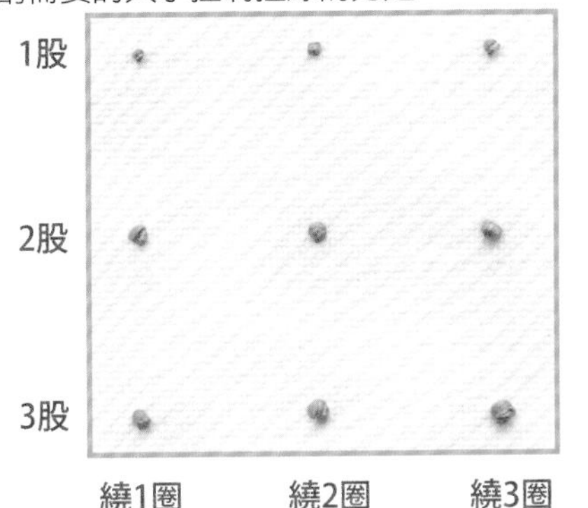
1股
2股
3股
繞1圈
繞2圈
繞3圈

實物大

起針與收針

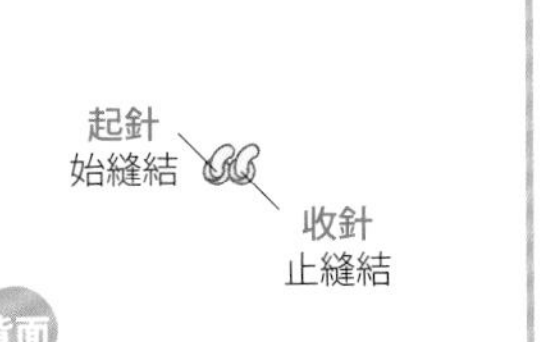
起針
始縫結
收針
止縫結
背面

起針時打一個始縫結，收針時打一個止縫結。

繡得漂亮的訣竅

繞線要整理整齊

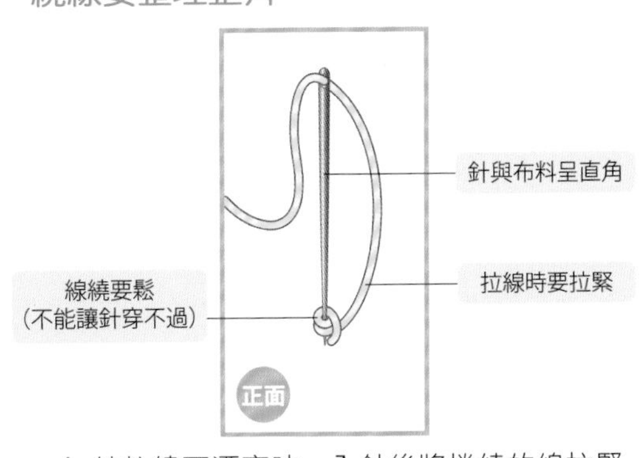
針與布料呈直角
拉線時要拉緊
線繞要鬆
(不能讓針穿不過)
正面

✲ 結粒繡不漂亮時，入針後將捲繞的線拉緊並整理好，再從背面出針。

圖形變化

以結粒繡作出花朵與填色

作成花朵

將針移至離出針處稍遠的位置，再繞線入針繡成結粒。

填滿面積

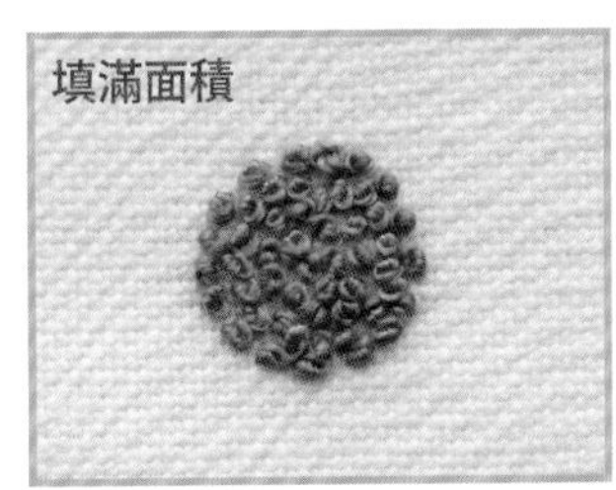

在圖案中繡上大量結粒，以填滿面積。

送給珍惜的人……

字母熊

可愛的粉紅色小熊
繡上名字縮寫的字母
變身成為獨一無二的熊……
刺繡中充滿情意。

K

☆作法請見P.147

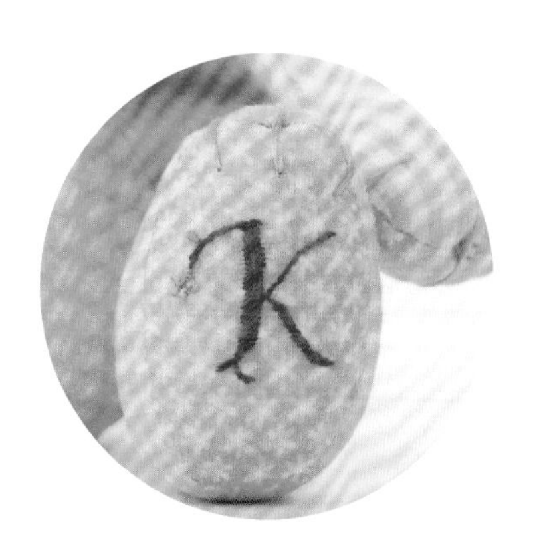

紮實的小刺繡！

小胸針

小小的布料上有著小小的刺繡
細心謹慎的手工
給人小小的感動……

作法請見P.147

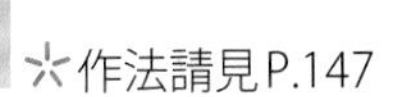

插一朵玫瑰……

淡藍色口金包

繡上小小的玫瑰，
便成為充滿魅力的口金包……
加上刺繡，
讓手作成品更升一級。

✲作法請見P.150

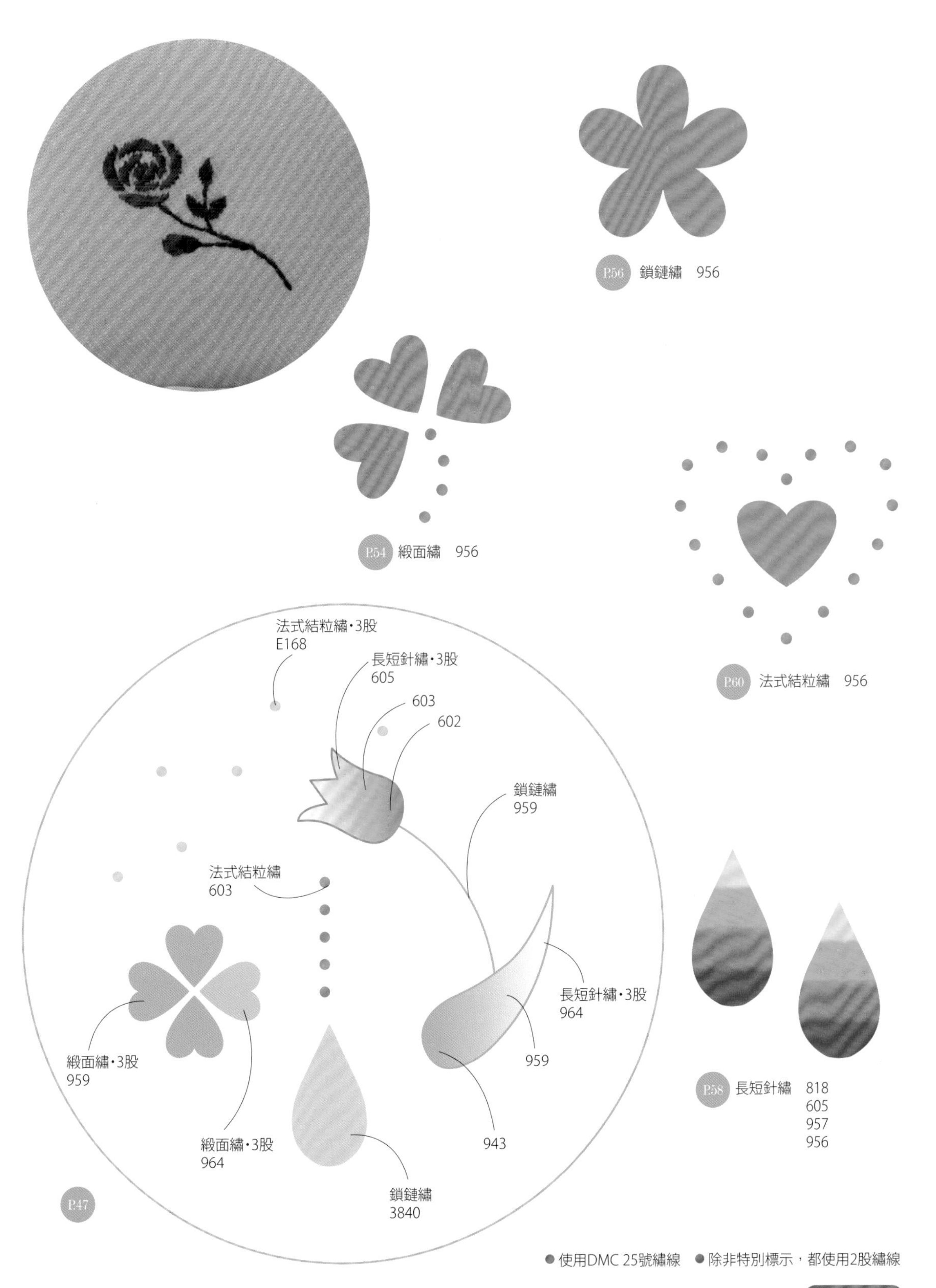
P.56 鎖鏈繡 956
P.54 緞面繡 956
P.60 法式結粒繡 956
法式結粒繡・3股
E168
長短針繡・3股
605
603
602
鎖鏈繡
959
法式結粒繡
603
長短針繡・3股
964
959
緞面繡・3股
959
緞面繡・3股
964
943
鎖鏈繡
3840
P.47
P.58 長短針繡 818
605
957
956

●使用DMC 25號繡線 ●除非特別標示，都使用2股繡線

各式各樣の刺繡

除了線條與填色之外，還有其他各式各樣的刺繡。

像花瓣的雛菊繡、

鳥羽般的羽毛繡

適合繡玫瑰的捲線繡。

不論哪種刺繡針法都有其趣味性，

學會後試著將自己身邊的手作小物都加上刺繡吧！

只需要刺上簡單花樣，就能成為醒目的裝飾。

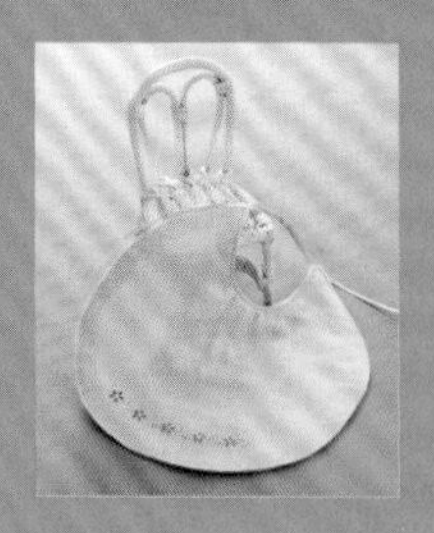
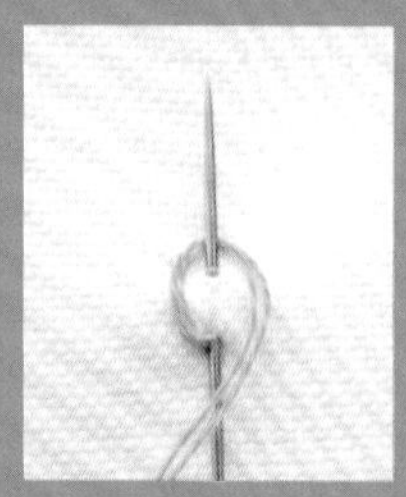
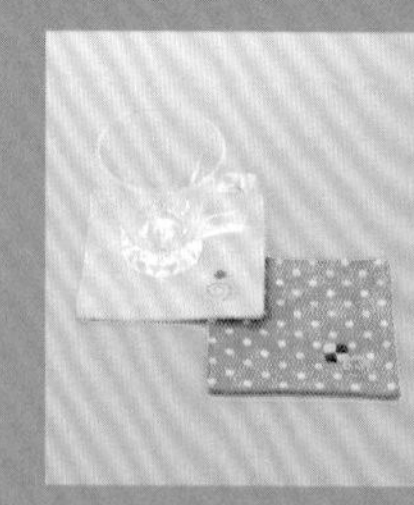
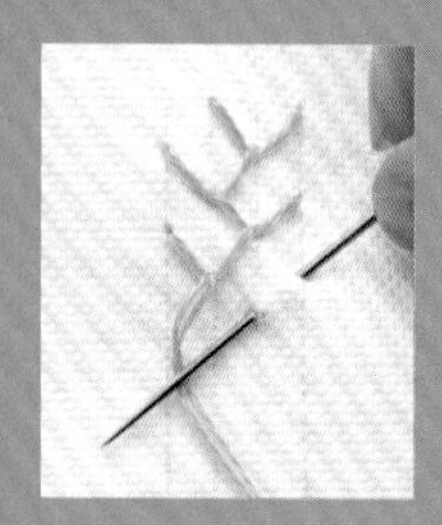

各式各樣の刺繡

✲圖案請見P.83

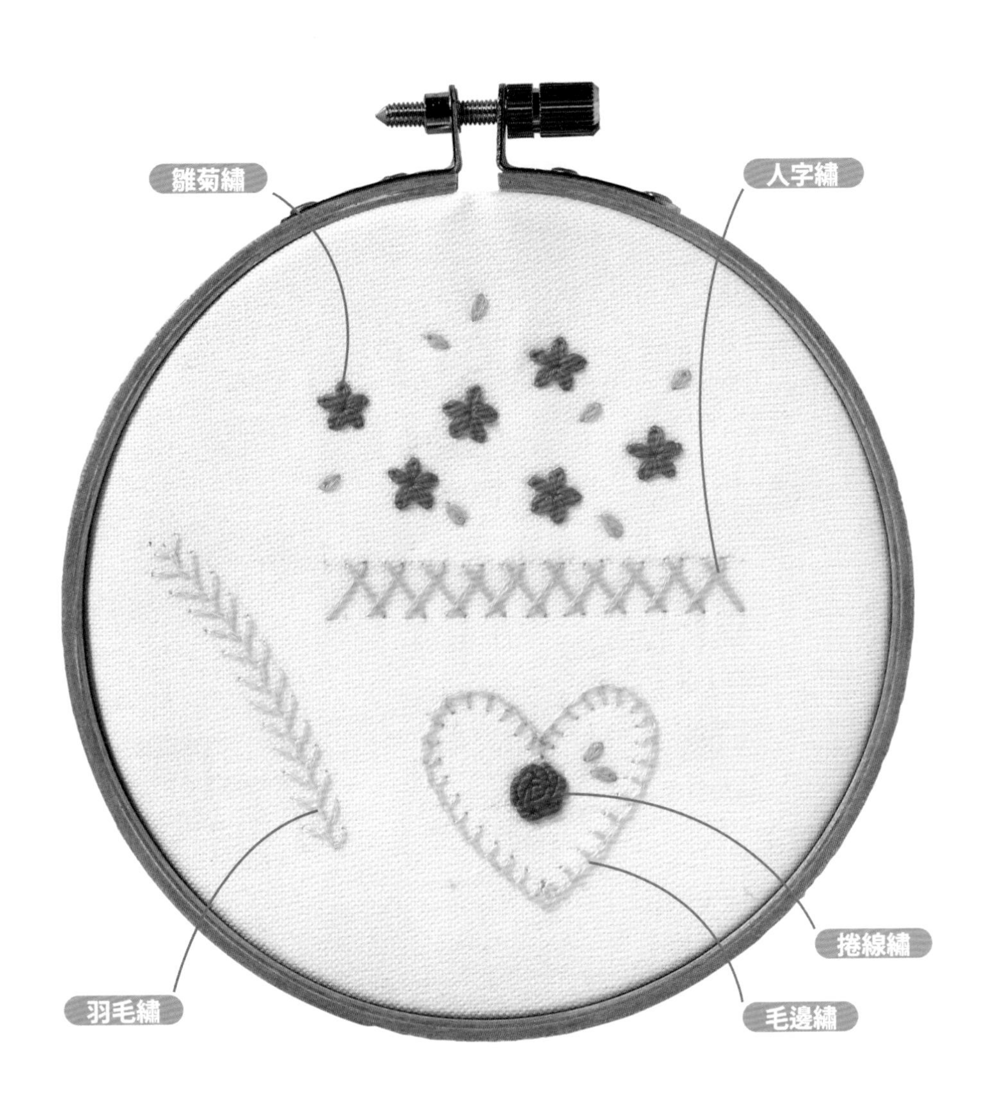
雛菊繡
人字繡
捲線繡
羽毛繡
毛邊繡

女孩的各種姿態

Smile
TRAVEL

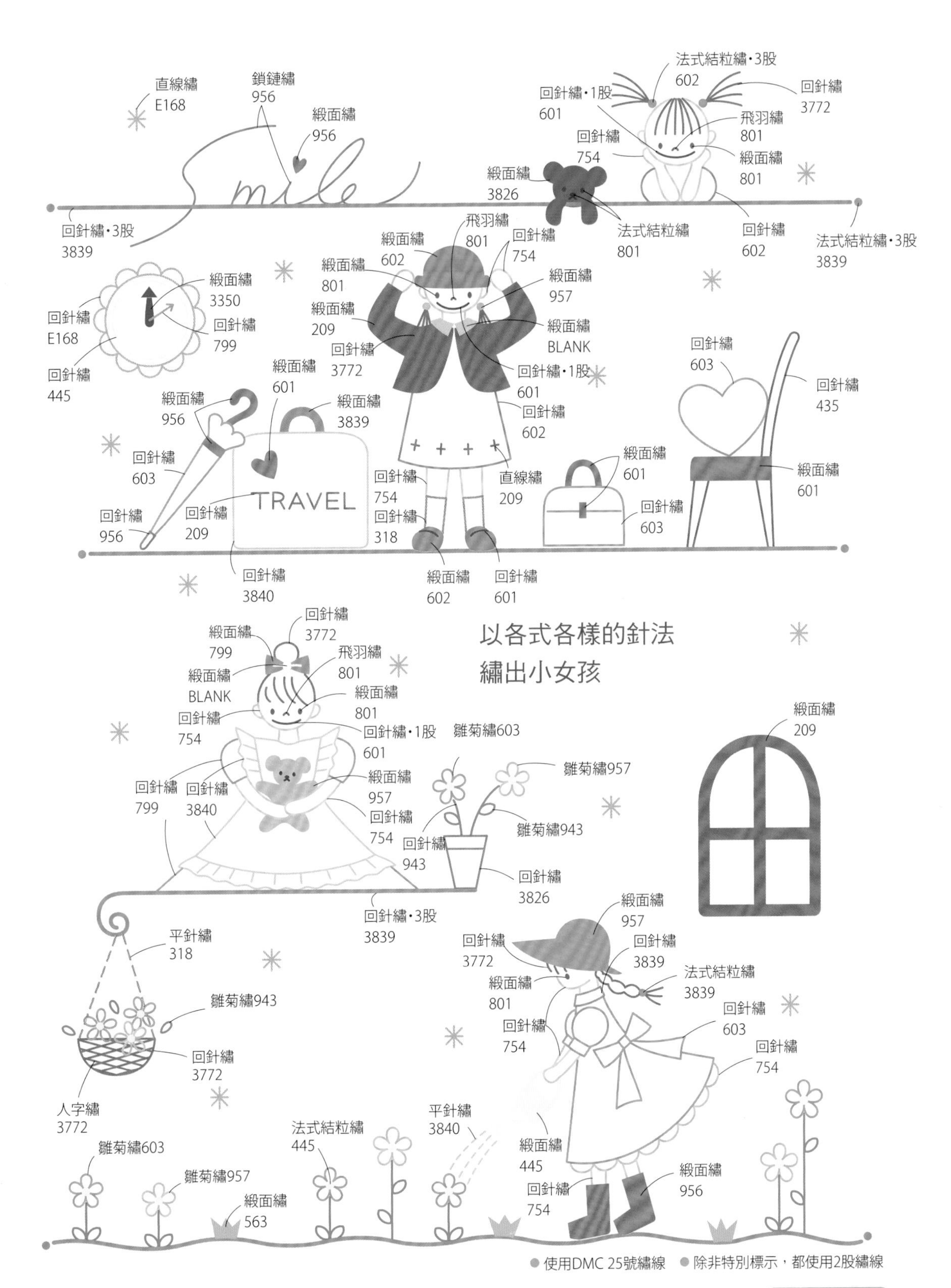
直線繡
E168
鎖鏈繡
956
緞面繡
956
回針繡・3股
3839
法式結粒繡・3股
602
回針繡・1股
601
回針繡
3772
飛羽繡
801
回針繡
754
緞面繡
801
緞面繡
3826
法式結粒繡
801
回針繡
602
法式結粒繡・3股
3839
飛羽繡
801
緞面繡
602
回針繡
754
緞面繡
801
緞面繡
957
緞面繡
3350
回針繡
E168
回針繡
799
回針繡
445
緞面繡
209
回針繡
3772
緞面繡
BLANK
回針繡・1股
601
緞面繡
601
緞面繡
956
緞面繡
3839
回針繡
602
回針繡
603
回針繡
435
回針繡
603
回針繡
956
回針繡
209
TRAVEL
回針繡
754
回針繡
318
直線繡
209
緞面繡
601
回針繡
603
緞面繡
601
回針繡
3840
緞面繡
602
回針繡
601
回針繡
3772
緞面繡
799
飛羽繡
801
緞面繡
BLANK
緞面繡
801
回針繡
754
回針繡・1股
601
雛菊繡603
緞面繡
209
回針繡
799
回針繡
3840
緞面繡
957
雛菊繡957
回針繡
754
雛菊繡943
回針繡
943
回針繡
3826
回針繡・3股
3839
平針繡
318
緞面繡
957
回針繡
3772
回針繡
3839
法式結粒繡
3839
緞面繡
801
雛菊繡943
回針繡
603
回針繡
754
回針繡
754
回針繡
3772
人字繡
3772
平針繡
3840
法式結粒繡
445
緞面繡
445
雛菊繡603
雛菊繡957
緞面繡
563
緞面繡
956
回針繡
754

以各式各樣的針法繡出小女孩

● 使用DMC 25號繡線　● 除非特別標示，都使用2股繡線

可愛的緣飾圖案

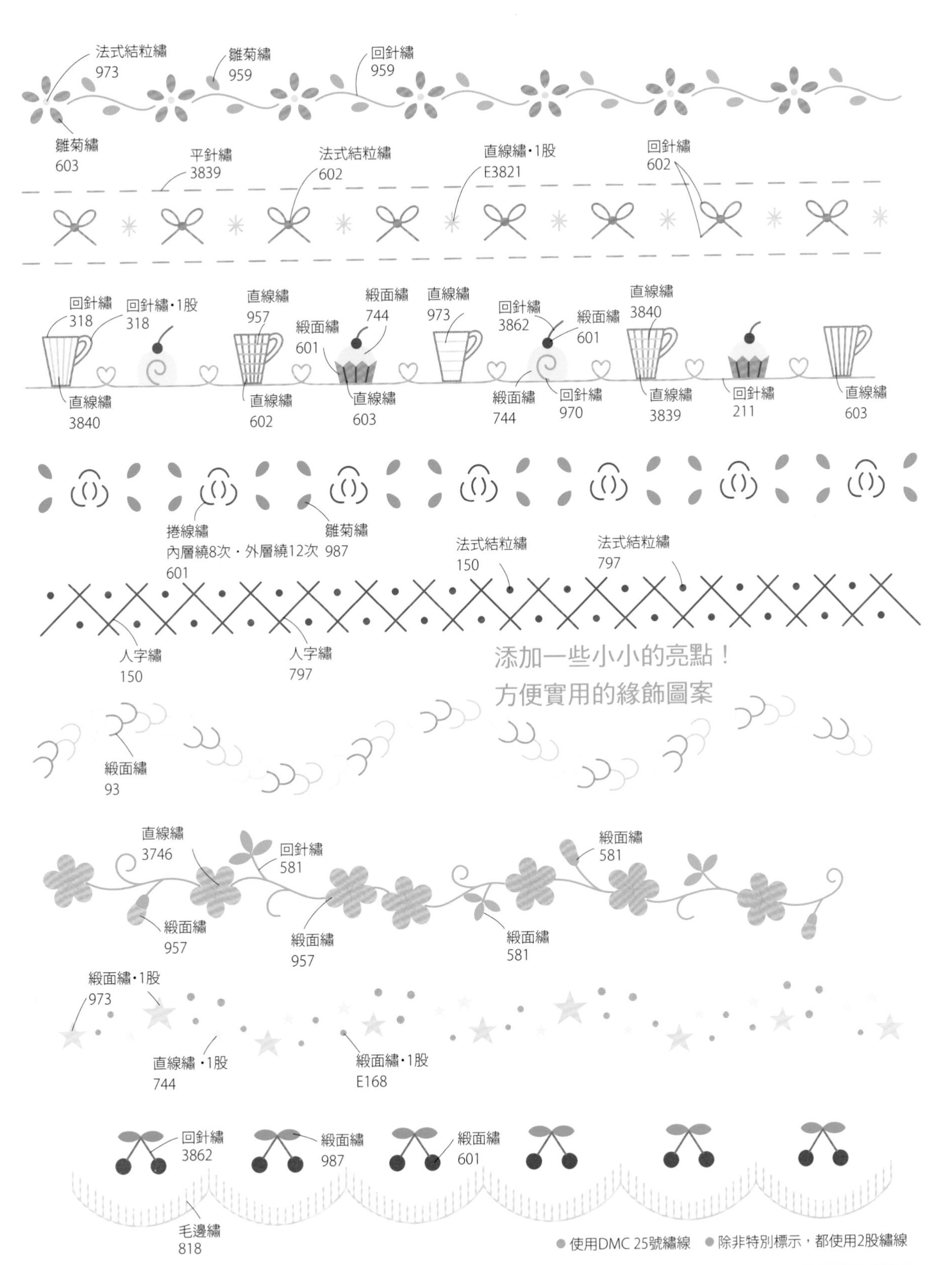

法式結粒繡
973
雛菊繡
959
回針繡
959
雛菊繡
603
平針繡
3839
法式結粒繡
602
直線繡・1股
E3821
回針繡
602
回針繡
318
回針繡・1股
318
直線繡
957
緞面繡
601
緞面繡
744
直線繡
973
回針繡
3862
緞面繡
601
直線繡
3840
直線繡
3840
直線繡
602
直線繡
603
緞面繡
744
回針繡
970
直線繡
3839
回針繡
211
直線繡
603
捲線繡
內層繞8次・外層繞12次
601
雛菊繡
987
法式結粒繡
150
法式結粒繡
797
人字繡
150
人字繡
797
緞面繡
93
直線繡
3746
回針繡
581
緞面繡
581
緞面繡
957
緞面繡
957
緞面繡
581
緞面繡・1股
973
直線繡・1股
744
緞面繡・1股
E168
回針繡
3862
緞面繡
987
緞面繡
601
毛邊繡
818

添加一些小小的亮點！方便實用的緣飾圖案

● 使用DMC 25號繡線　● 除非特別標示，都使用2股繡線

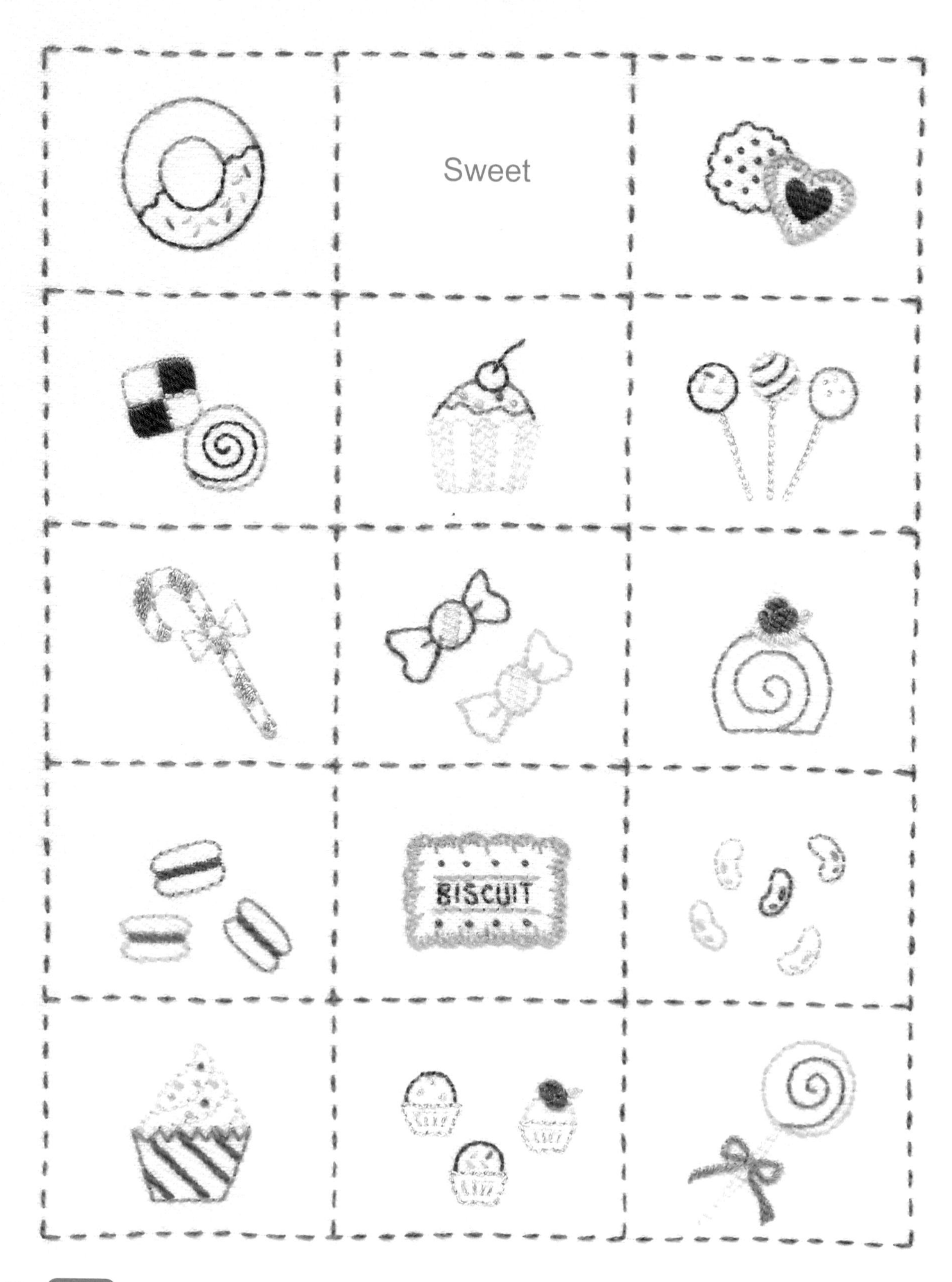
Sweet
BISCUIT

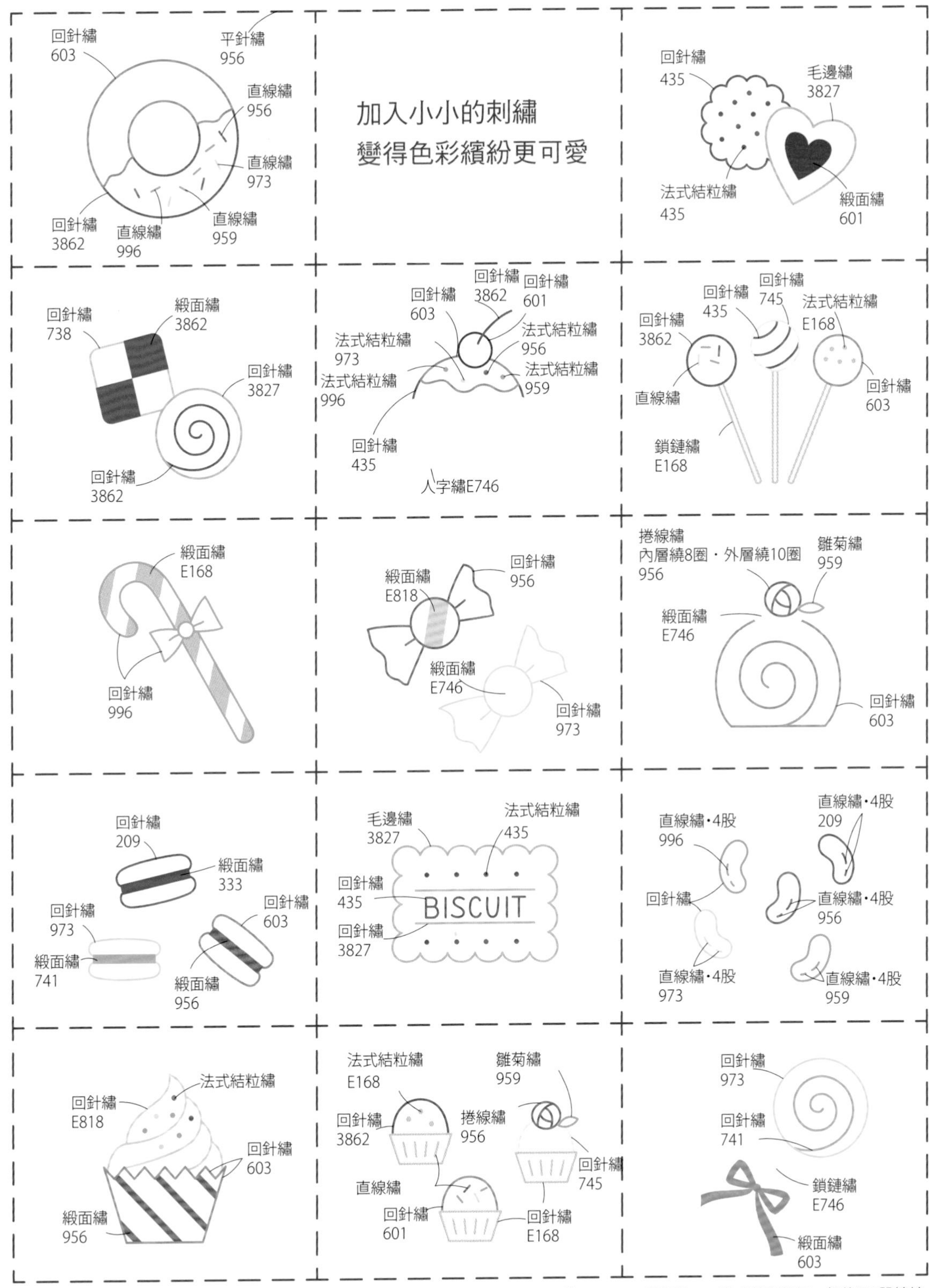
加入小小的刺繡
變得色彩繽紛更可愛
回針繡 603
平針繡 956
直線繡 956
直線繡 973
回針繡 3862
直線繡 996
直線繡 959
回針繡 435
毛邊繡 3827
法式結粒繡 435
緞面繡 601
回針繡 738
緞面繡 3862
回針繡 3827
回針繡 3862
回針繡 603
回針繡 3862
回針繡 601
法式結粒繡 973
法式結粒繡 956
法式結粒繡 996
法式結粒繡 959
回針繡 435
人字繡E746
回針繡 3862
回針繡 435
回針繡 745
法式結粒繡 E168
直線繡
回針繡 603
鎖鏈繡 E168
緞面繡 E168
回針繡 996
緞面繡 E818
回針繡 956
緞面繡 E746
回針繡 973
捲線繡
內層繞8圈・外層繞10圈
956
雛菊繡 959
緞面繡 E746
回針繡 603
回針繡 209
緞面繡 333
回針繡 973
回針繡 603
緞面繡 741
緞面繡 956
毛邊繡 3827
法式結粒繡 435
回針繡 435
BISCUIT
回針繡 3827
直線繡・4股 996
直線繡・4股 209
回針繡
直線繡・4股 956
直線繡・4股 973
直線繡・4股 959
法式結粒繡
回針繡 E818
回針繡 603
緞面繡 956
法式結粒繡 E168
雛菊繡 959
回針繡 3862
捲線繡 956
回針繡 745
直線繡
回針繡 601
回針繡 E168
回針繡 973
回針繡 741
鎖鏈繡 E746
緞面繡 603

● 使用DMC 25號繡線 ● 除非特別標示，都使用2股繡線

雛菊繡

繡較小的花朵與葉子會使用的刺繡針法。花朵以放射狀繡4至8片花瓣。線圈的鬆緊與針目的長度，都會改變花朵給人的感覺。

✲圖案請見P.83

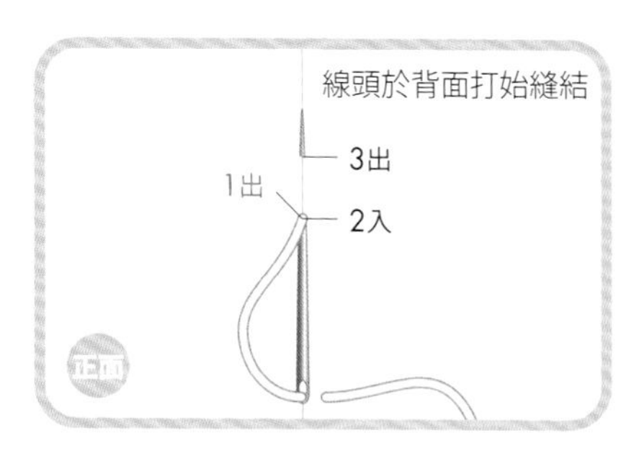

線頭於背面打始縫結
3出
1出
2入
正面

1 從圖案邊緣出針，再於同一處入針，並從正上方出針。

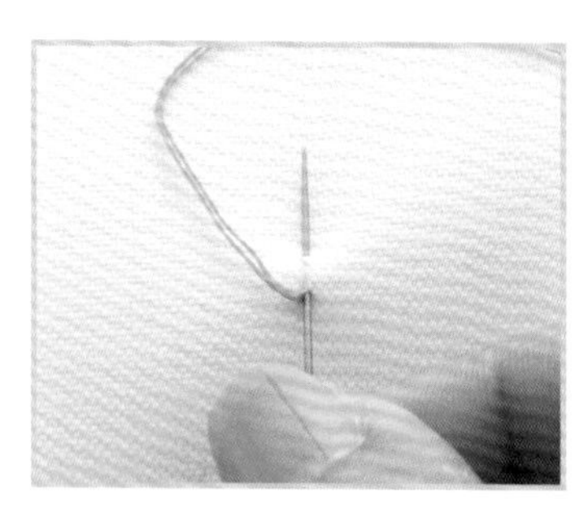

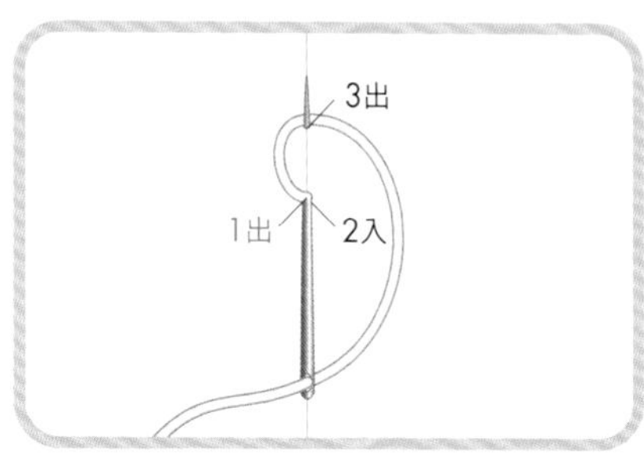

3出
1出
2入

2 將線繞在針上。

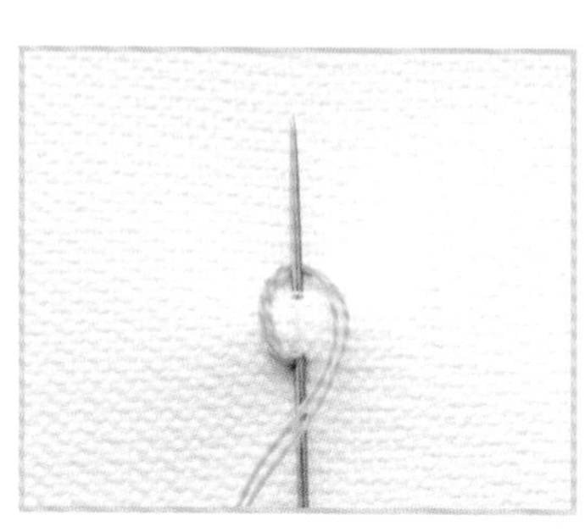

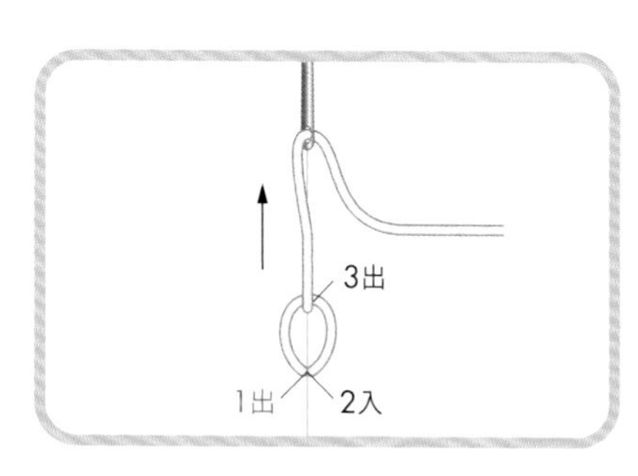

3出
1出
2入

3 出針，並且把線拉緊。

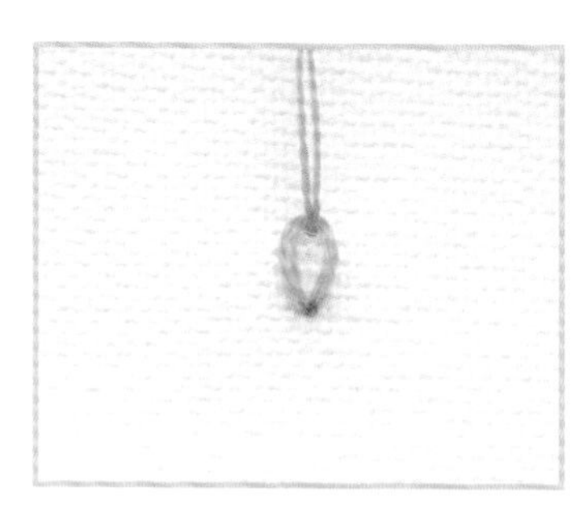

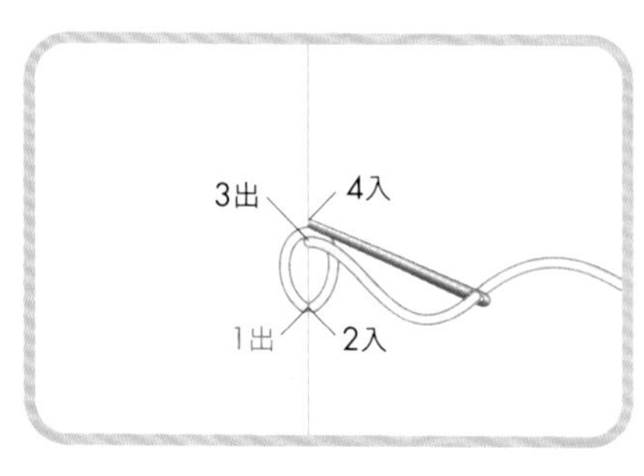

3出
4入
1出
2入

4 從出針處上方，繡一針將線圈固定。

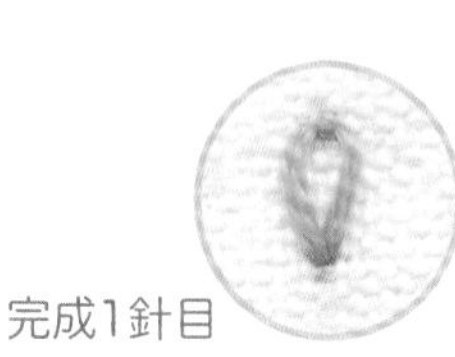

完成1針目

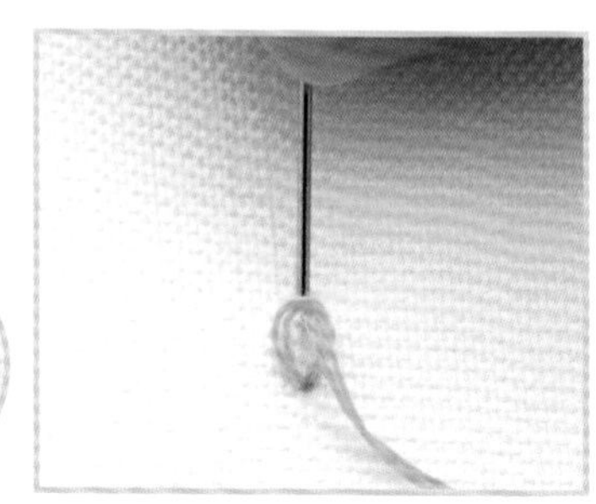

繡得漂亮的訣竅

線不要拉太緊

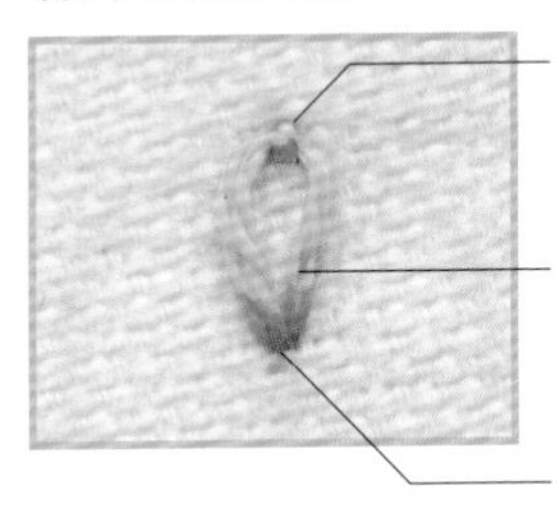

從線圈頂端入針
線不要拉太緊，才能繡出有漂亮弧線的花瓣
入針同一個洞

關於改變刺繡的大小

隨著繡線的股數、針目的大小不同，花朵的尺寸也會改變。

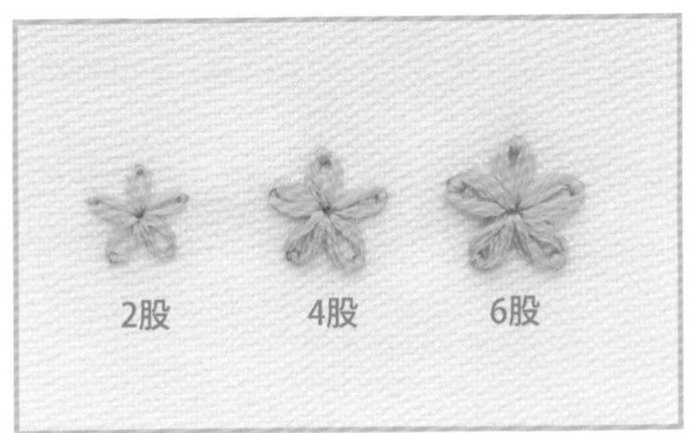

2股
4股
6股

✲若在花心留下一點空間，花朵就會大上一圈。

起針與收針

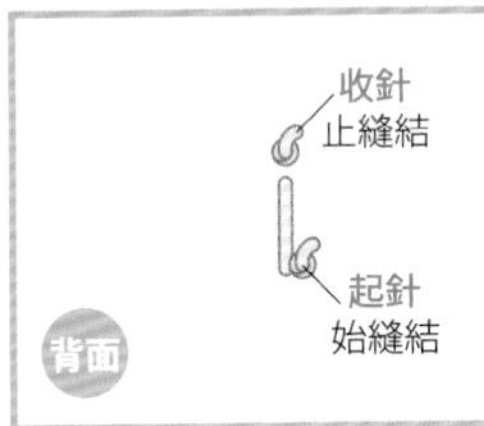

收針
止縫結
起針
始縫結
背面

起針時打一個始縫結，收針時打一個止縫結。

花朵的刺繡方法

1 以消失筆描繪圖案。

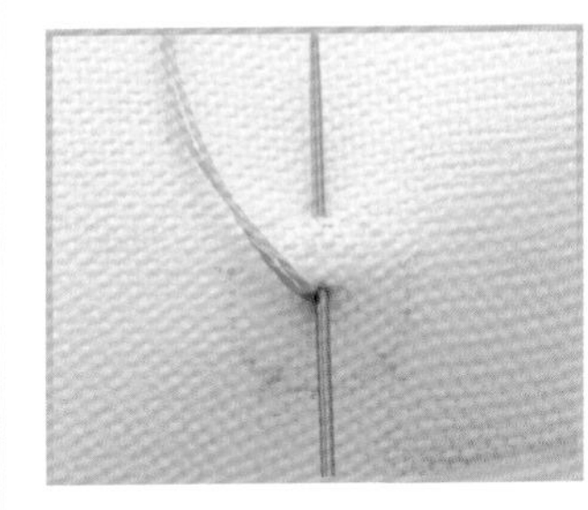

2 從中心點入針，於正上方出針。

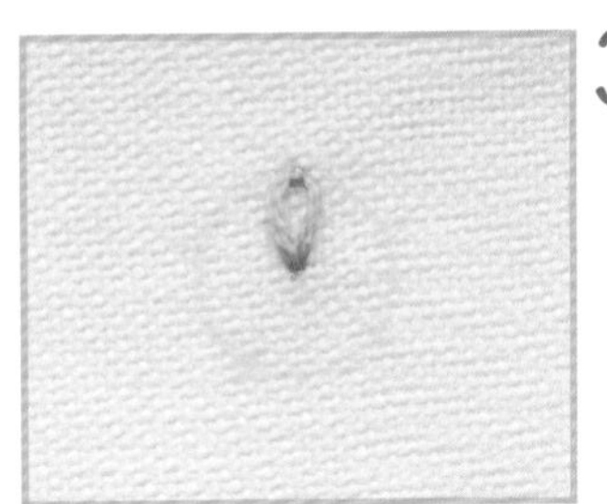

3 完成1片花瓣。

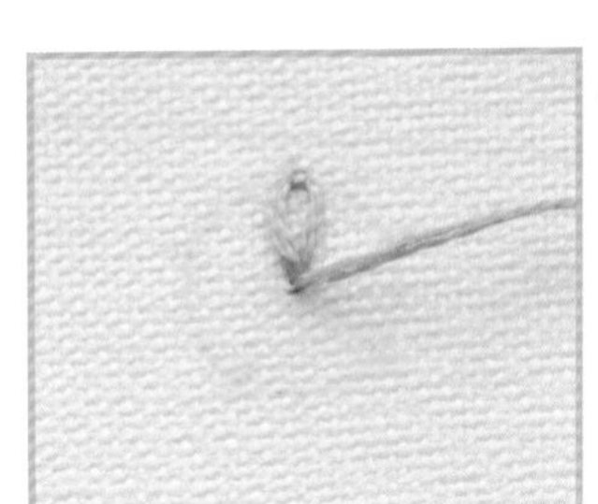

4 再次從中心出針完成。

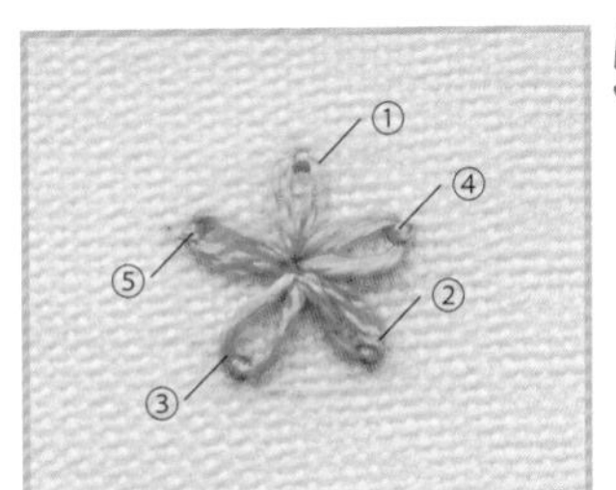

①
②
③
④
⑤

5 先完成三個角的花瓣，再將中間的花瓣繡上。

✲花瓣較多時，先將呈對角線的花瓣完成，就可以繡得平均又漂亮。

毛邊繡

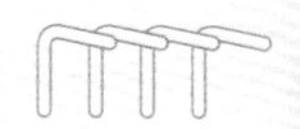

也被稱為釦眼繡、毛毯繡。間隔縫密一點就可以運用在釦眼，因此被稱為釦眼繡。經常用於貼布繡邊緣的刺繡針法。

✳圖案請見P.83

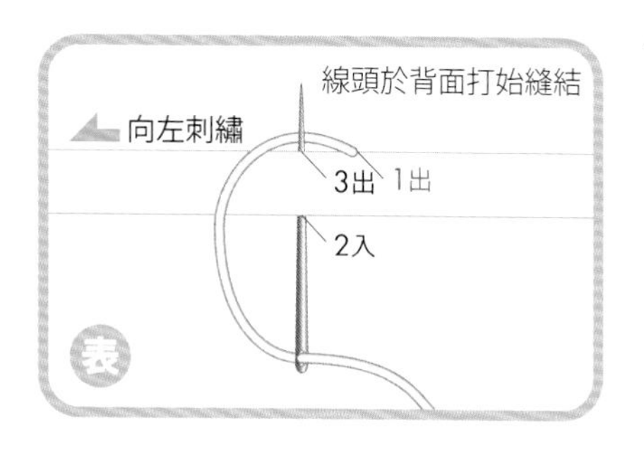
線頭於背面打始縫結
向左刺繡
3出
1出
2入
表

1 從圖案邊緣出針，並將線放在左側，針從下方入針，再從正上方出針。

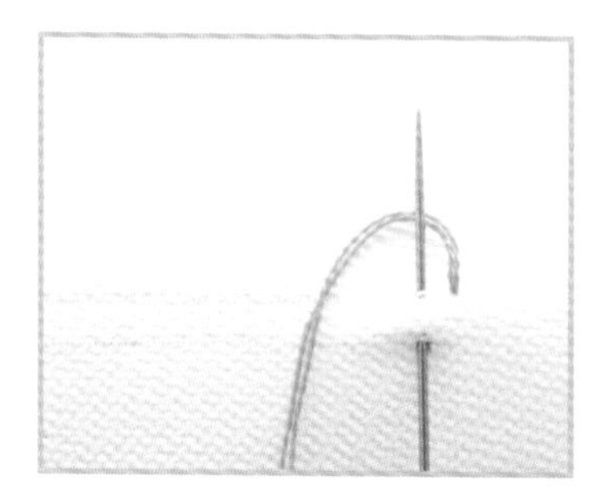

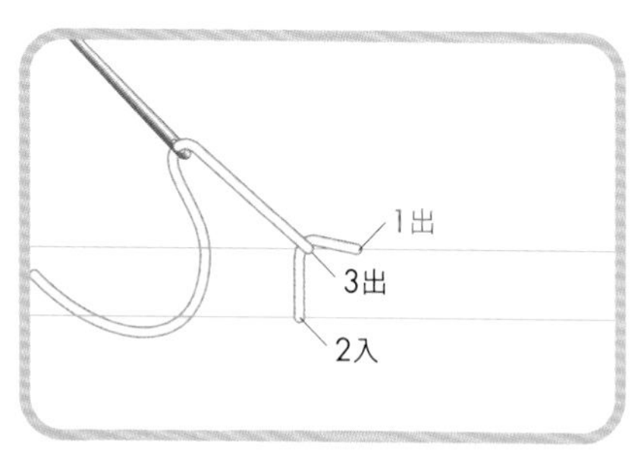
1出
3出
2入

2 將線拉緊。

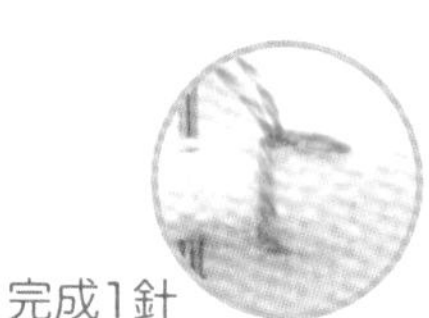

完成1針

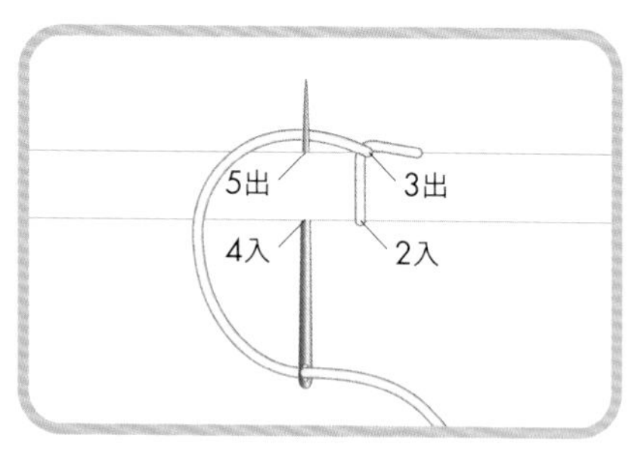
5出
3出
4入
2入

3 重複進行同樣的方式。

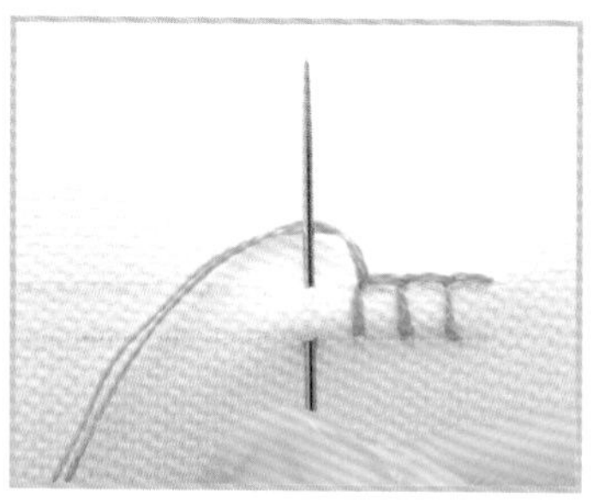

重複步驟1至2

最後一針的繡法

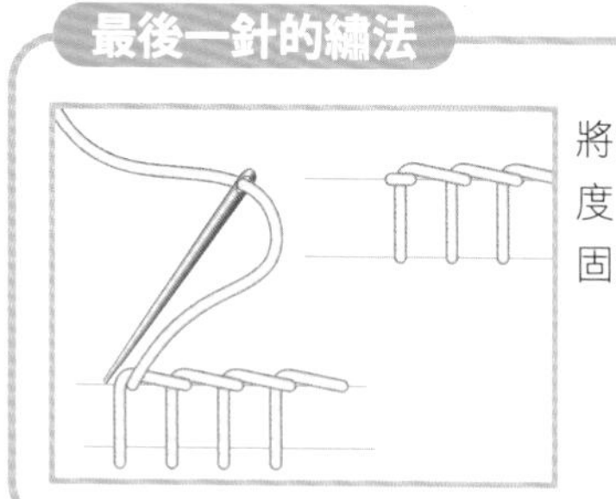

將線拉緊，作出角度，越過線繡一針固定。

起針與收針

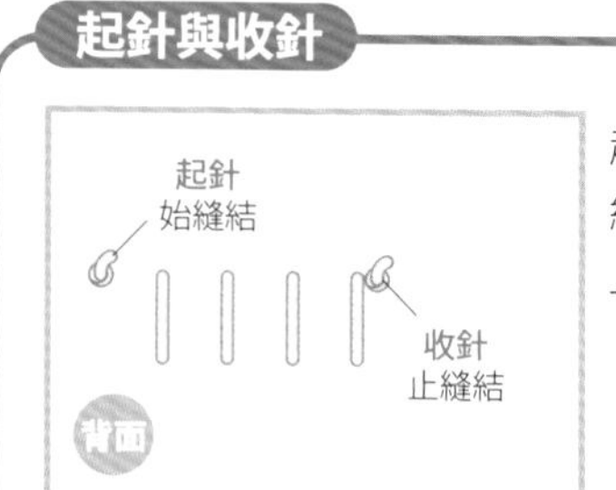
起針
始縫結
收針
止縫結
背面

起針時打一個始縫結，收針時打一個止縫結。

捲線繡

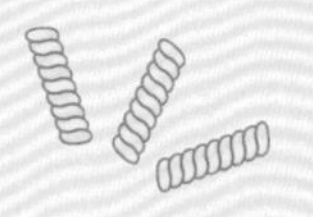

將線捲繞於針上的刺繡針法。繡線的股數與捲繞的次數會改變刺繡的大小。可以用於刺繡玫瑰花或雛菊。

☆圖案請見P.83

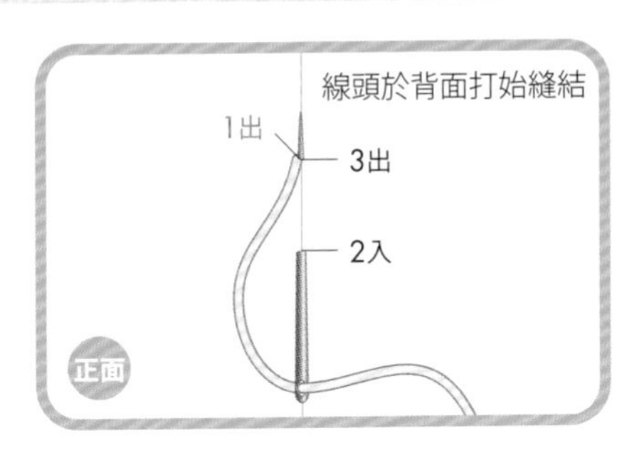

線頭於背面打始縫結
1出
3出
2入
正面

1 從圖案邊緣出針，於另一端入針，再從線拉出處出針。

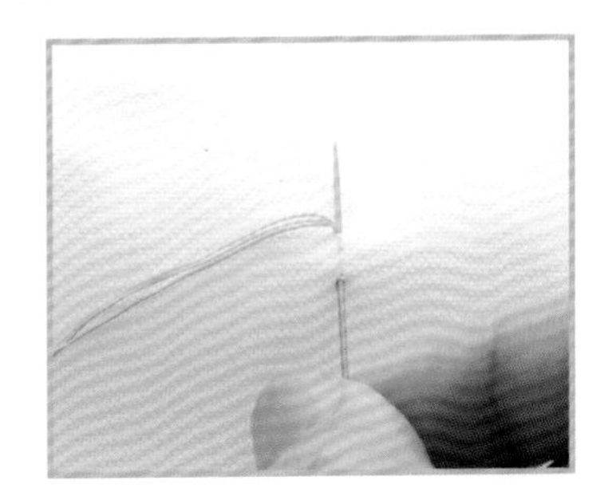

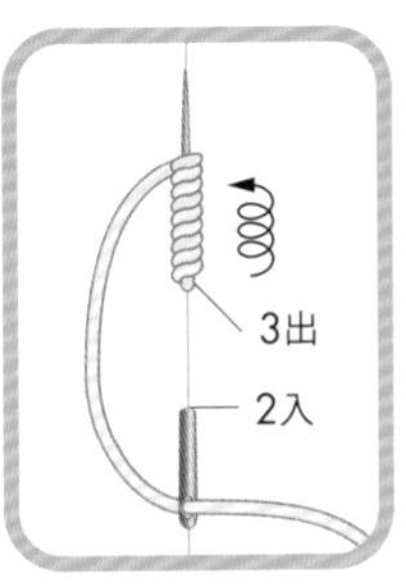

3出
2入

2 將線繞於針上，繞線的長度要比完成尺寸多一些。

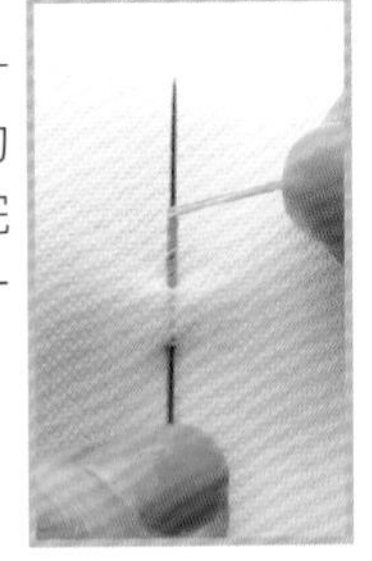

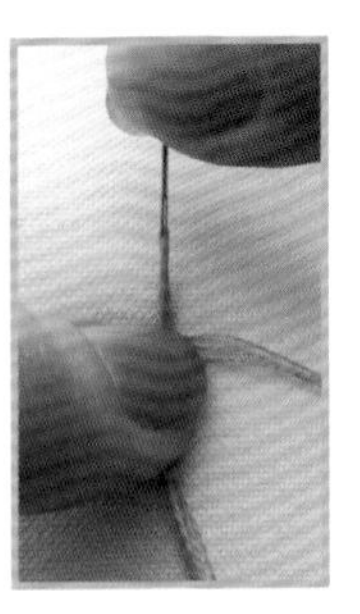

3出
2入

3 將繞好的線圈以手指壓住出針。

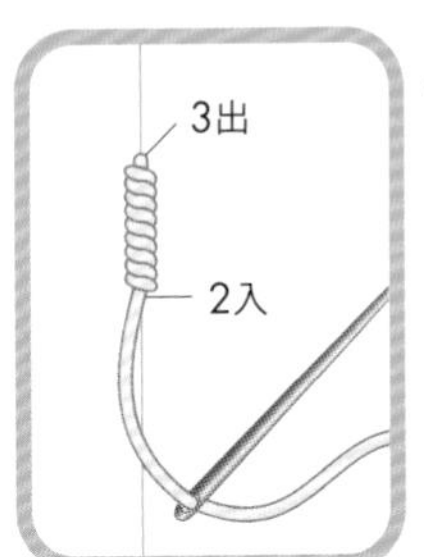

3出
2入

4 將線圈往下拉緊，整理成刺繡完成時的形狀。

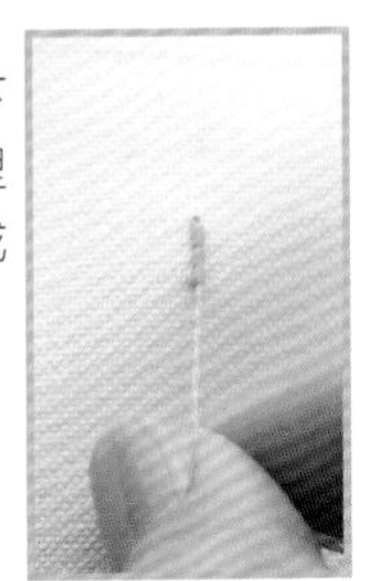

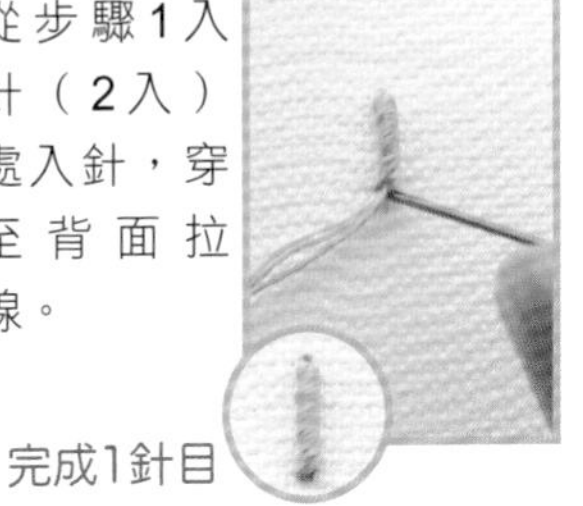

3出
2入
(4入)

5 從步驟1入針（2入）處入針，穿至背面拉線。

完成1針目

起針與收針

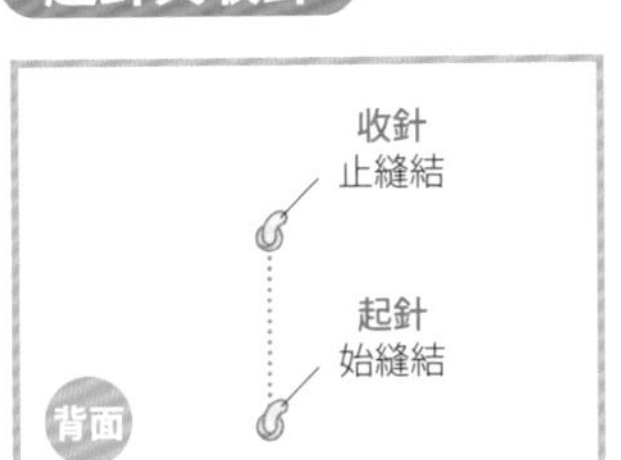

收針
止縫結
起針
始縫結
背面

起針時打一個始縫結，收針時打一個止縫結。

繡得漂亮的訣竅

線的纏繞方式與針的拉出方法是重點

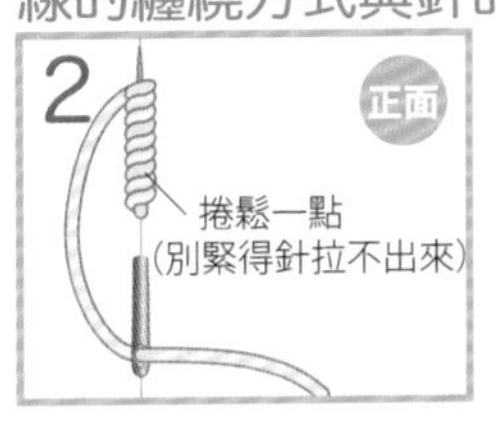

2
正面
捲鬆一點
(別緊得針拉不出來)

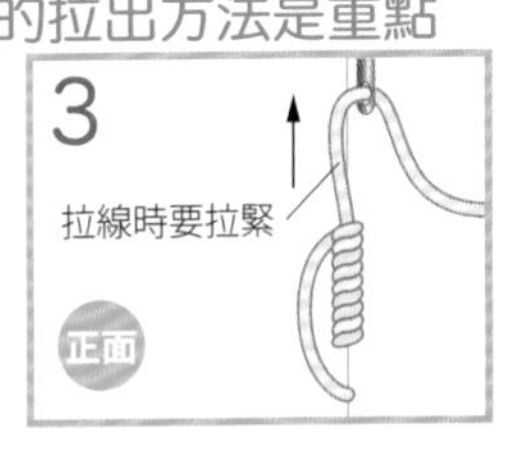

3
拉線時要拉緊
正面

羽毛繡

一邊將挑過線的中心固定，一邊繡下一針的刺繡針法。常在表現較粗的線條或花樣時使用。大小與間隔保持平均就會繡得漂亮。

✲圖案請見P.83

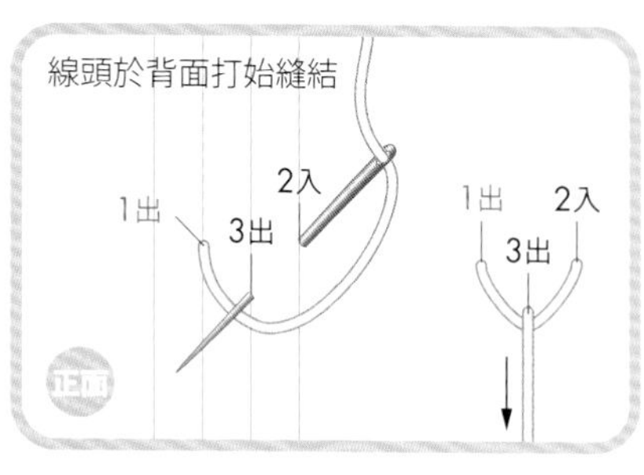
線頭於背面打始縫結
1出
2入
3出
正面
1出
2入
3出

1 出針後，於另一側入針，在出針與入針的中心點下方出針，此時線掛在針上。

出針，並且將線往下拉。

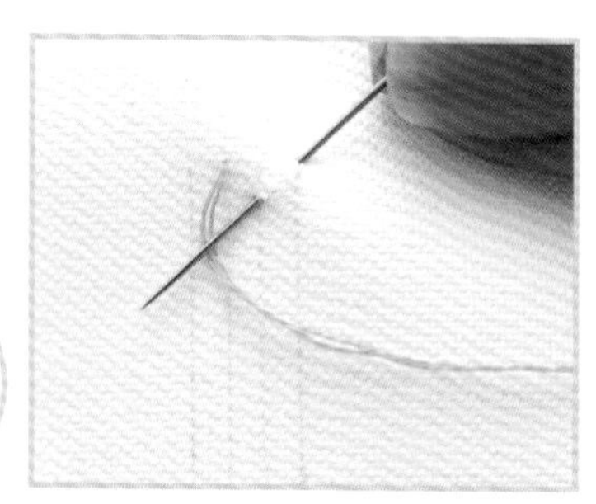

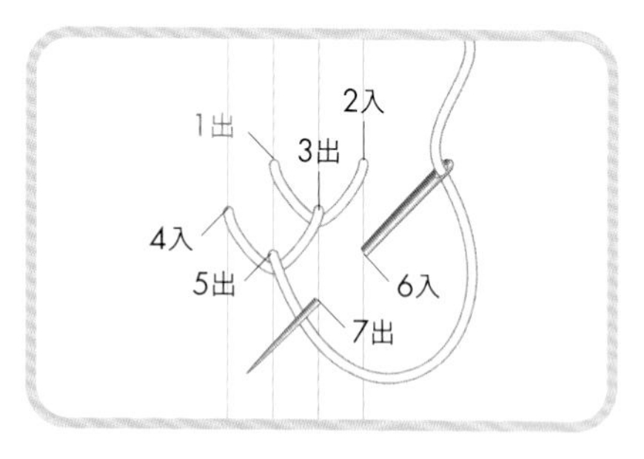
1出
3出
2入
4入
5出
1出
2入
4入
3出
5出

2 於下一排的左端入針，掛上線後，同樣從中心點下方出針。

拉出針，並且將線往下拉。

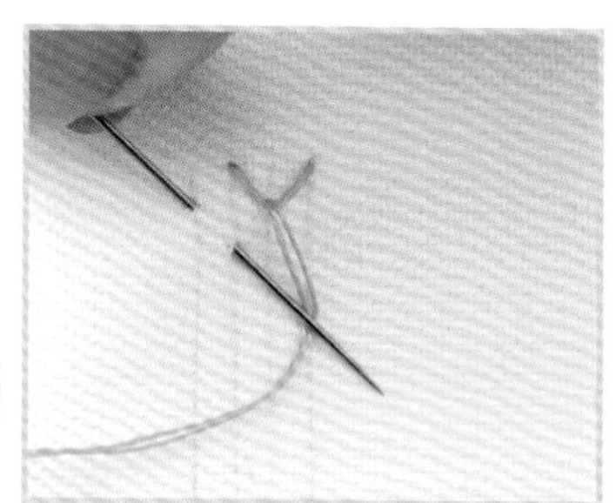

2入
1出
3出
4入
5出
6入
7出

3 重複進行同樣的方式。

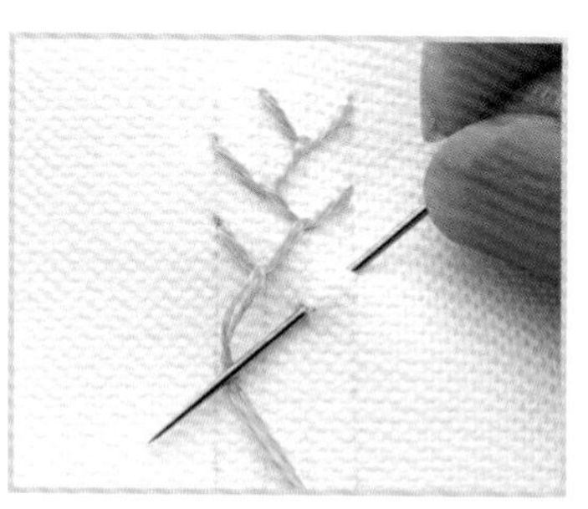

重複步驟1至2

最後一針的繡法

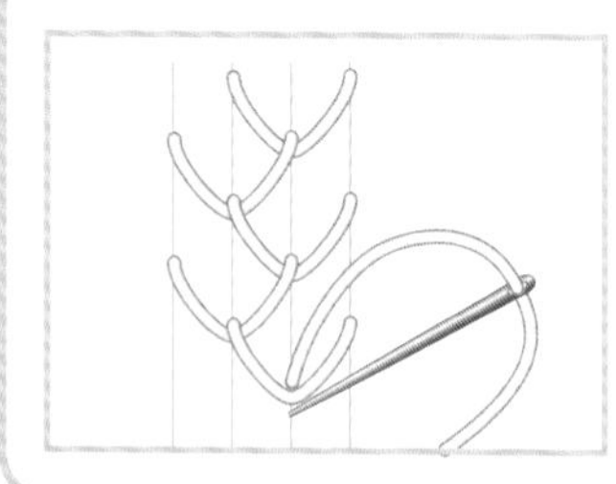

越過挑線，繡一針固定。

起針與收針

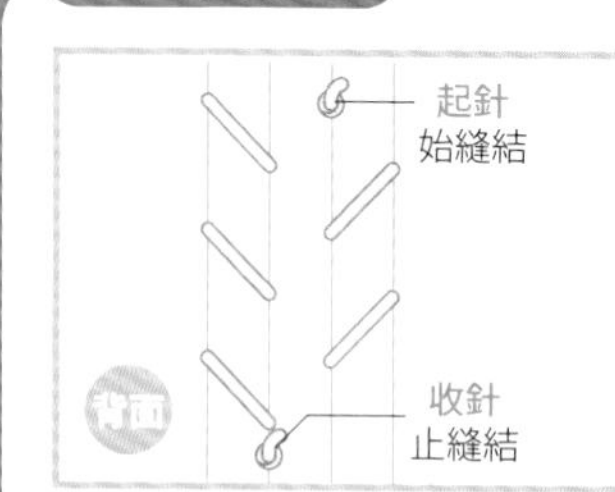
起針
始縫結
背面
收針
止縫結

起針時打一個始縫結，收針時打一個止縫結。

人字繡

將針橫放，上下交錯挑針前進的刺繡針法，適用於緣飾花樣。在繡線的股數或顏色、針目間隔上下點功夫，就能產生各式各樣不同的效果。

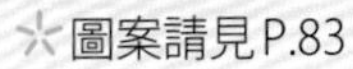

圖案請見P.83

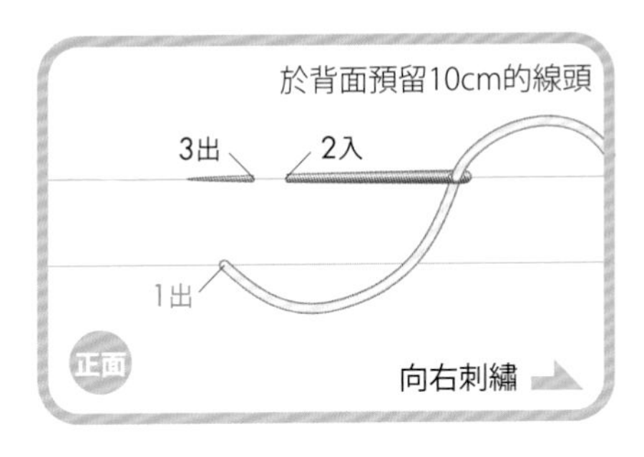

於背面預留10cm的線頭
3出
2入
1出
正面
向右刺繡

1 從下端出針，上端入針，以回針的方式繡1針。

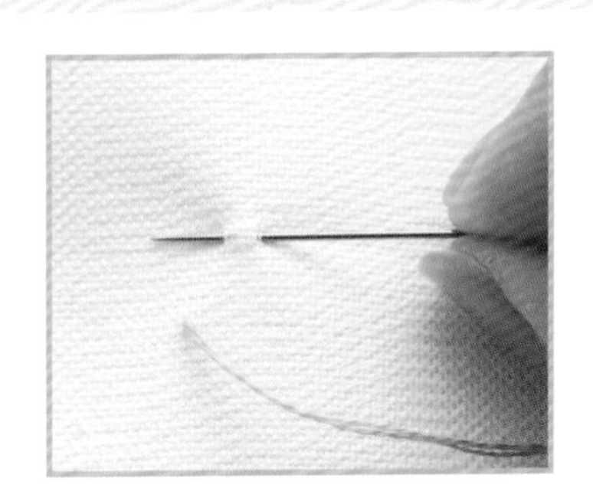

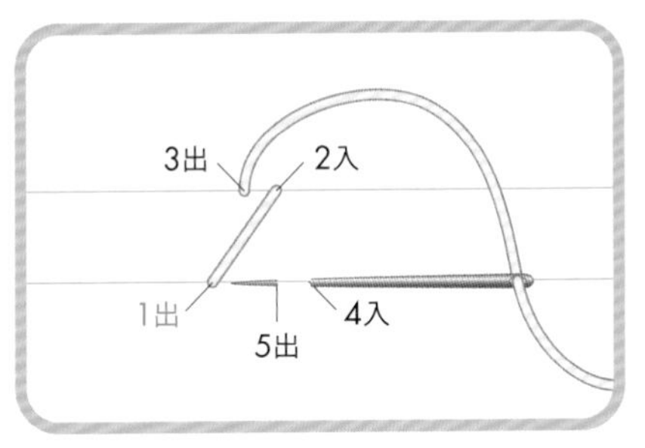

3出
2入
1出
5出
4入

2 從下端入針，以回針的方式繡1針。

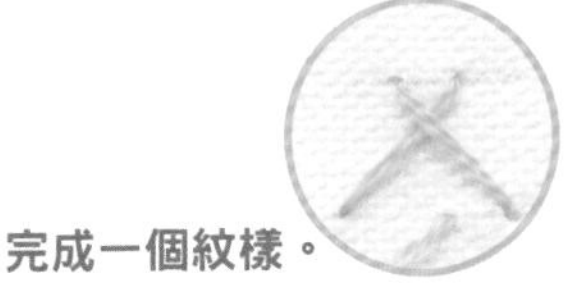

完成一個紋樣。

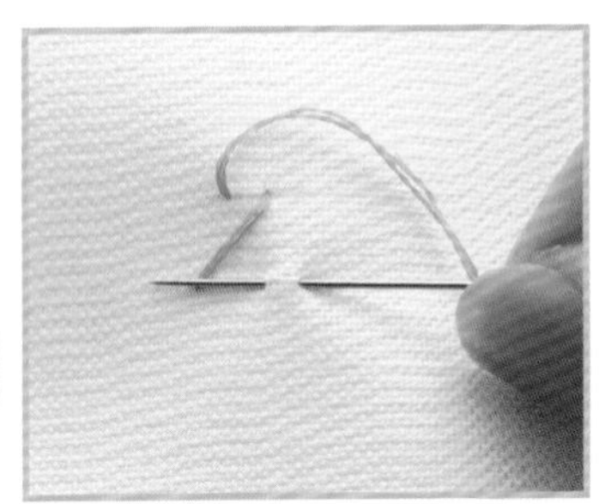

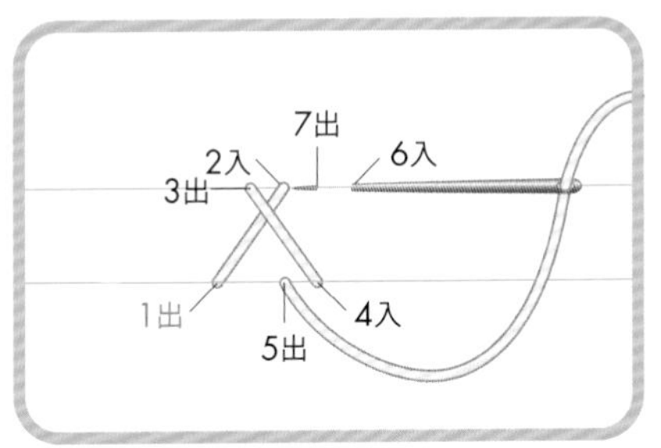

7出
2入
6入
3出
1出
4入
5出

3 重複進行同樣的方式。

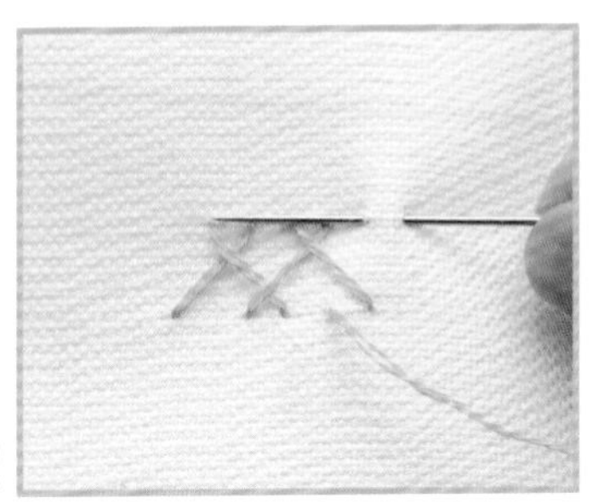

重複步驟1至2

起針與收針

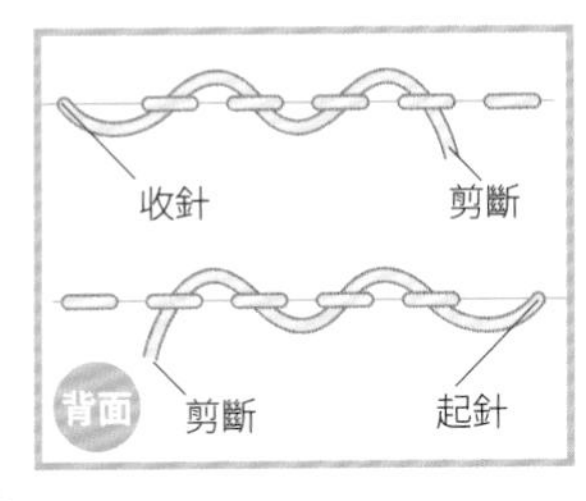

收針
剪斷
背面
剪斷
起針

將收針的線於背面穿入針目3至4回，預留少許後剪斷。將起針時預留的線頭再次穿針，以同樣方式固定。

改變間隔

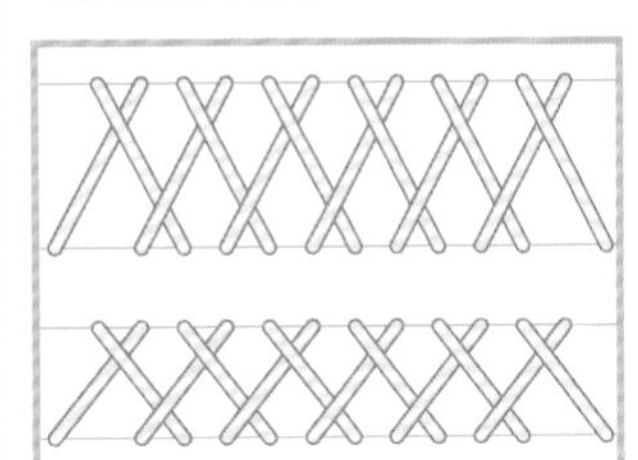

間隔相同但是寬幅改變，也能呈現出不同印象。

緣飾花紋很可愛……

嬰兒圍兜

為剛出生的寶寶準備
以刺繡裝飾的溫柔圍兜……
一針一針細心地
洋溢滿滿愛情的刺繡。

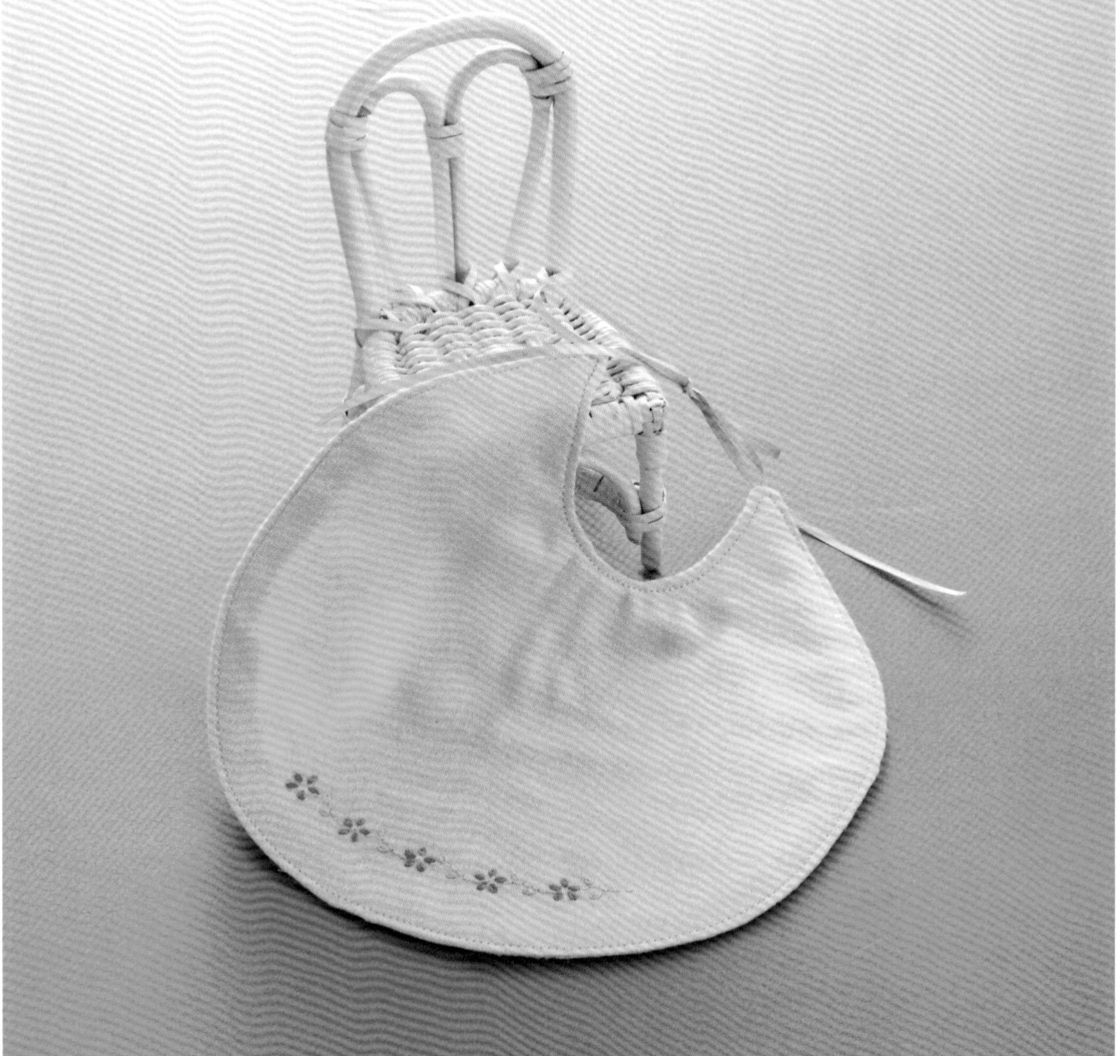

作法請見P.152

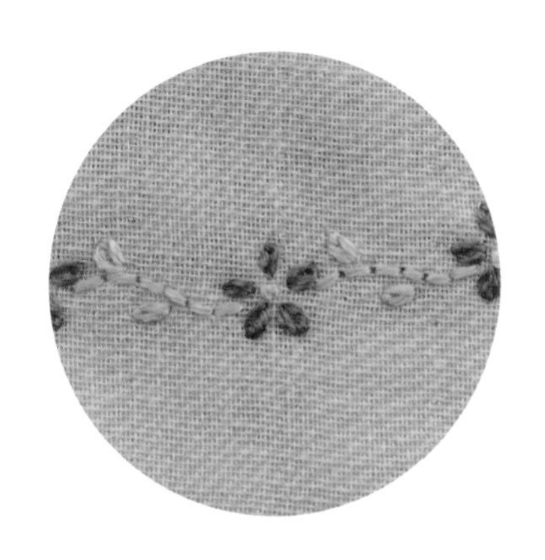

小小的重點裝飾……

自然風杯墊

親自動手製作令人愉快的刺繡
為日常風景增添變化
營造生活情趣。

✲作法請見P.153

女孩圖樣的……

迷你托特包

使用在深藍色布上十分顯眼的
繽紛顏色完成可愛風刺繡。
帶出門使用當然非常適合
即使只是擺放著也很可愛……

Smile
FARCA

✩作法請見P.151

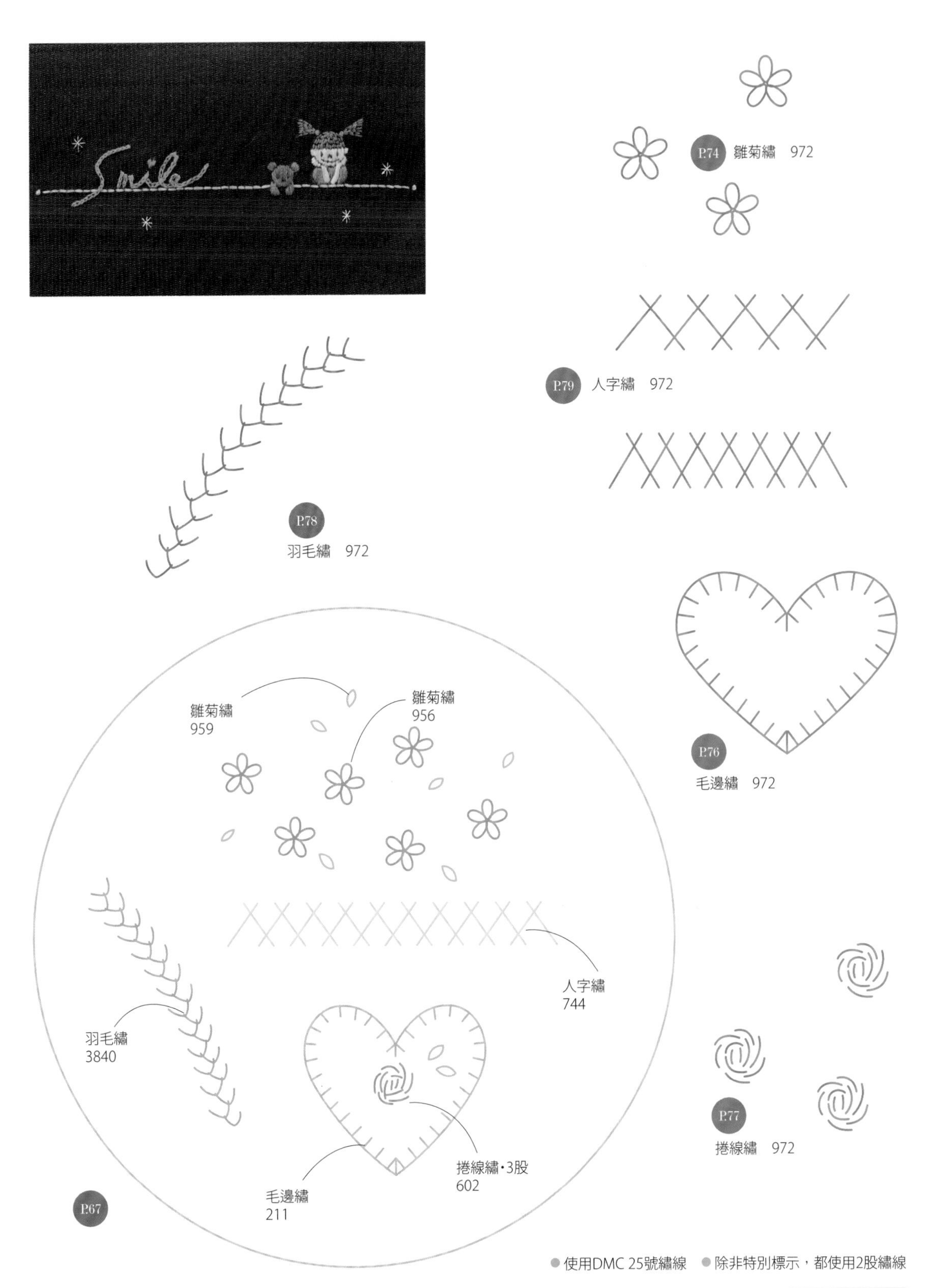
Smile
P.74 雛菊繡 972
P.79 人字繡 972
P.78 羽毛繡 972
P.76 毛邊繡 972
雛菊繡
959
雛菊繡
956
人字繡
744
羽毛繡
3840
捲線繡・3股
602
毛邊繡
211
P.77 捲線繡 972
P.67

● 使用DMC 25號繡線 ● 除非特別標示，都使用2股繡線

十字繡

如同畫圖般，

以十字「×」填出圖案的刺繡法就稱為十字繡。

不必複寫圖案很棒吧！

即使沒有專用布料，

只要使用轉繡網布，任何材質的布料都可以刺十字繡。

重點在於背面的線不要跨得過遠，

不只是表面，背面也要繡得整齊美觀。

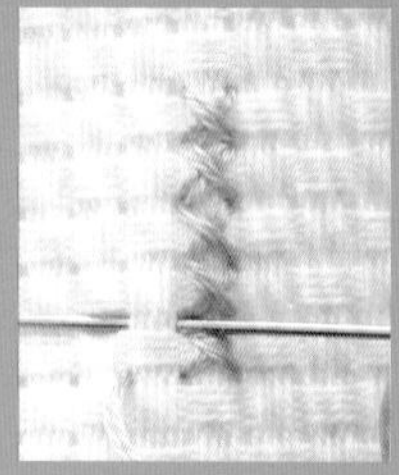

HAPPY BIRTHDAY
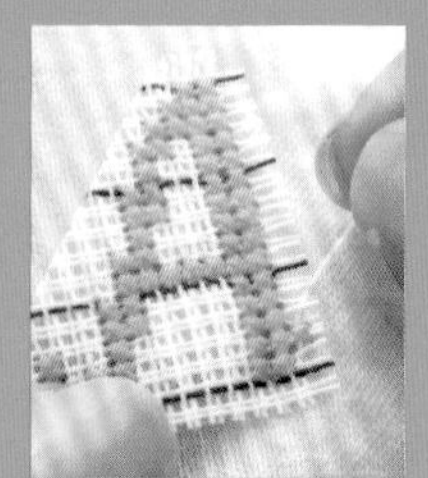

十字繡

☆圖案請見P.103

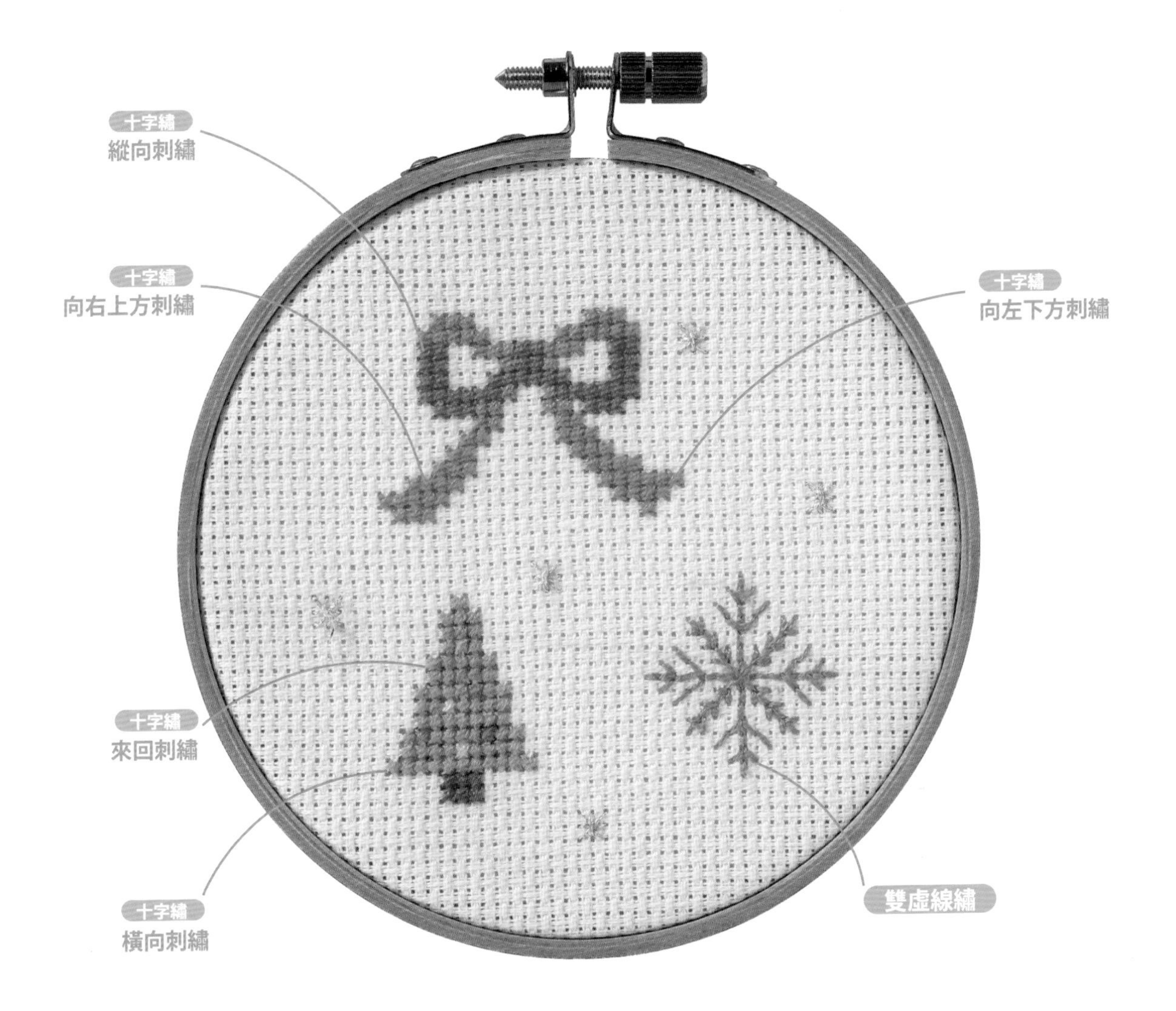
十字繡
縱向刺繡
十字繡
向右上方刺繡
十字繡
向左下方刺繡
十字繡
來回刺繡
十字繡
橫向刺繡
雙虛線繡

可愛的圖形
Smile
HAPPY BIRTHDAY!!

平針繡
603
直線繡
E374
法式結粒繡996
HAPPY BIRTHDAY!!
回針繡
996
十字繡的圖形
也可以使用轉繡網布⋯⋯
雙虛線繡741
× E168 × 321 × 602 × 603 × 605 × 989 × 906 × 336 × E3821
× 3839 × 3840 × 744 × 959 × 3848 × 209 × 996 × 3078

● 使用DMC25號繡線 ● 皆使用2股繡線
● 布為DMC Aida 14格白色十字繡布

廚房雜貨

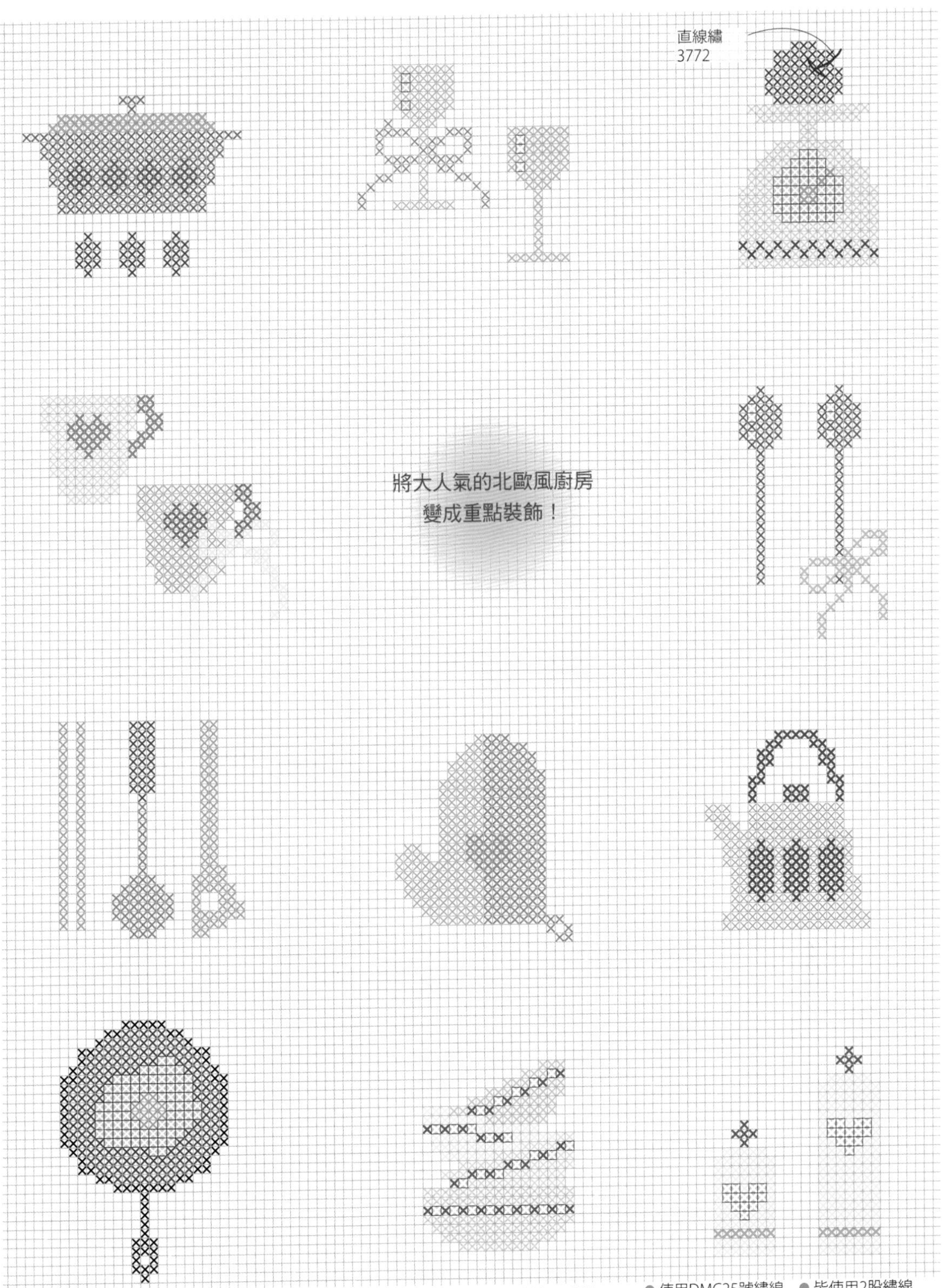
直線繡
3772
將大人氣的北歐風廚房
變成重點裝飾！

× E168 × BLANC × 310 × 317 × 318 × 3772 × 321 × 601 × 602 × 956 × 957
× 818 × E211 × 772 × 311 × 799 × 998 × 162 × E747 × 741 × 972 × 3827 × 745

● 使用DMC25號繡線 ● 皆使用2股繡線
● 布為DMC Aida 18格白色十字繡布

X' mas

直線繡
E3821
繡上聖誕樹或花圈，
放進相框成為美麗的裝飾！
平針繡
996
打上緞帶
321
直線繡
973
直線繡
E3821

× E168 × 321 × 601 × 602 × 799 × 972 × 943 × 561 × 973
× E3747 × 3826 × 975 × 783 × 996 × 3840 × E3821 × 738 × 3350

● 使用DMC25號繡線 ● 皆使用2股繡線
● 布為DMC Aida 18格白色十字繡布

十字繡

對齊布材的織紋，以十字「×」所繡出來的刺繡。不用專用的十字繡布也可以刺繡。將上層的線保持方向一致，初學者也可以繡出漂亮的十字繡。

圖案請見P.103

關於十字繡布

十字繡布的縱線與橫線是以同樣的線交織而成。
布面呈現一格一格的正方形，很容易理解圖案，不必複寫只要數格子就能刺繡了。

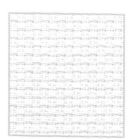

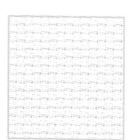

Aida 11格
(每10cm平方有40×40格)

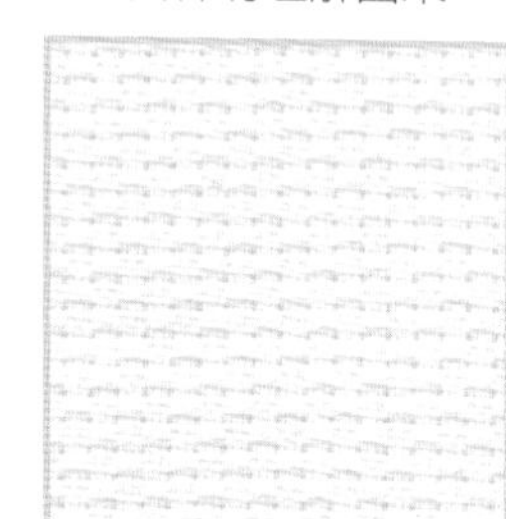

Aida 14格
(每10cm平方有55×55格)

Aida 18格
(每10cm平方有70×70格)

Aida 14格(有色)
(每10cm平方有55×55格)

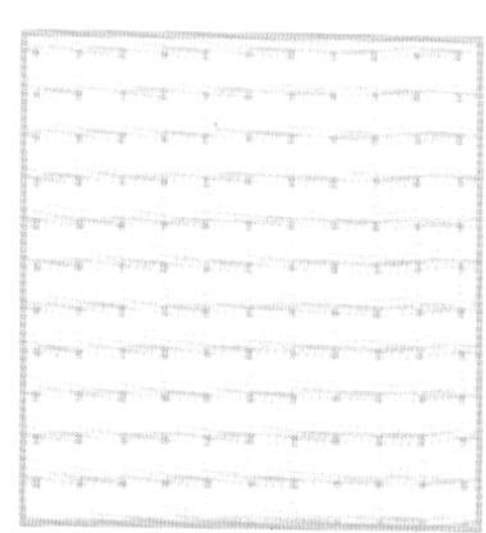

日本十字繡布中目
(每10cm平方有35×35格)

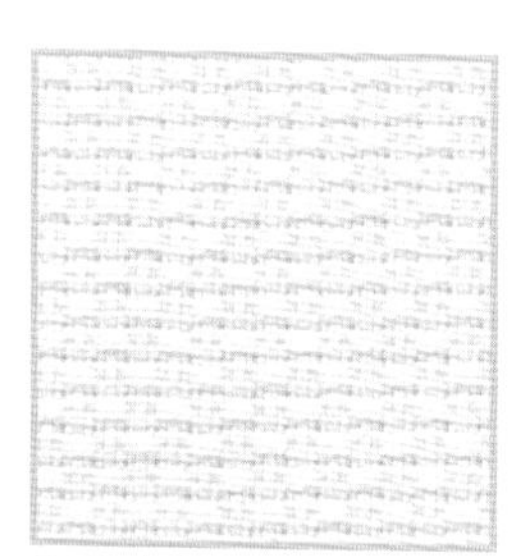

日本十字繡布
(每10cm平方有45×45格)

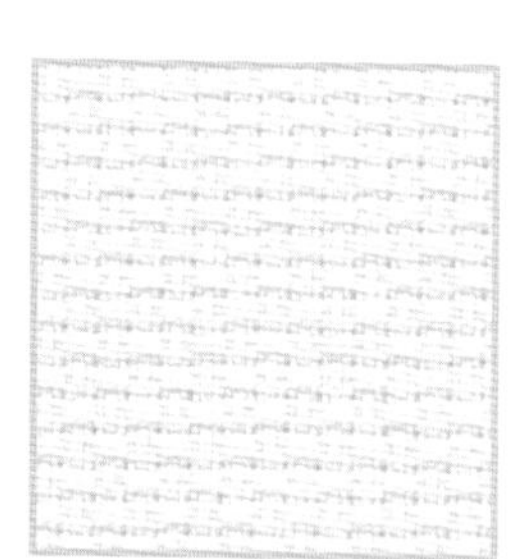

日本十字繡布(有色)
(每10cm平方有45×45格)

亞麻25格
(每10cm平方有100×100格)

*編註：市售十字繡布的格數（或標示CT）指的是每英吋所包含的格子數量，數字越大，格子就越小

格數與刺繡尺寸的關係

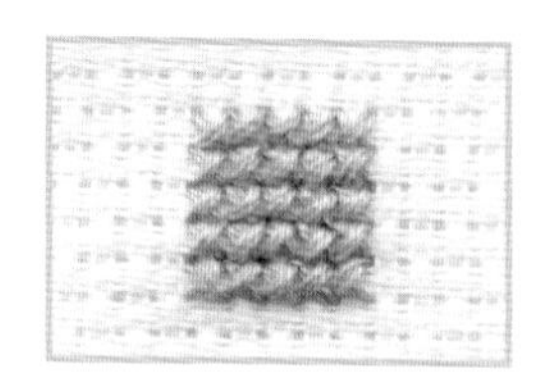

11格3股線

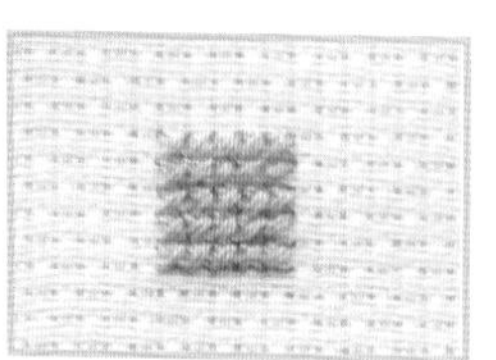

14格2股線

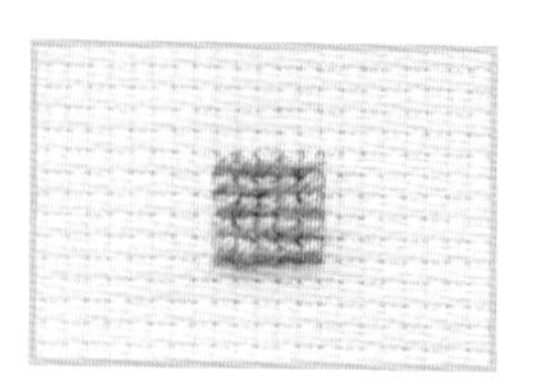

18格2股線

即使以相同圖案刺繡，隨著布料的格數不同，刺繡完成的尺寸也不同。

十字繡針

尖端略圓的繡針

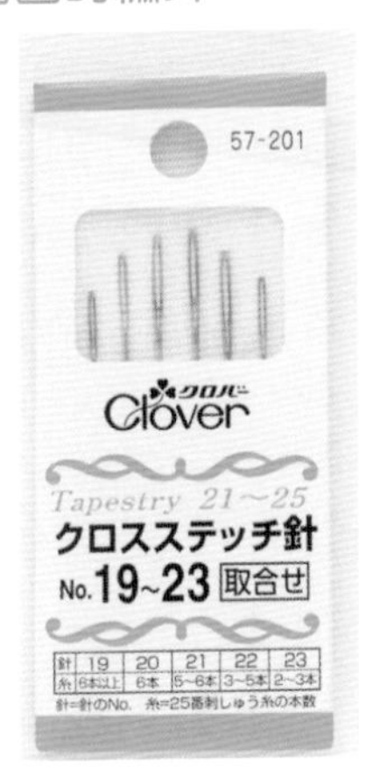
57-201
Clover
Tapestry 21~25
クロスステッチ針
No.19~23 取合せ

編號越大針就越細。越粗的針也越長。

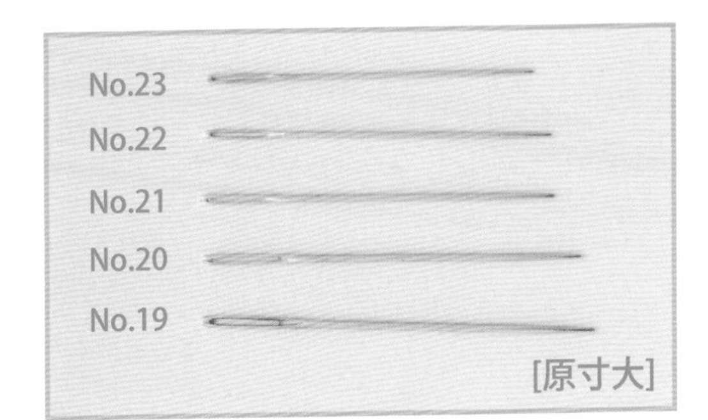
No.23
No.22
No.21
No.20
No.19
[原寸大]

配合布料選擇針的粗細

針的編號	25號繡線	布
19	6股	日本十字繡布（中目以上）
20	5・6股	日本十字繡布（中目）
21	4股	日本十字繡布（細目）
22	3股	Aida（11・14格）
23	2股	Aida（18格）
24	1・2股	Aida（18格以上）

繡得漂亮的訣竅

初學時一針一針地繡「×」就能漂亮地完成

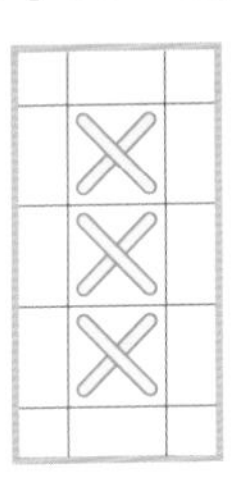

不要繡得太緊密

以不塞住洞口的方式，將線穿至背面。

將這個方向的線作為上層刺繡。

剪50cm左右的繡線進行刺繡。

繡線不要扭轉，每繡一針都要檢查。

起針與收針

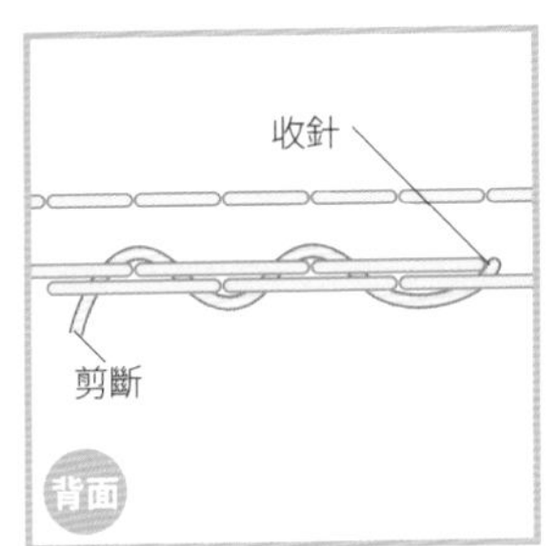
收針
剪斷
背面

將收針的線於穿入背面的針目3至4回，預留少許後剪斷。將起針預留的線頭再次穿針，以同樣方式固定。

準備布料

防止布邊綻開

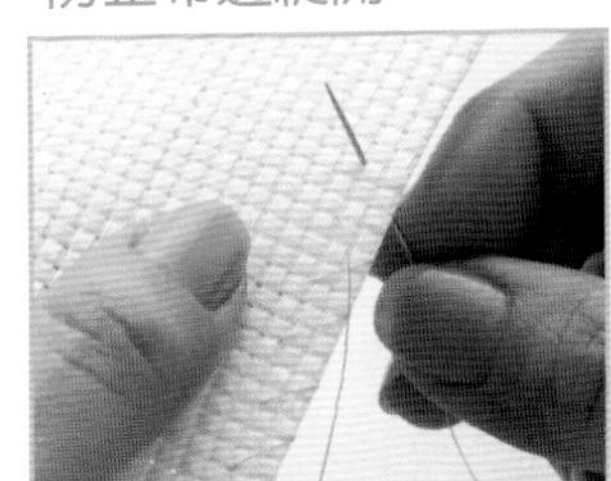

由於十字繡布的布邊較容易綻開，繡大型圖案時先將布邊以捲針縫縫起。

橫向刺繡時

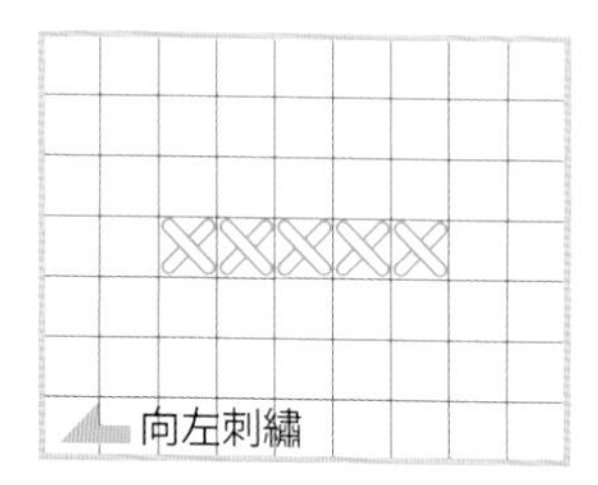
向左刺繡

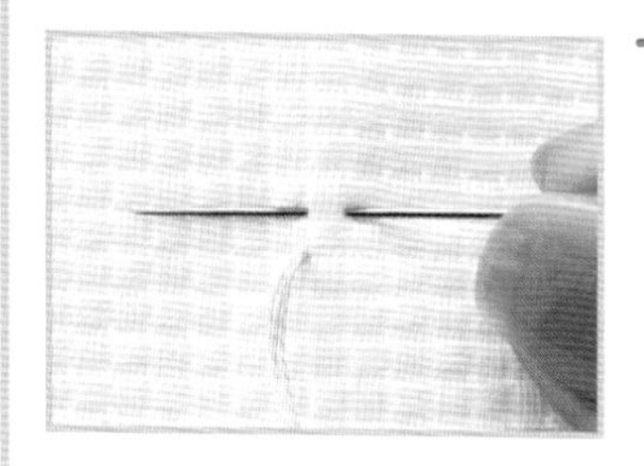

1 從左下出針，於右上入針，並在左邊一針處出針。

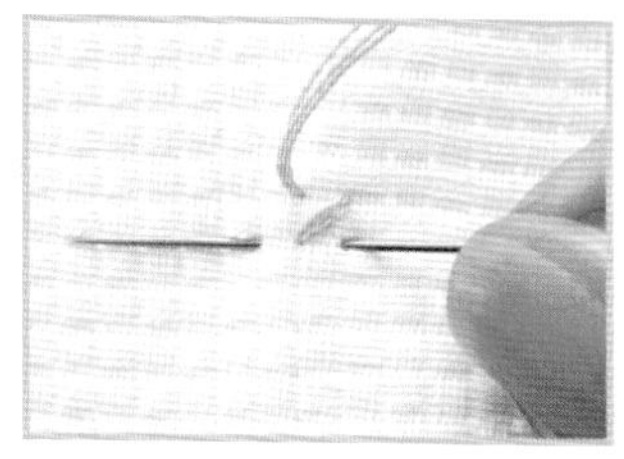

2 從右下入針，在下一個針目的左下出針。

完成一針目

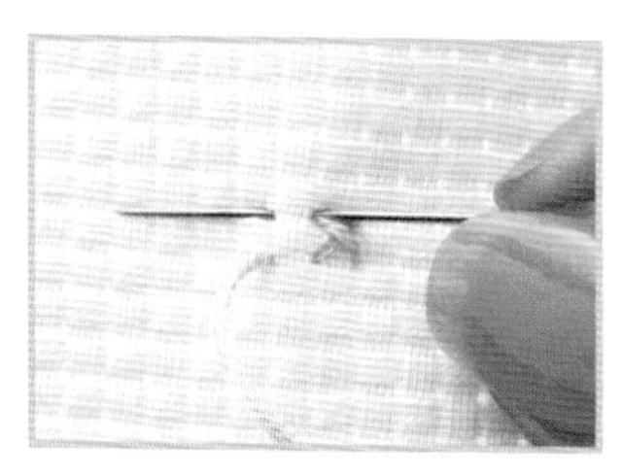

3 從右上入針，並在左邊1針處出針。

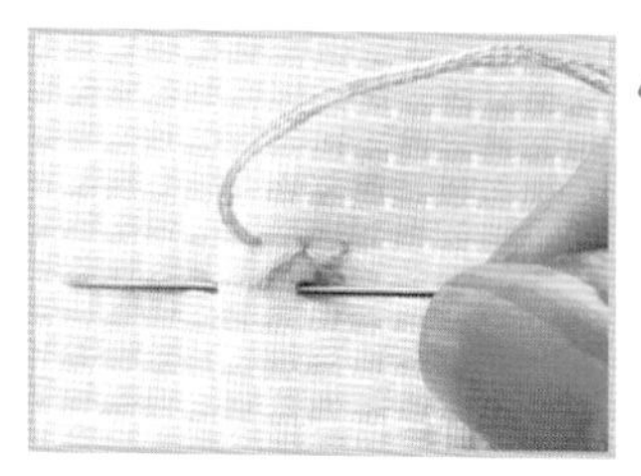

4 於右下入針，在下一個針目的左下出針。

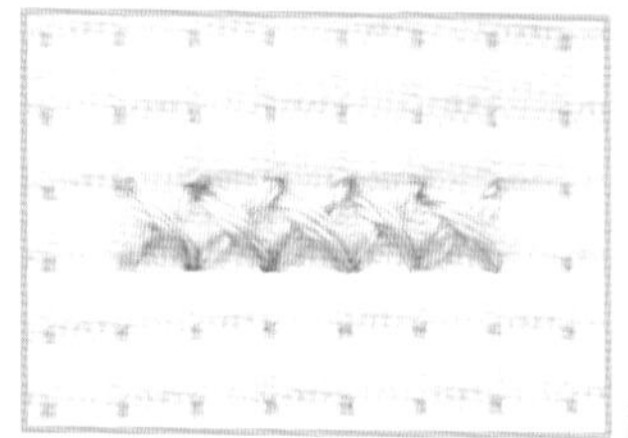

5 重複進行同樣的方式

重複步驟3至4

縱向刺繡時

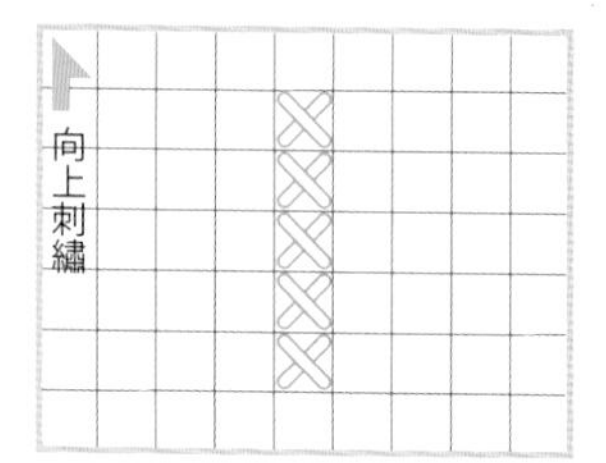
向上刺繡

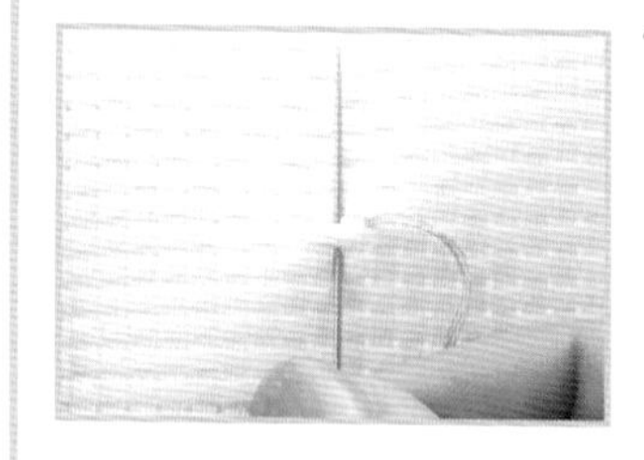

1 從右上出針，於左下入針，並在上方1針處出針。

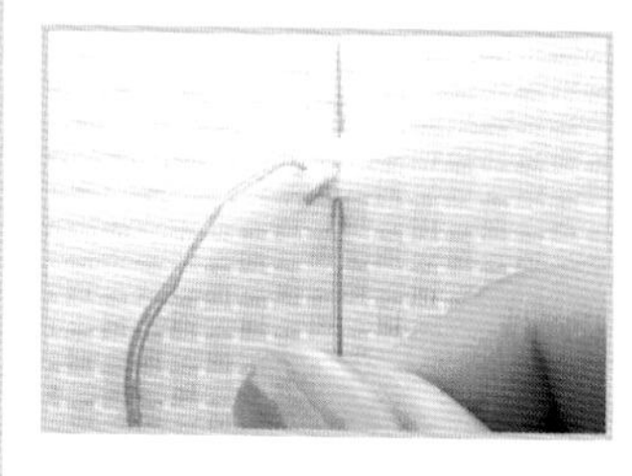

2 從右下入針，在下一個針目的右上出針。

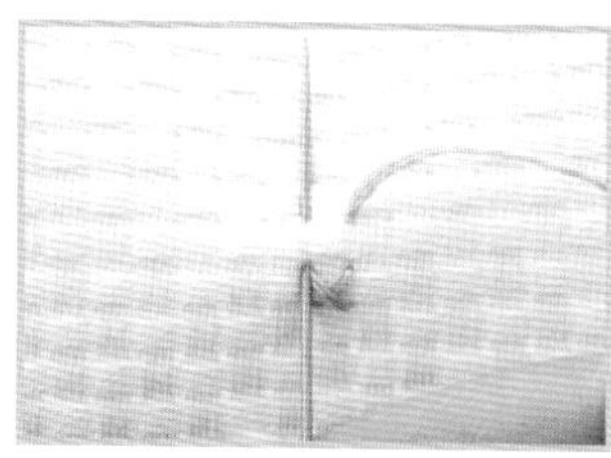

3 從左下入針，並在上方1針處出針。

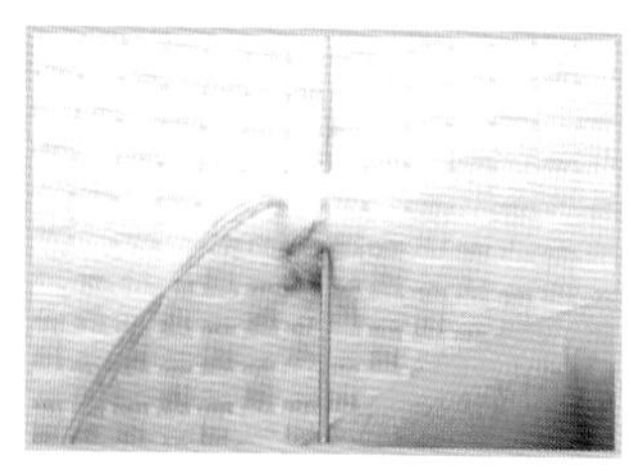

4 從右下入針，於下一個針目的右上出針。

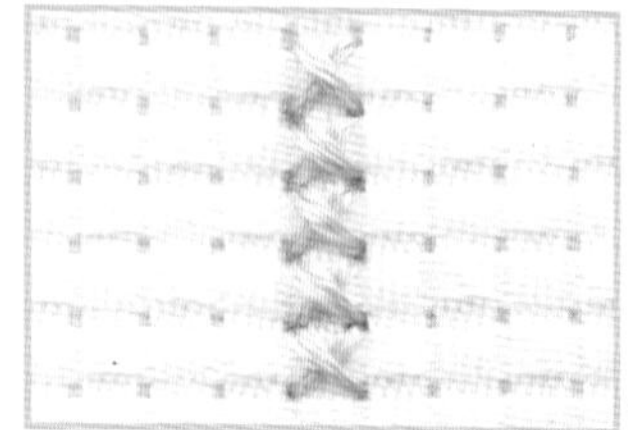

5 重複進行同樣的方式。

重複步驟3至4

向右上方刺繡時

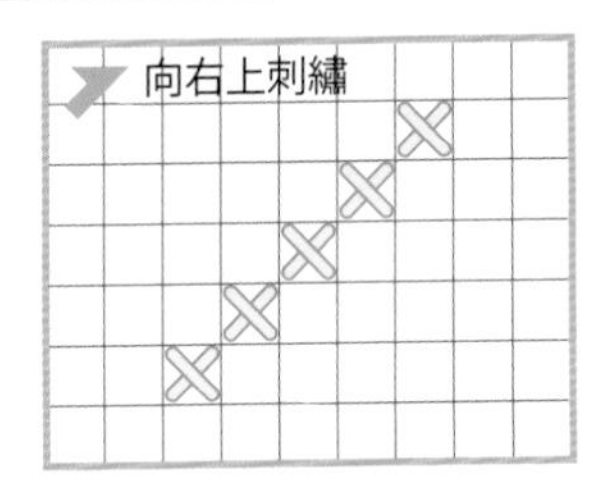
向右上刺繡

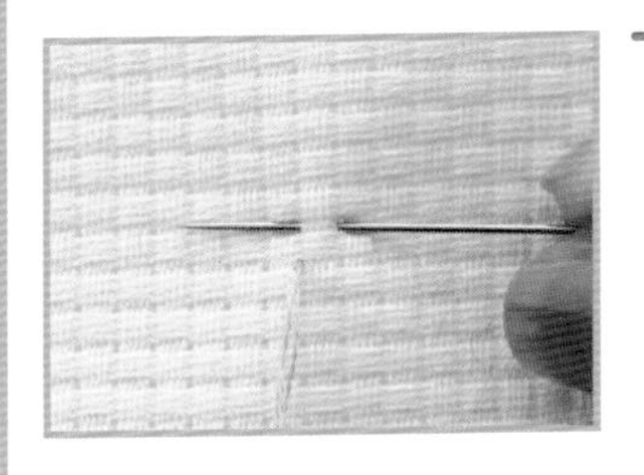

1 從左下出針，於右上入針，並在左邊1針處出針。

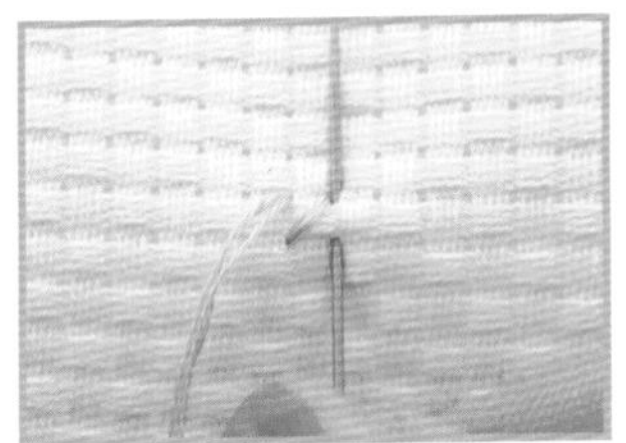

2 從右下入針，並在上方1針處出針。

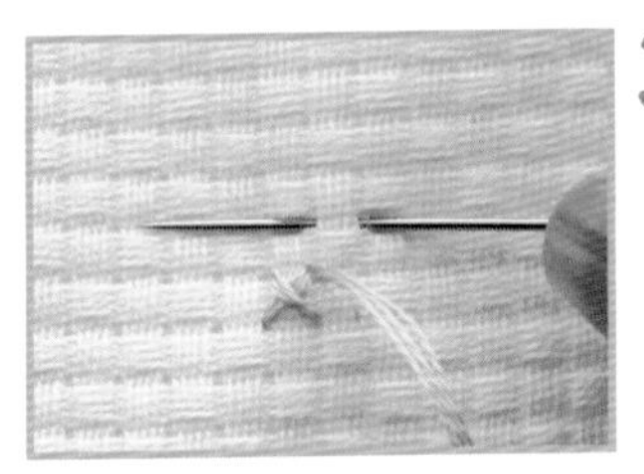

3 從右上入針，並在左邊1針處出針。

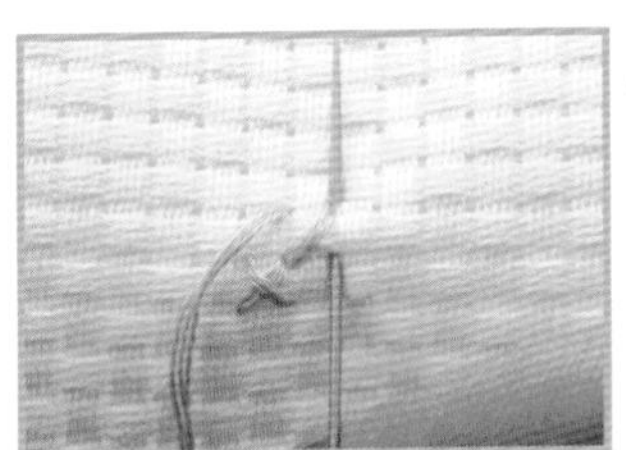

4 從右下入針，並在上方1針處出針。

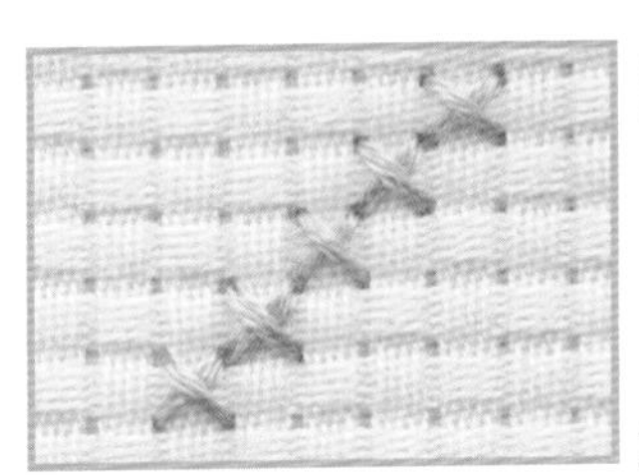

5 重複進行同樣的方式。

重複步驟3至4

向左下方刺繡時

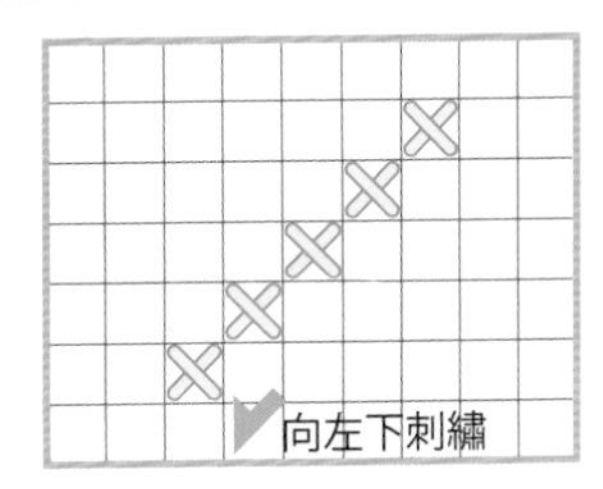
向左下刺繡

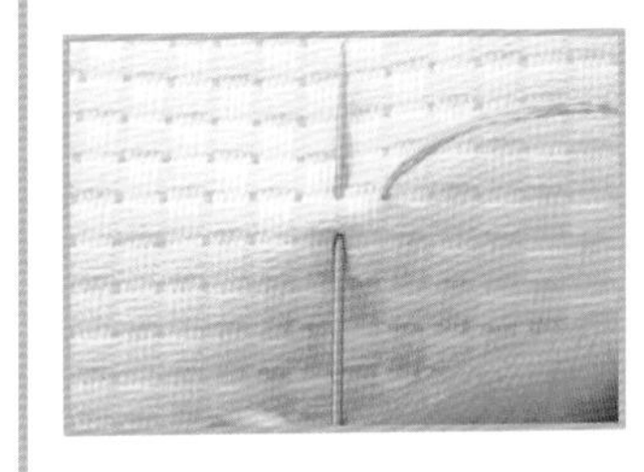

1 從右上出針，於左下入針，並在上方1針處出針。

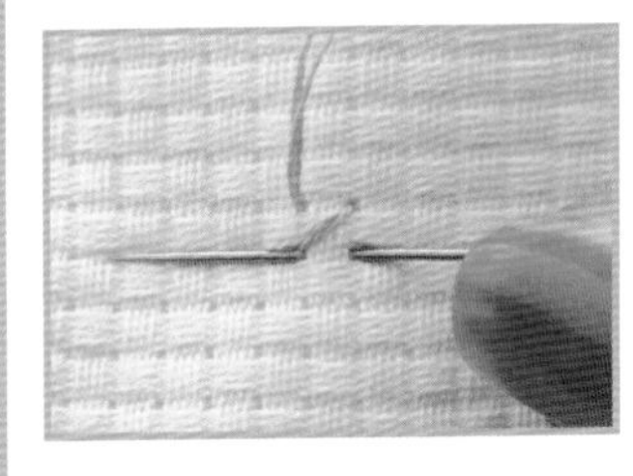

2 從右下入針，並在左邊1針處出針。

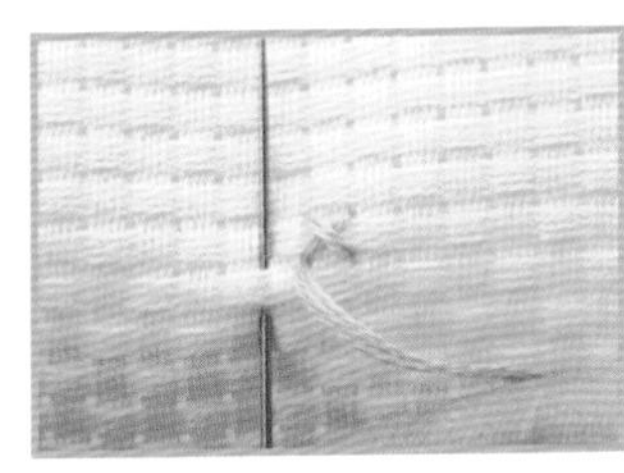

3 從左下入針，並在上方1針處出針。

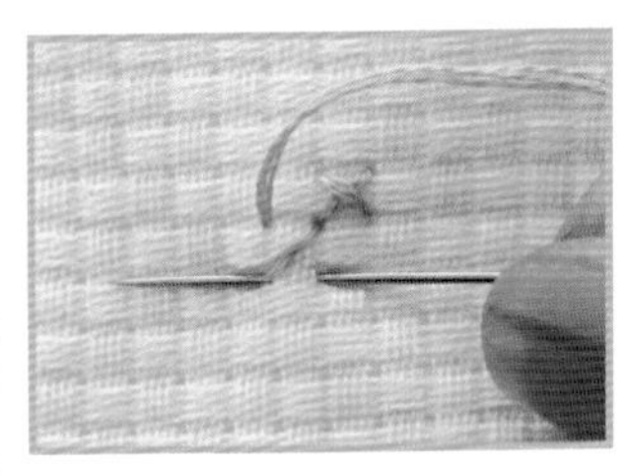

4 從右下入針，並在左邊1針處出針。

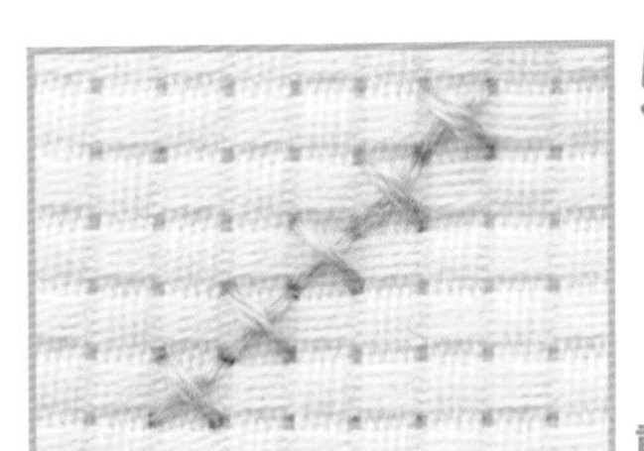

5 重複進行同樣的方式。

重複步驟3至4

橫向來回刺繡時

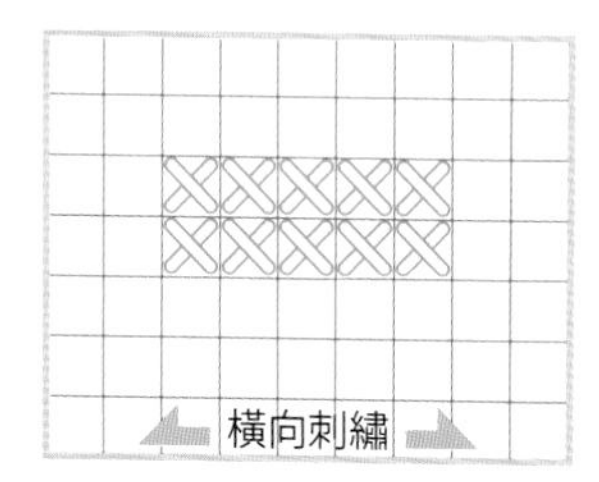
橫向刺繡

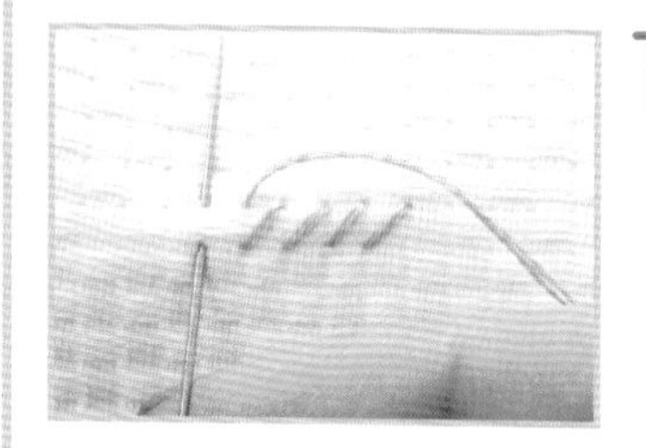

1 從右上出針，於左下入針，並在上方1針處出針。重複同樣的方式進行。

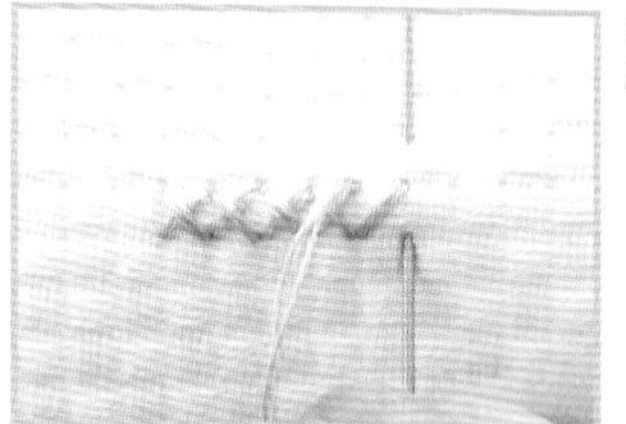

2 往反方向，從右下入針，在上方1針處出針。重複刺繡，最後從上方2針出針。

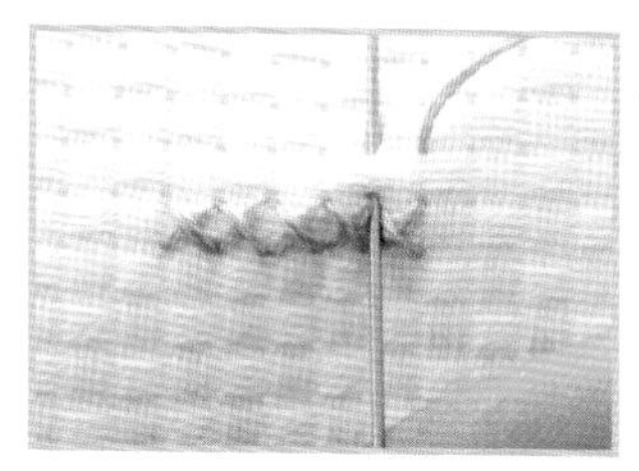

3 從左下入針，並在上方1針處出針。

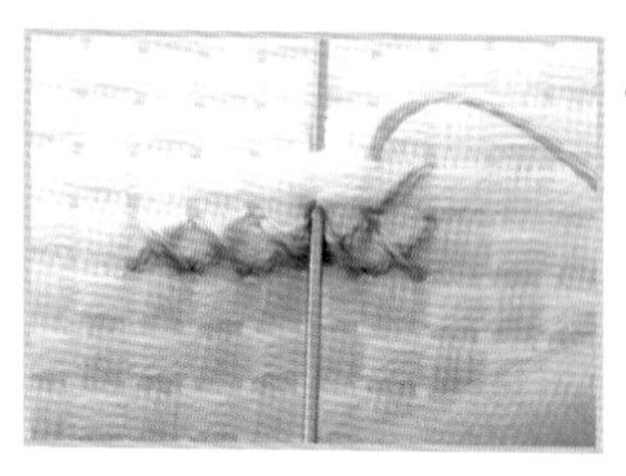

4 從左下入針，並在上方1針處出針。

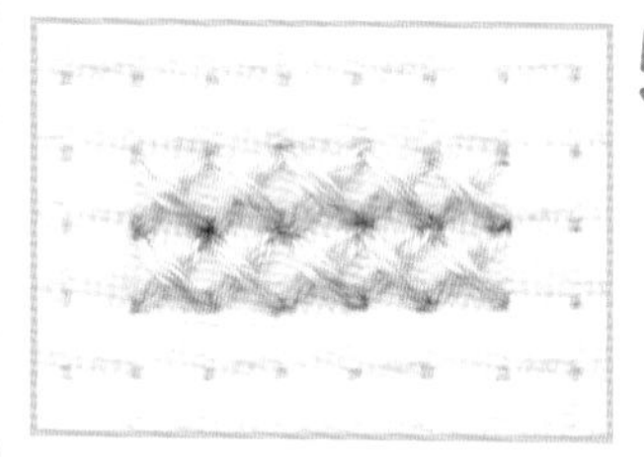

5 繡到最左邊後往反方向，重複進行同樣的方式。

縱向來回刺繡時

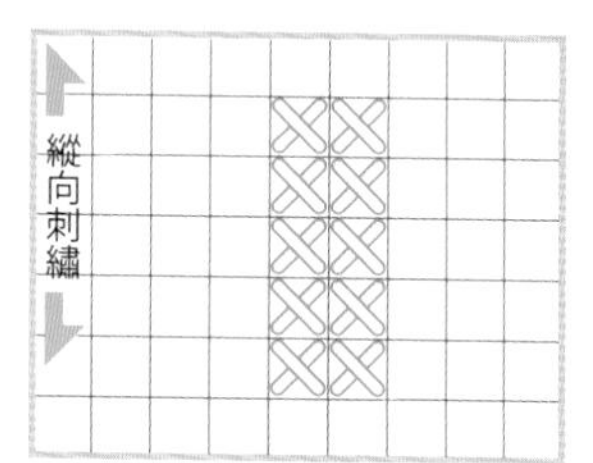
縱向刺繡

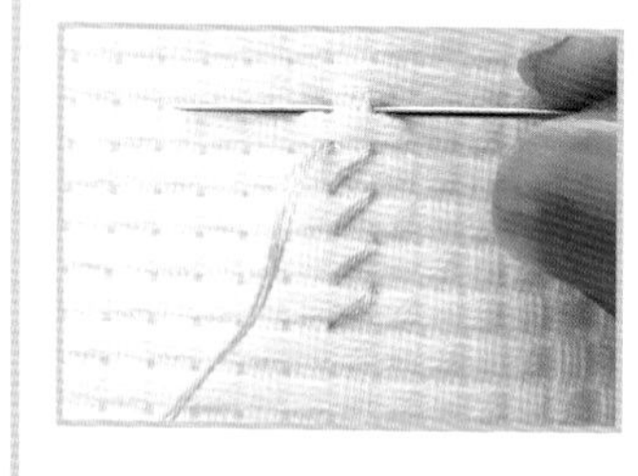

1 從左下出針，於右上入針，並在左邊1針處出針。重複同樣的方式進行。

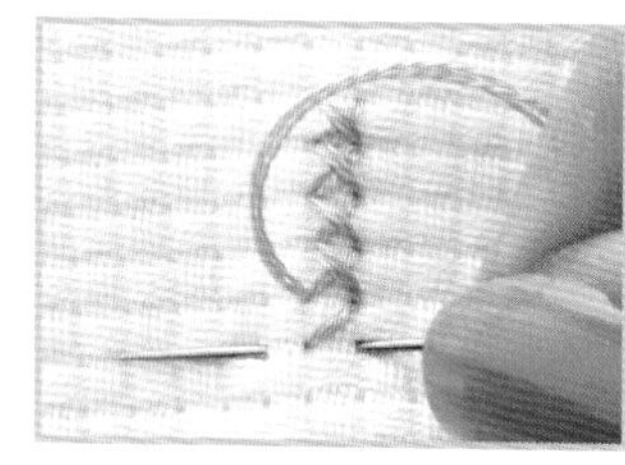

2 往反方向，從右下入針，於左邊1針處出針。重複刺繡，最後從左邊1針出針。

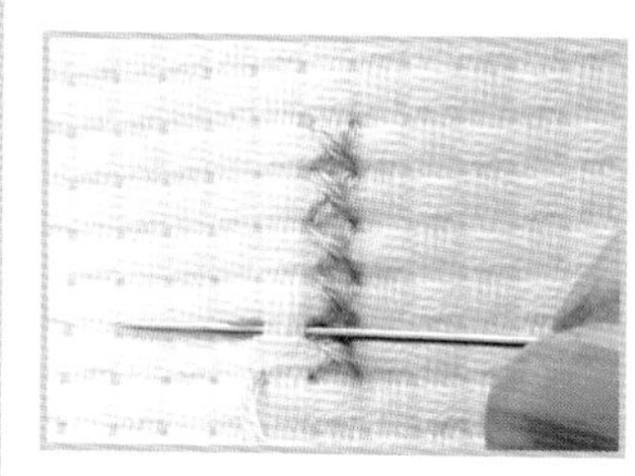

3 從右上入針，於左邊1針處出針。

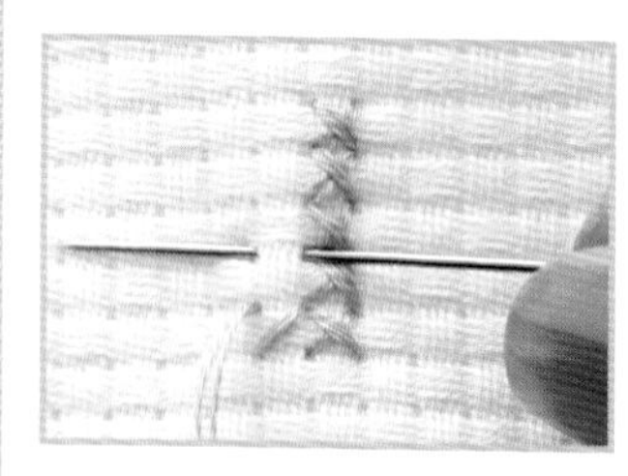

4 從右上入針，於左邊1針處出針。

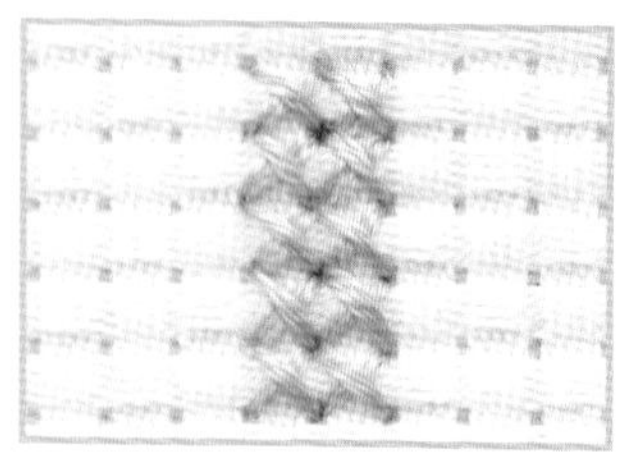

5 繡至最上方後往反方向，重複進行同樣的方式。

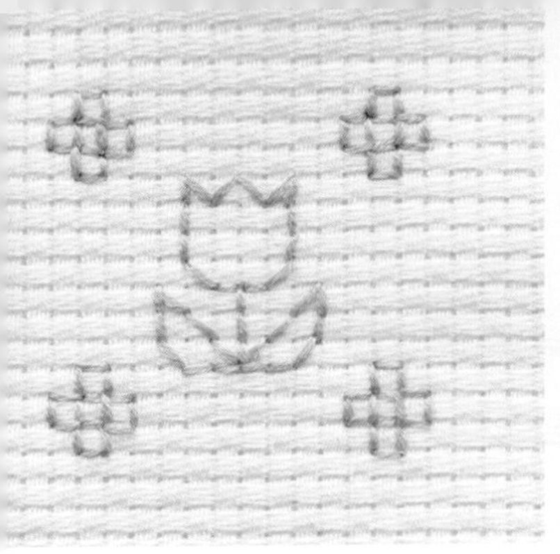

雙虛線繡

常和十字繡一起運用的刺繡針法。用於刺繡輪廓，雖然看起來像回針繡，但是以平針繡重複刺繡而成。

✻圖案請見P.103

橫向刺繡時

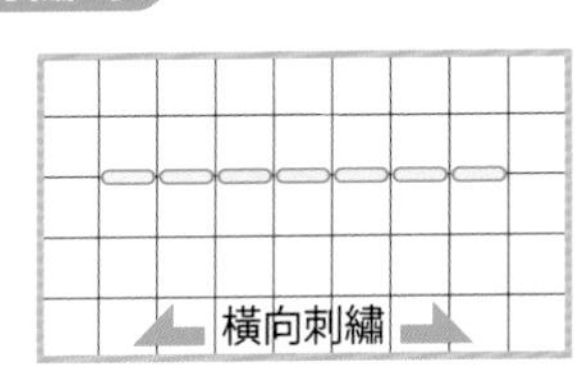
橫向刺繡

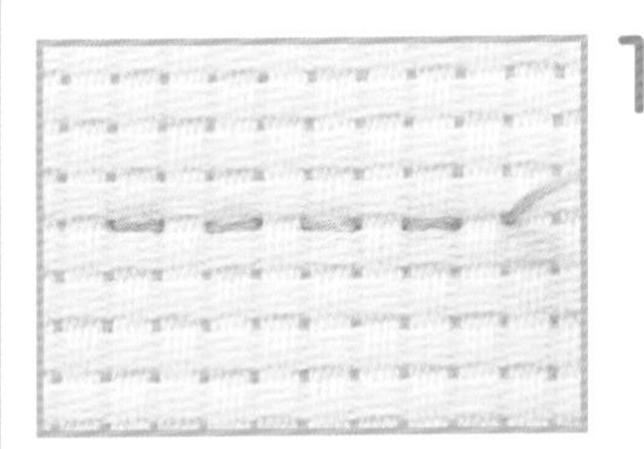

1 與平針繡相同，隔一針進行刺繡。

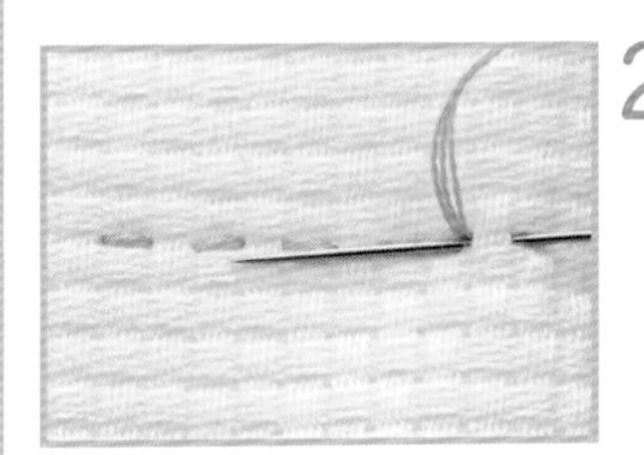

2 從右往左返回刺繡。

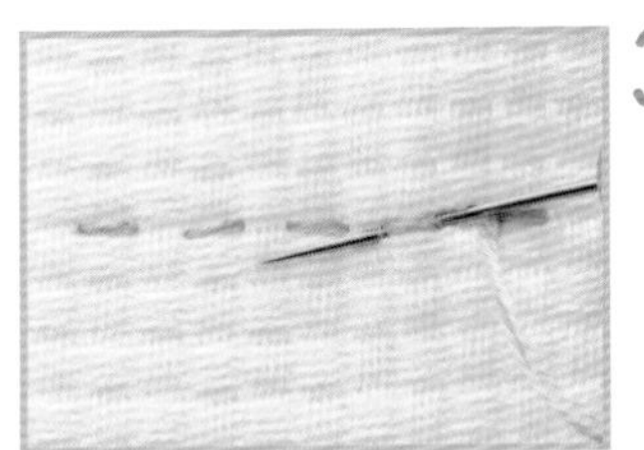

3 從出入針的位置將針穿過。

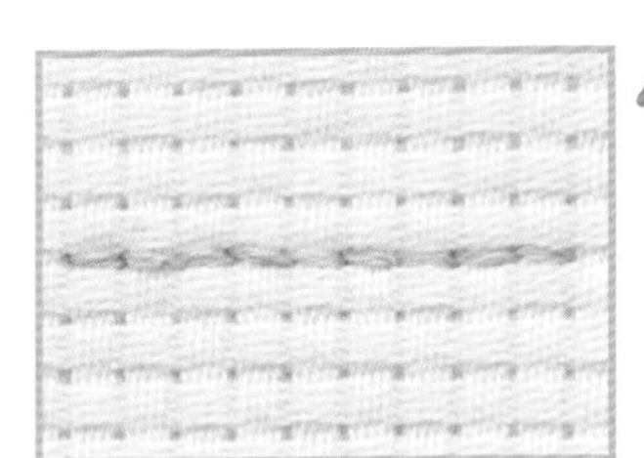

4 重複進行同樣的方式。

斜向刺繡時

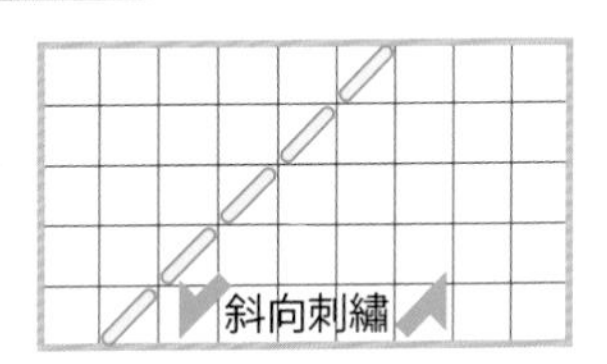
斜向刺繡

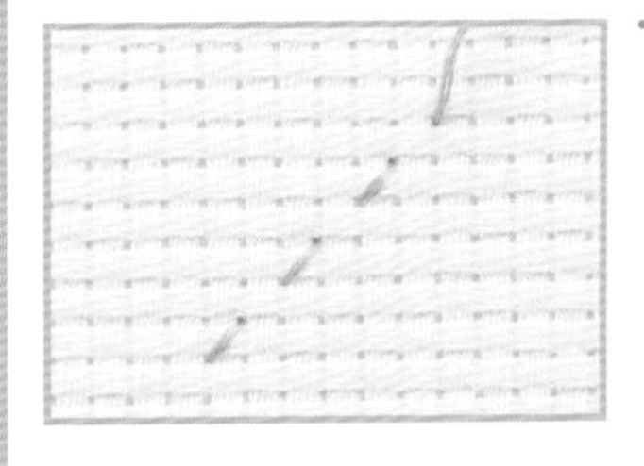

1 與平針繡相同，往斜向隔一針刺繡。

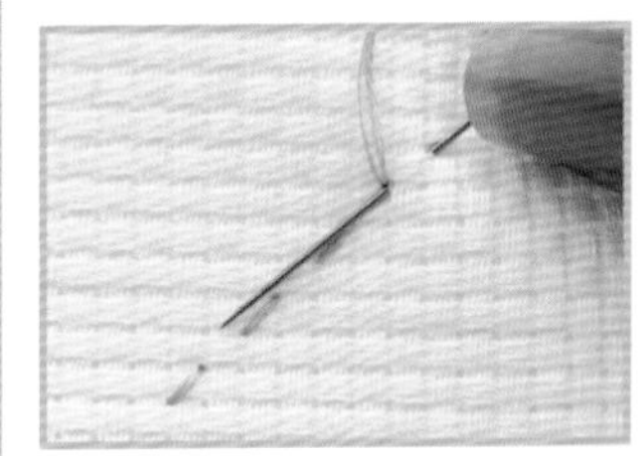

2 從右上往左下返回刺繡。

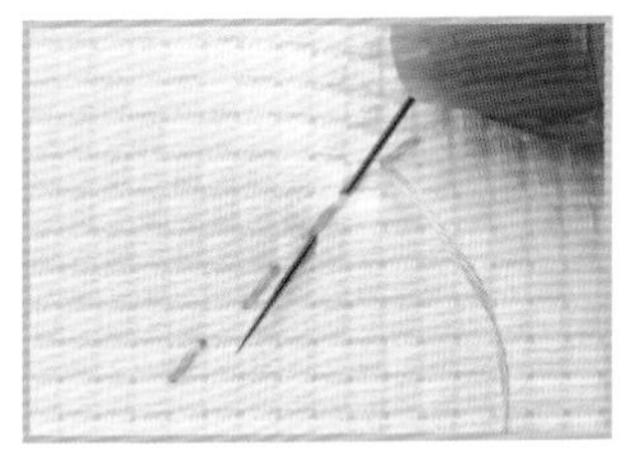

3 從出入針的位置將針穿過。

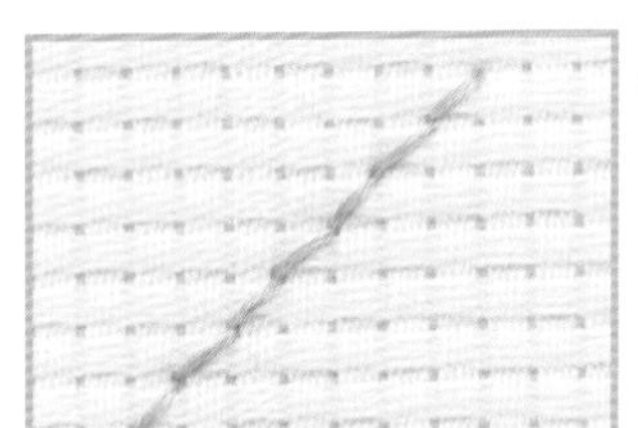

4 重複進行同樣的方式。

樓梯狀刺繡時

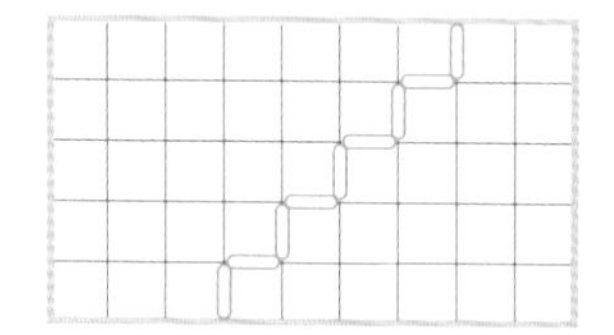

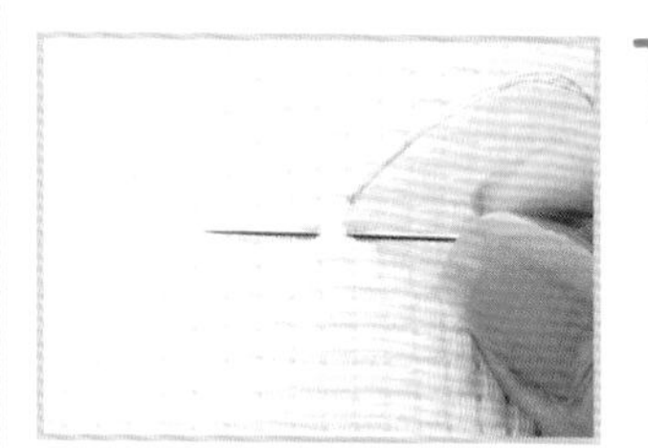

1 從上方出針，於下方入針，並在左邊1針處出針。

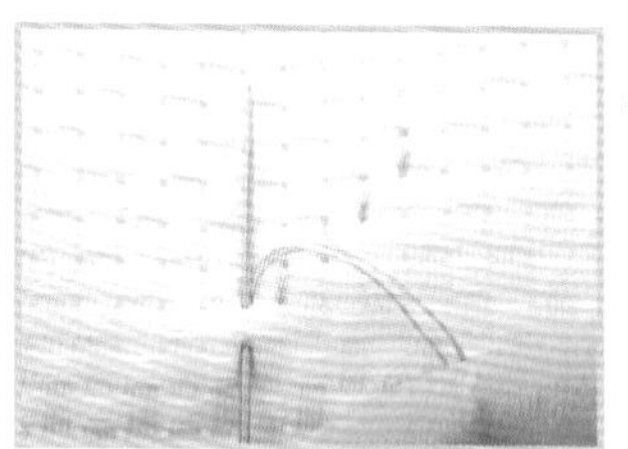

2 直線的最後一針則從出針處下方入針，並在上方1針處出針。

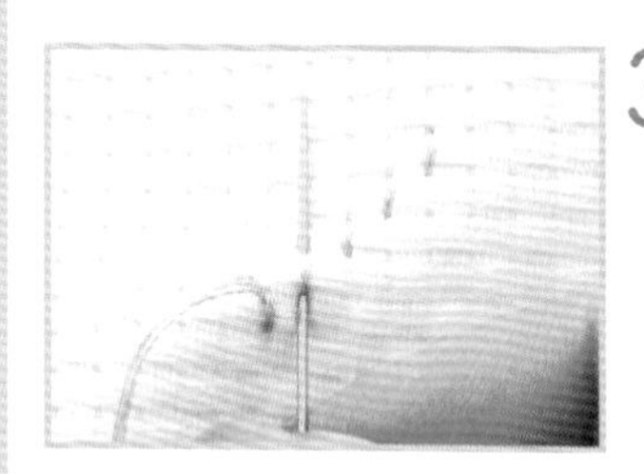

3 從出針入針處再次將針穿過。

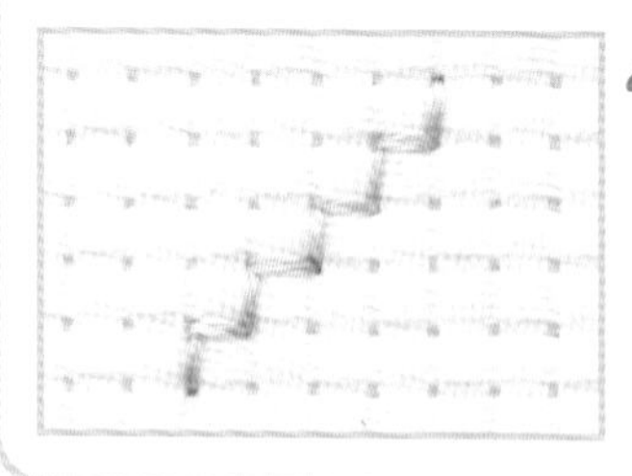

4 重複進行同樣的方式。

繡得漂亮的訣竅

每繡一針就調整針目
確認繡線沒有歪斜

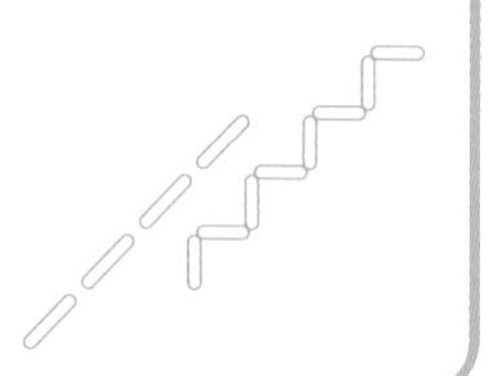

十字繡與雙虛線繡的搭配

從右上出針，於左下入針，並在上方1針出針。重複同樣的方式進行。

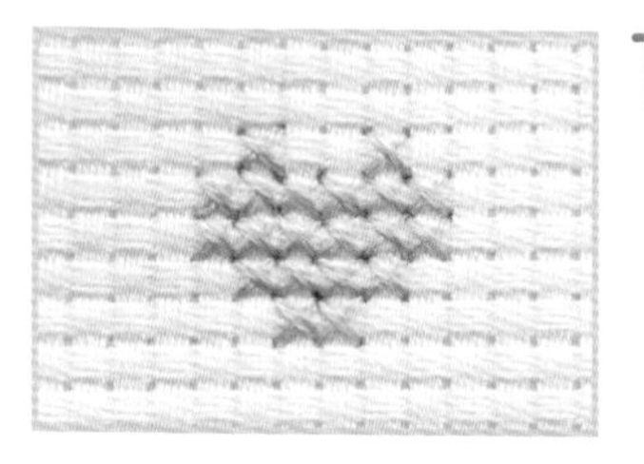

1 先完成十字繡。

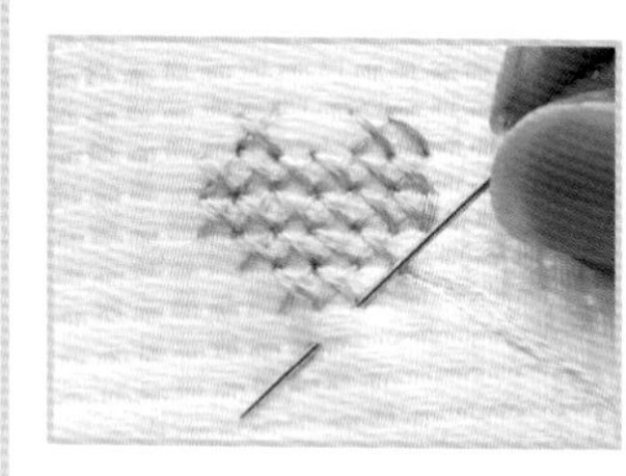

2 以平針繡的要領完成一周。

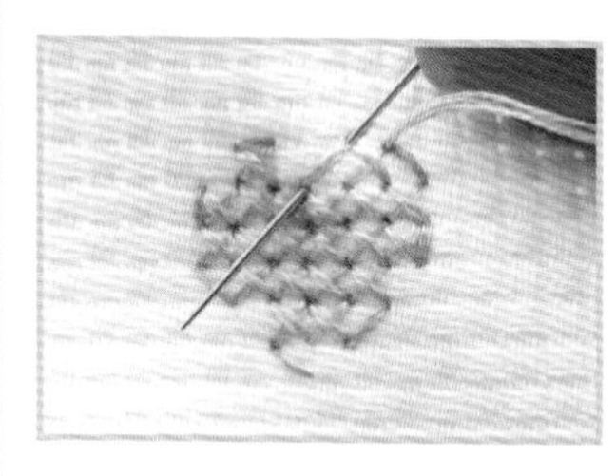

3 完成一周後再反向繡一圈。

4 重複進行同樣的方式。

只使用雙虛線繡

只使用雙虛線繡也很好看

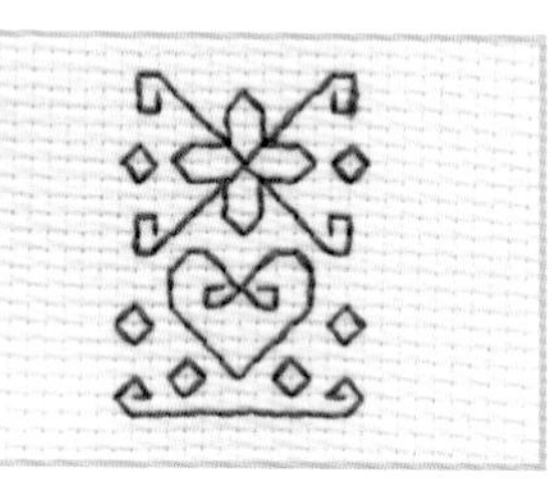

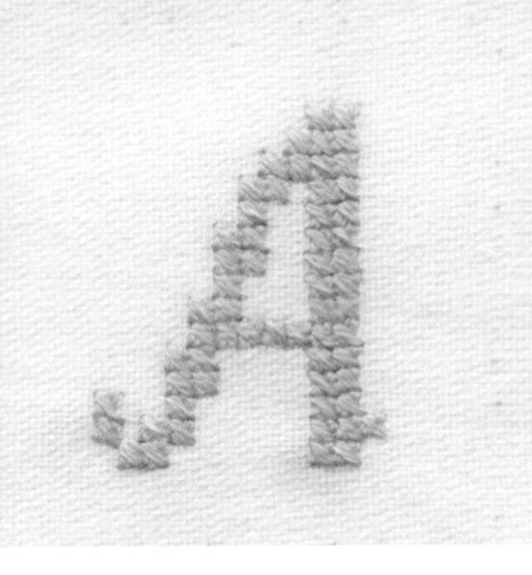

轉繡網布

若使用轉繡網布，就能以任何布料進行十字繡，只要墊上有格目的網布刺繡就可以了。在手帕或者洋裝上進行重點裝飾時非常便利。

✲圖案請見P.103

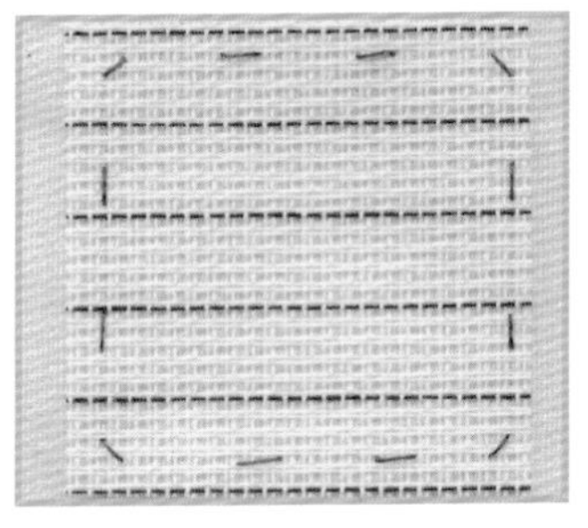

1 將轉繡網布以疏縫線固定於布料上。

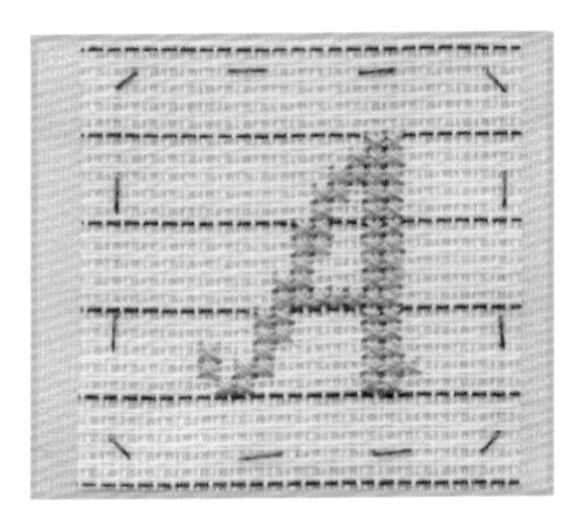

2 進行十字繡。

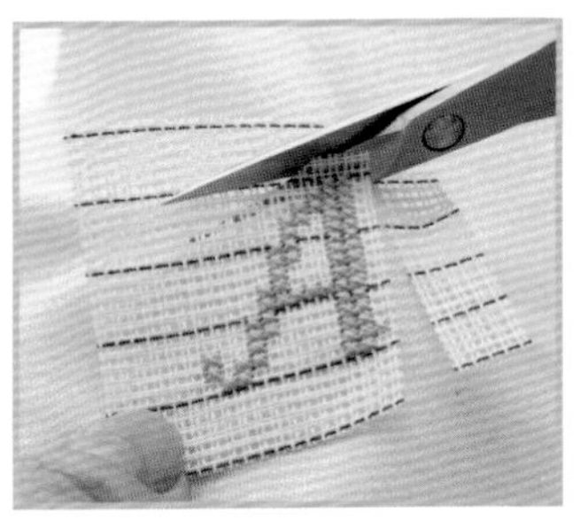

3 拆開疏縫線，將沒有刺繡的部分剪掉。

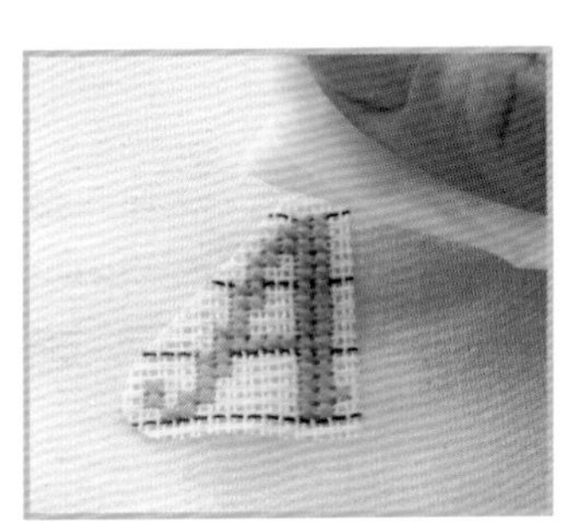

4 以面紙沾水，擦拭網布，將膠去除。

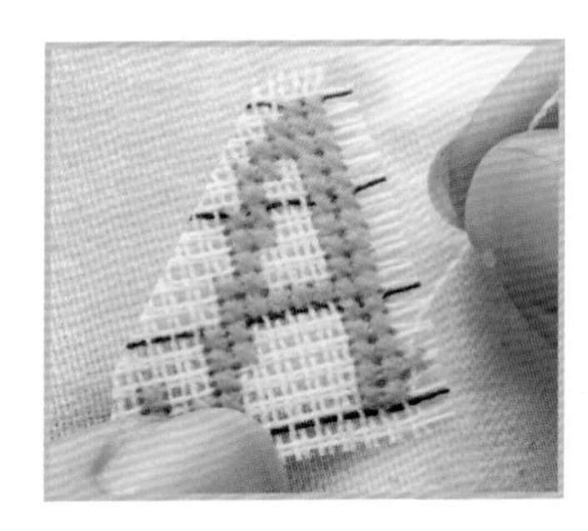

5 拆下十字繡周圍的線。

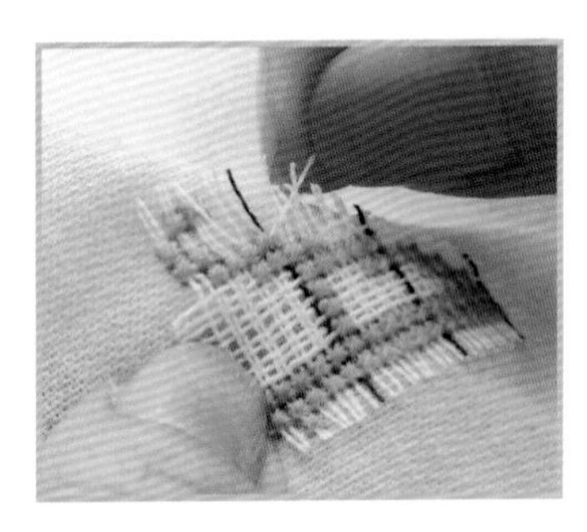

6 拆下十字繡下面的線。

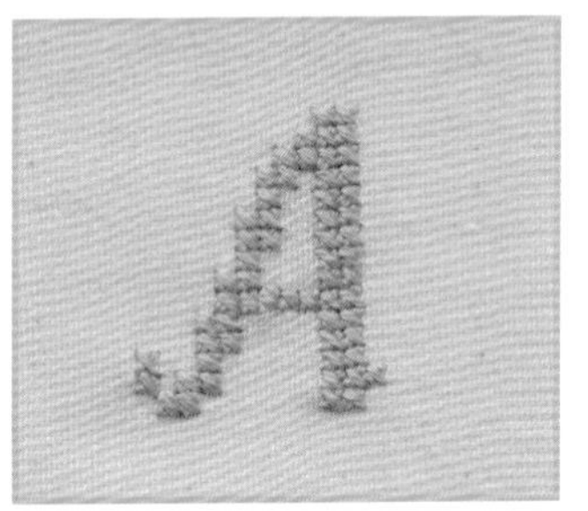

7 完成。

轉繡網布

DMC
NEEDLEWORK
FABRIC
Toile à broder

20目的方眼格能清楚標示出網格，數格子也很容易。也有許多目數不同的轉繡網布可選擇。

有著生日蛋糕圖樣的……

刺繡卡片

獻上滿滿的祝福……
刺繡所花費的時間成為禮物，
令收到的人開心的卡片。
當作裝飾也很適合。

HAPPY BIRTHDAY!!

作法請見P.154

HAPPY BIRTHDAY!!

紙上也能刺繡……

禮物盒圖樣的書籤

於厚紙上以針穿孔，就可以刺繡。
紙刺繡也別有一番樂趣。

JeNNy
TO
He's inarticulate

✲作法請見P.154

布章風格的……

正方形迷你波奇包

有拉鍊的正方形波奇包，
能放進各種小物非常便利。
小小的一片十字繡，
裝飾在珍藏的波奇包上……

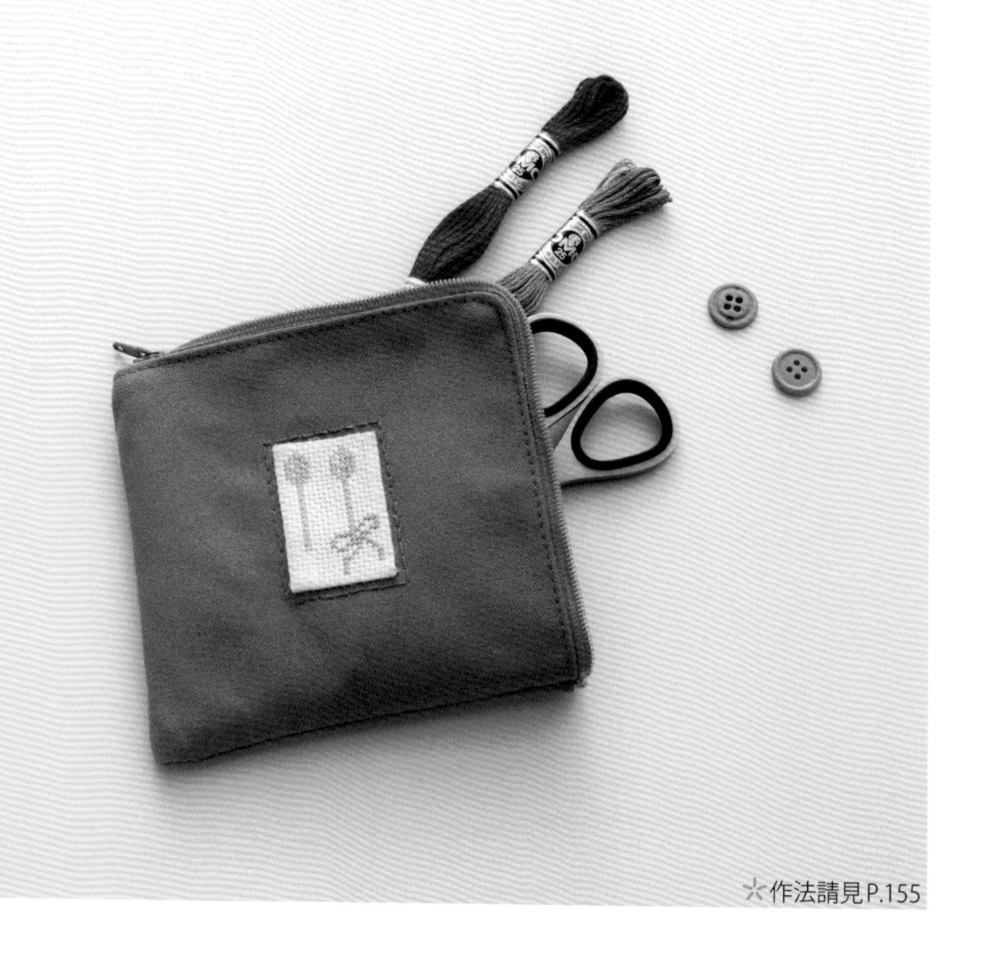

☆作法請見P.155

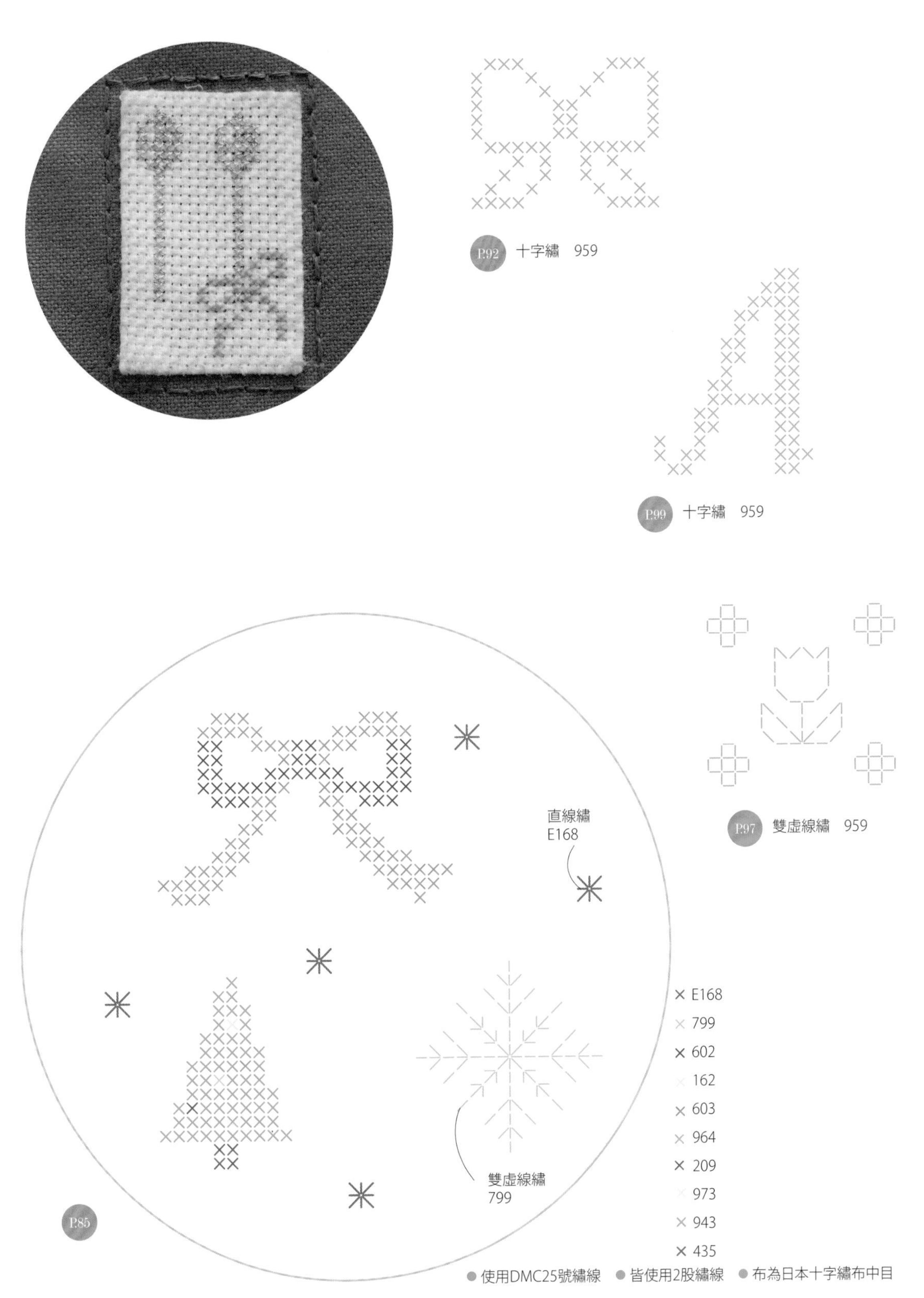
P.92
十字繡　959
P.99
十字繡　959
P.97
雙虛線繡　959
直線繡
E168
雙虛線繡
799
P.85
E168
799
602
162
603
964
209
973
943
435

● 使用DMC25號繡線　● 皆使用2股繡線　● 布為日本十字繡布中目

串珠刺繡

串起小小的珠子與亮片，

完成亮晶晶有華麗感的刺繡。

增加立體感，讓手作刺繡顯得更加華美。

小心謹慎地一顆一顆縫上去吧！

珠子與亮片有各式各樣的種類，

挑選也是一種樂趣。

串珠的孔洞非常小，

備好專用針，開始刺繡吧！

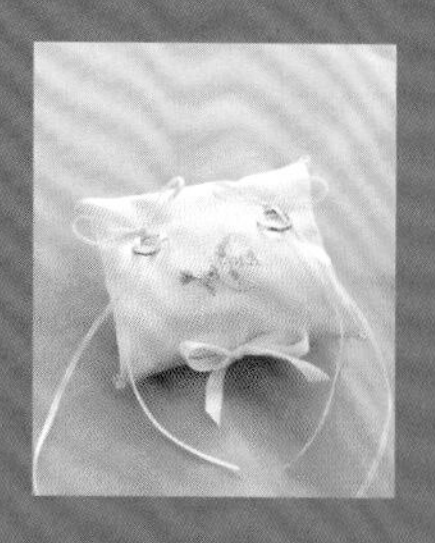

串珠刺繡

☆圖案請見P.121

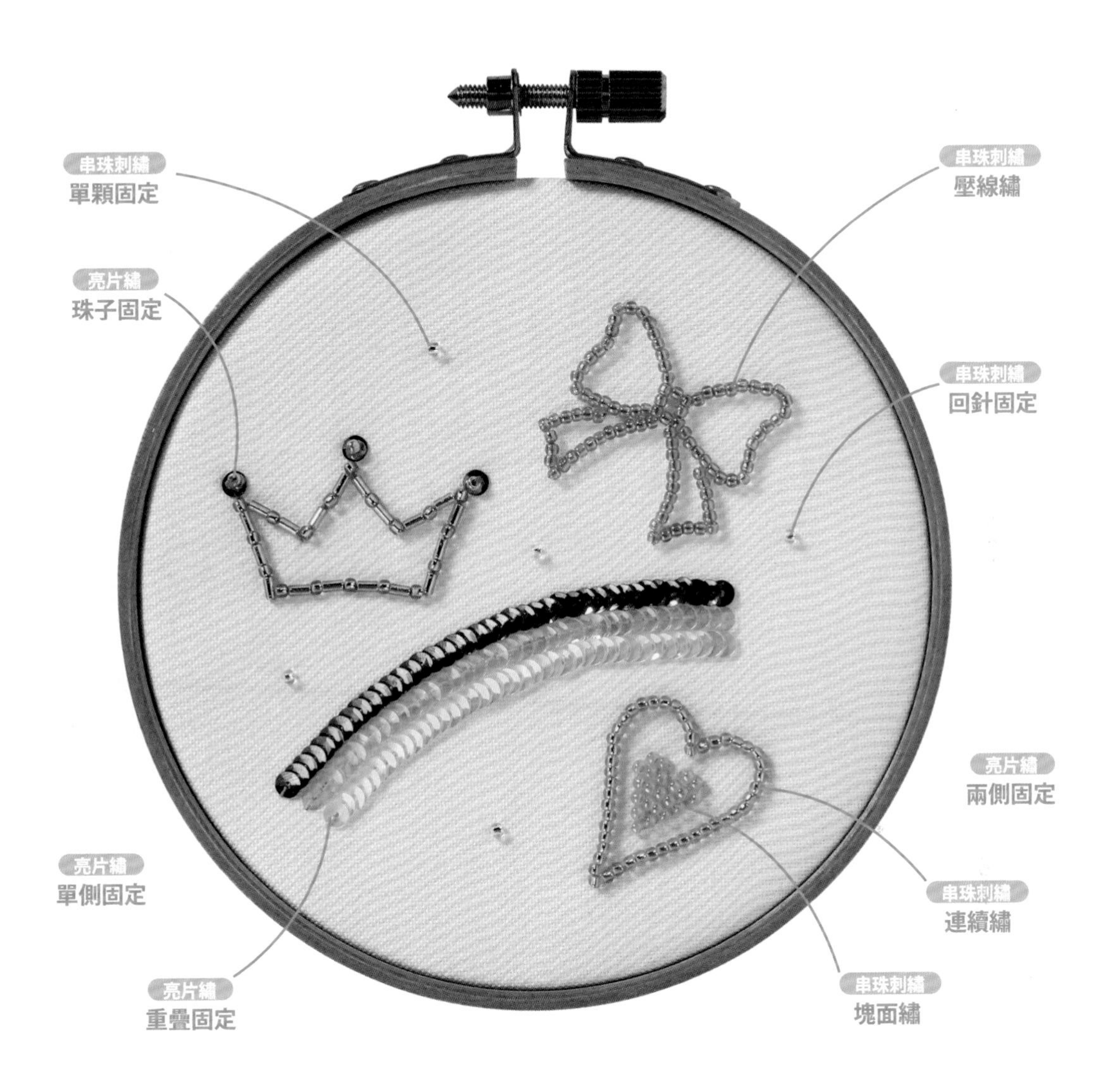
串珠刺繡
單顆固定
亮片繡
珠子固定
串珠刺繡
壓線繡
串珠刺繡
回針固定
亮片繡
兩側固定
亮片繡
單側固定
串珠刺繡
連續繡
亮片繡
重疊固定
串珠刺繡
塊面繡

花朵圖樣的串珠刺繡

亮晶晶的美麗串珠
刺繡在包包上也非常適合。

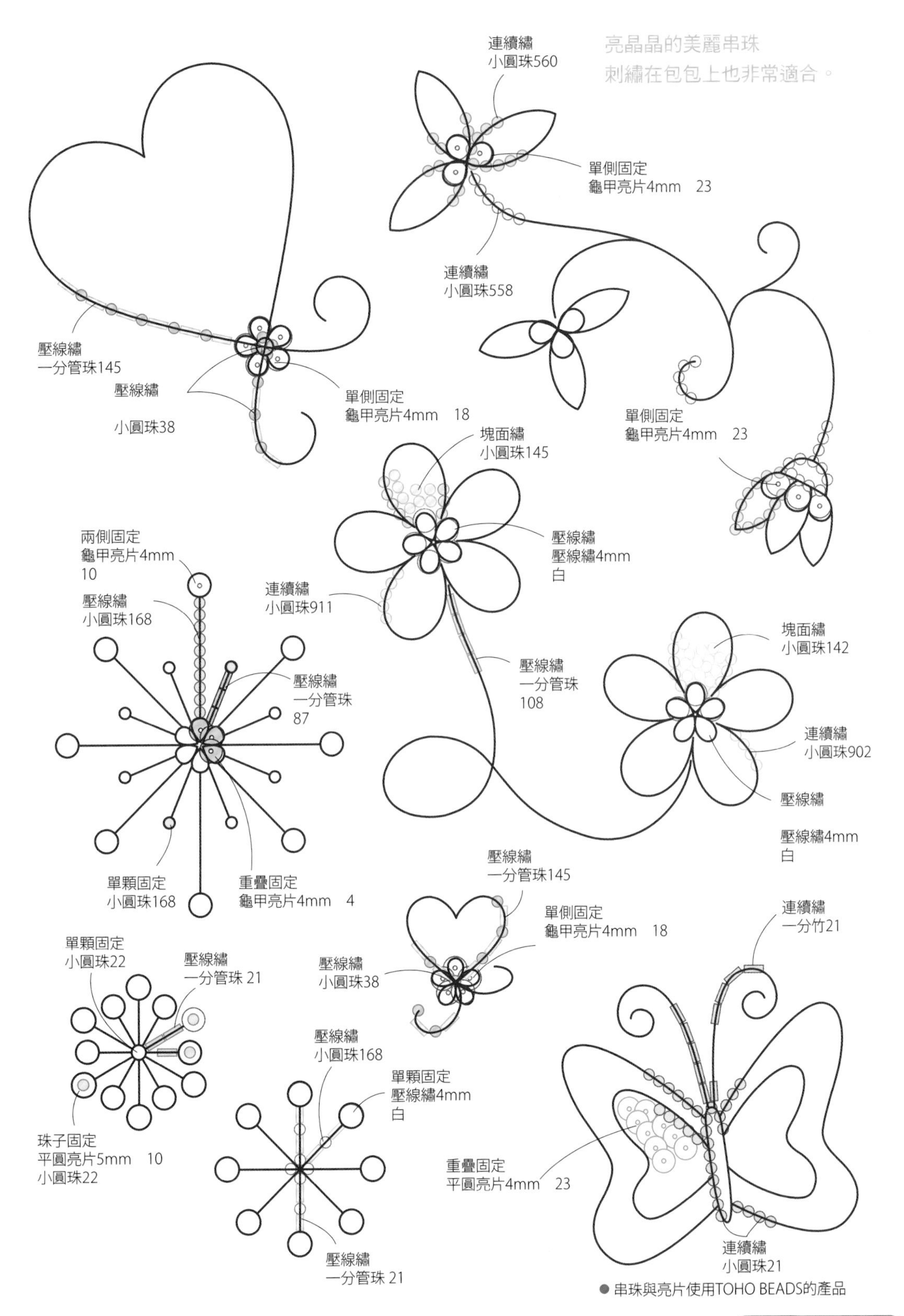

連續繡
小圓珠560
單側固定
龜甲亮片4mm 23
連續繡
小圓珠558
壓線繡
一分管珠145
壓線繡
小圓珠38
單側固定
龜甲亮片4mm 18
單側固定
龜甲亮片4mm 23
塊面繡
小圓珠145
壓線繡
壓線繡4mm
白
兩側固定
龜甲亮片4mm
10
壓線繡
小圓珠168
連續繡
小圓珠911
壓線繡
一分管珠
87
壓線繡
一分管珠
108
塊面繡
小圓珠142
連續繡
小圓珠902
壓線繡
壓線繡4mm
白
單顆固定
小圓珠168
重疊固定
龜甲亮片4mm 4
壓線繡
一分管珠145
單側固定
龜甲亮片4mm 18
連續繡
一分竹21
單顆固定
小圓珠22
壓線繡
一分管珠 21
壓線繡
小圓珠38
壓線繡
小圓珠168
單顆固定
壓線繡4mm
白
珠子固定
平圓亮片5mm 10
小圓珠22
重疊固定
平圓亮片4mm 23
連續繡
小圓珠21
壓線繡
一分管珠 21

● 串珠與亮片使用TOHO BEADS的產品

Paris

Paris

於T恤上刺繡
於包包上刺繡……
重疊固定
龜甲亮片4mm　8
1
3
連續繡
一分管珠145
壓線繡
一分管珠168
單顆固定
小圓珠22
重疊固定
龜甲亮片4mm　1
壓線繡
小圓珠713
壓線繡
小圓珠2203
Paris
兩側固定
龜甲亮片4mm　8
連續繡
小圓珠2106
連續繡
小圓珠2104
壓線繡
一分管珠22
壓線繡
一分管珠163
壓線繡
小圓珠22
重疊固定
龜甲亮片4mm　2
塊面繡
小圓珠2106
壓線繡
小圓珠22

● 串珠及亮片使用TOHO BEADS的產品

串珠刺繡重點裝飾

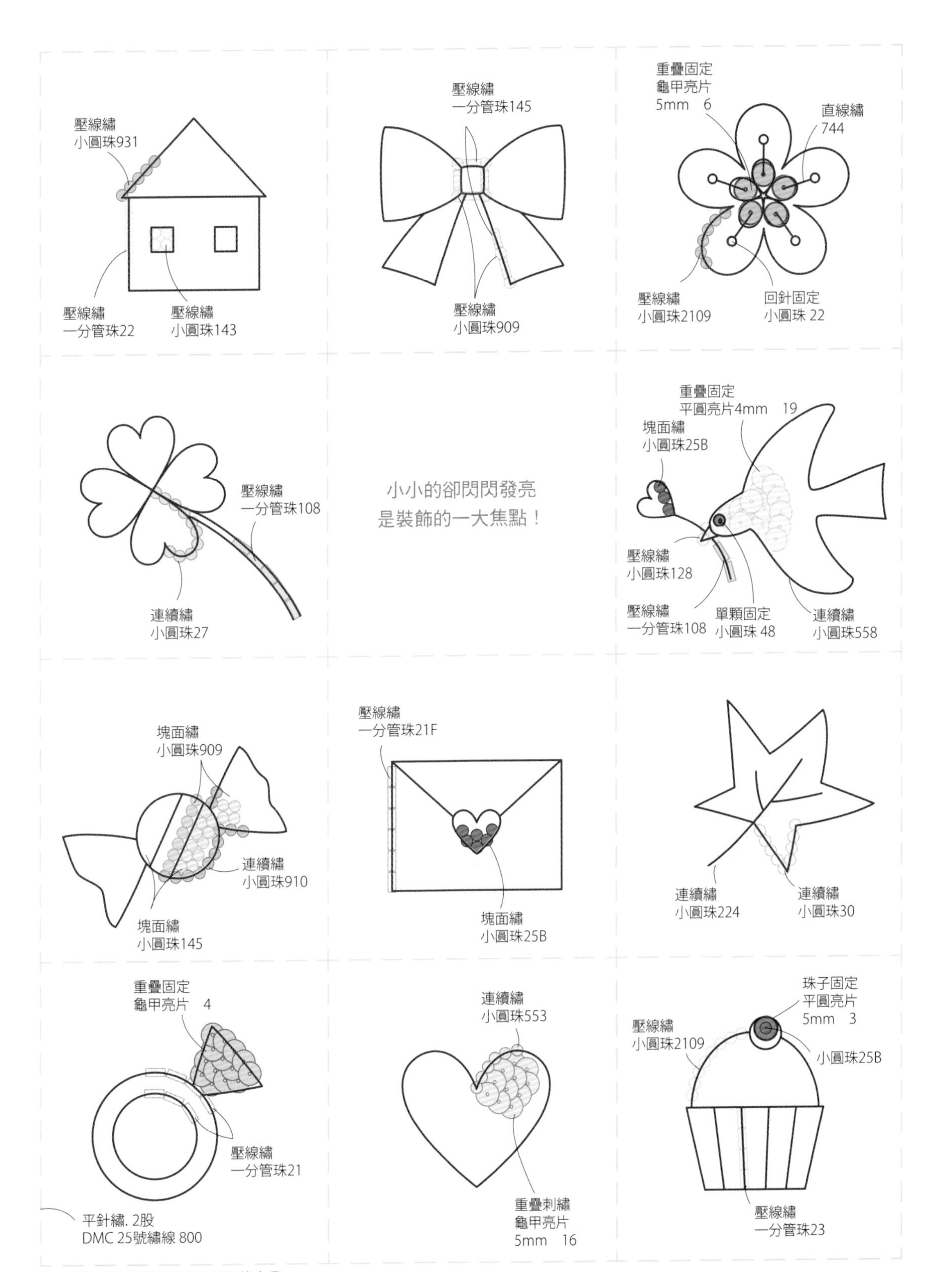

壓線繡
小圓珠931
壓線繡
一分管珠22
壓線繡
小圓珠143
壓線繡
一分管珠145
壓線繡
小圓珠909
重疊固定
龜甲亮片
5mm　6
直線繡
744
壓線繡
小圓珠2109
回針固定
小圓珠 22
壓線繡
一分管珠108
連續繡
小圓珠27
小小的卻閃閃發亮
是裝飾的一大焦點！
重疊固定
平圓亮片4mm　19
塊面繡
小圓珠25B
壓線繡
小圓珠128
壓線繡
一分管珠108
單顆固定
小圓珠 48
連續繡
小圓珠558
塊面繡
小圓珠909
連續繡
小圓珠910
塊面繡
小圓珠145
壓線繡
一分管珠21F
塊面繡
小圓珠25B
連續繡
小圓珠224
連續繡
小圓珠30
重疊固定
龜甲亮片　4
壓線繡
一分管珠21
平針繡. 2股
DMC 25號繡線 800
連續繡
小圓珠553
重疊刺繡
龜甲亮片
5mm　16
珠子固定
平圓亮片
5mm　3
壓線繡
小圓珠2109
小圓珠25B
壓線繡
一分管珠23

● 串珠及亮片使用TOHO BEADS的產品

串珠刺繡

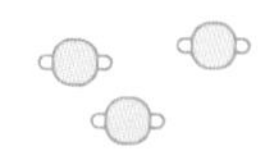

閃亮的串珠與亮片，繡上少許就能顯得華麗，突顯立體感的視覺效果也很棒。需要使用專用的細針刺繡。

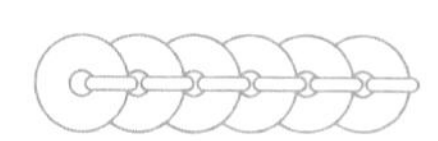

☆圖案請見P.121

關於串珠與亮片

有著各種顏色、形狀與大小的串珠與亮片。
在此介紹一些初學者適用且常見的珠飾。

珠子

小圓珠

珍珠

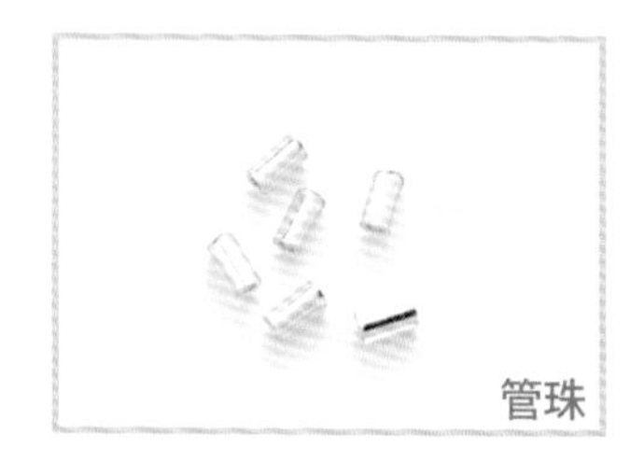
管珠

亮片

龜甲亮片

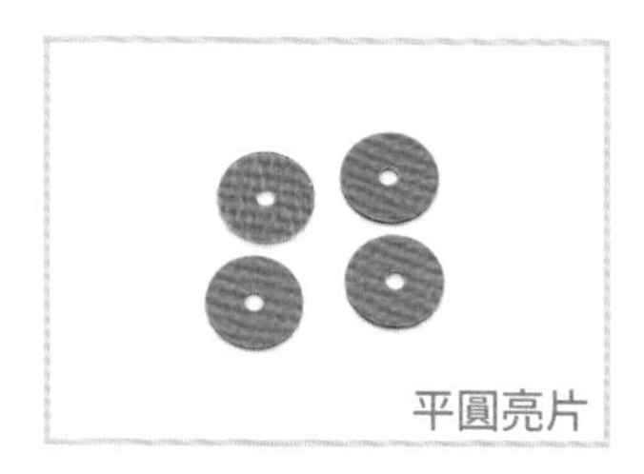
平圓亮片

☆本書使用TOHO公司的珠子

關於針與線

Clover
ビーズ刺しゅう針
ビーズ刺しゅう専用の針です。

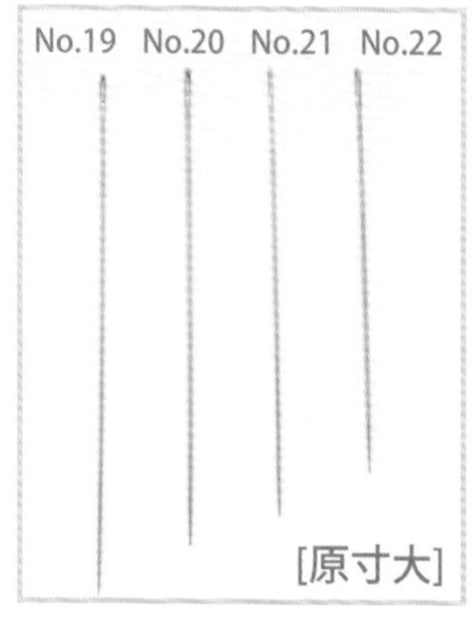
No.19
No.20
No.21
No.22
[原寸大]

富士克60番車縫線

因珠子與亮片的孔洞較小，所以需要使用串珠刺繡專用針。線材則使用25號繡線單股或車縫線。

單顆固定

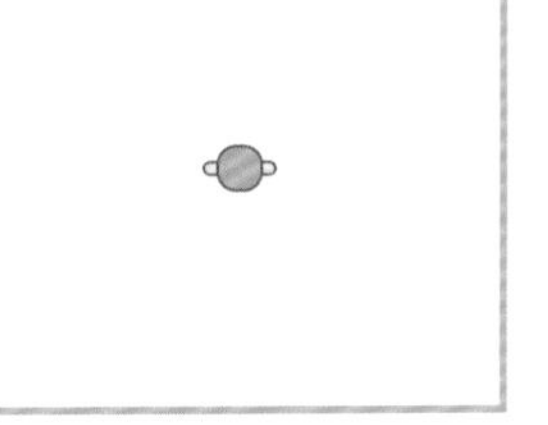

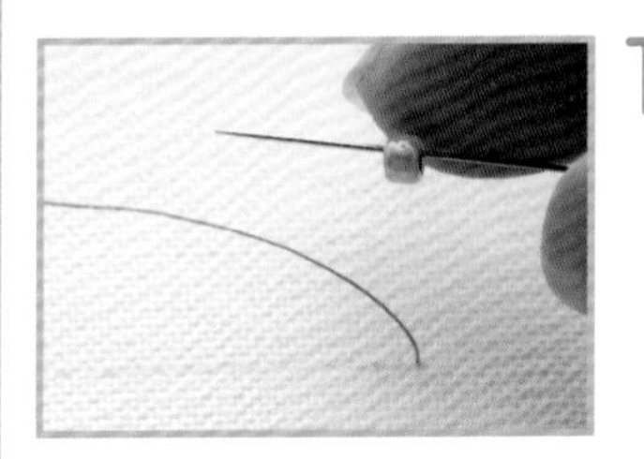

1 於開始處出針，將珠子穿針。

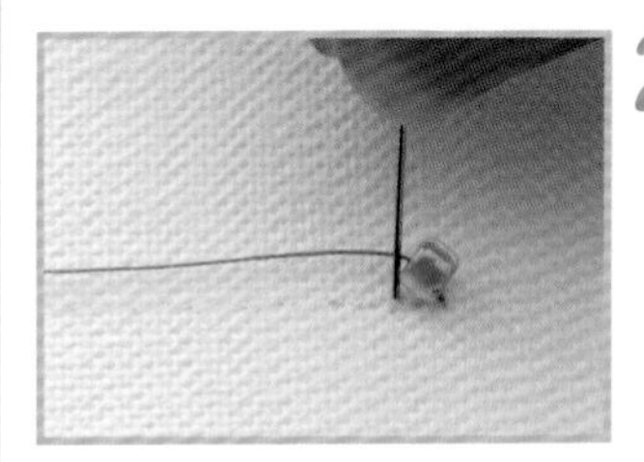

2 在與珠子同寬處入針。

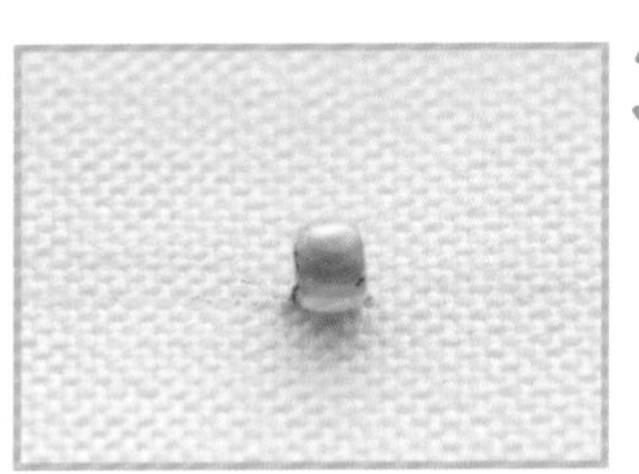

3 一顆固定完成。

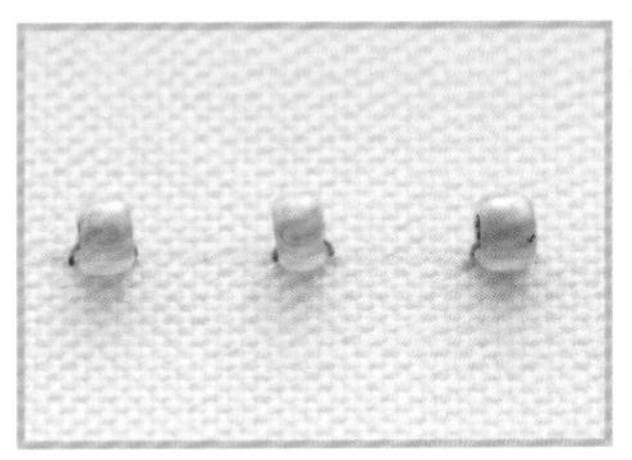

4 重複進行同樣的方式。

回針固定

向左刺繡

1 從開始處左邊一顆珠子寬處出針，將珠子穿針。

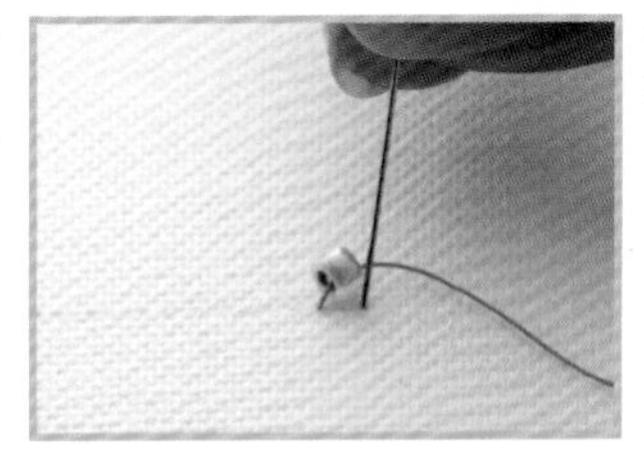

2 於開始處入針。

3 以回針繡的要領刺繡。

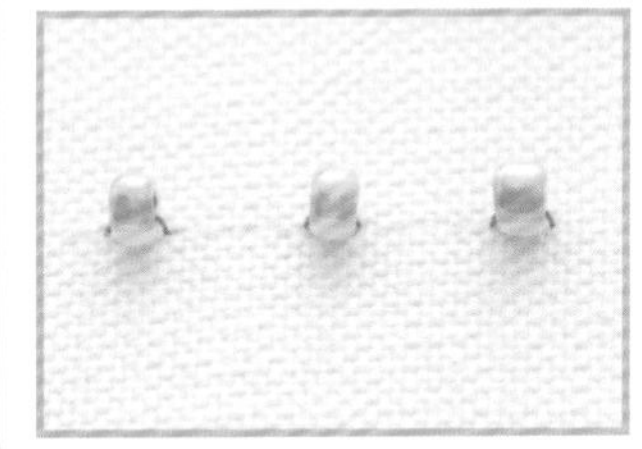

4 重複進行同樣的方式。

起針與收針

● 單顆固定

起針 始縫結　收針 止縫結

● 回針固定

起針 始縫結　收針 止縫結

起針時打一個始縫結，收針時打一個止縫結。

串珠連續繡

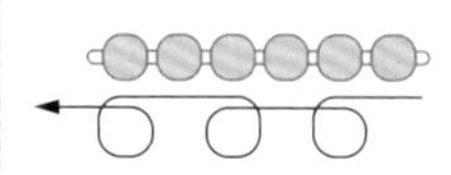
向左刺繡

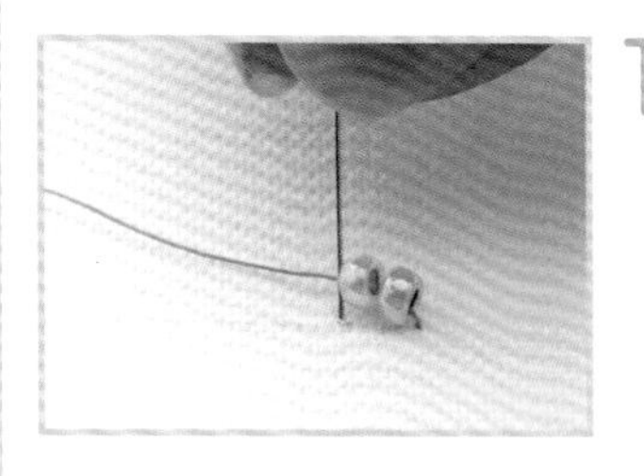

1 從開始處出針，將2顆珠子穿過針，在與串珠的寬度相同處入針。

2 從2顆珠子之間出針

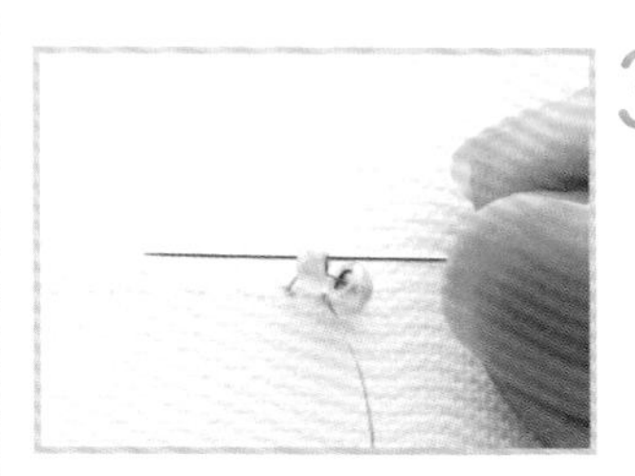

3 將針穿過第2顆珠子。

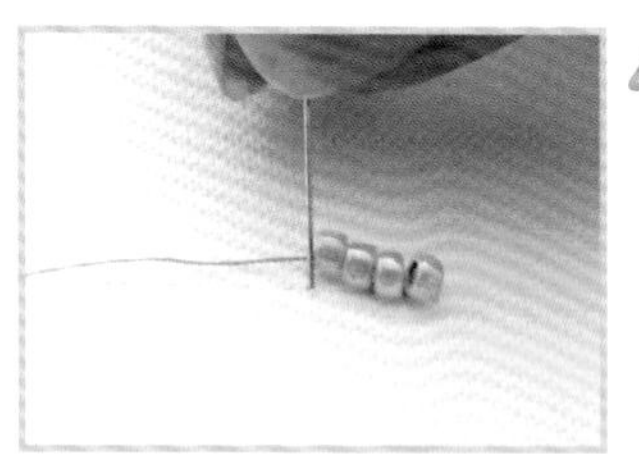

4 取另外2顆珠子穿過針，在與串珠的寬度相同處入針。

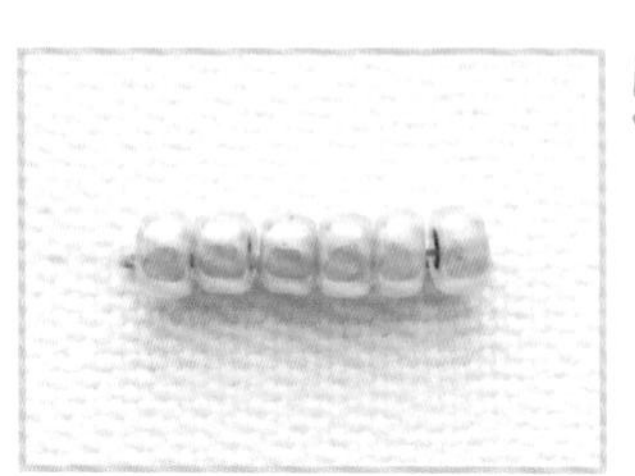

5 重複進行同樣的方式。

重複步驟2至4

壓線繡(一次固定1顆)

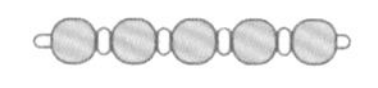

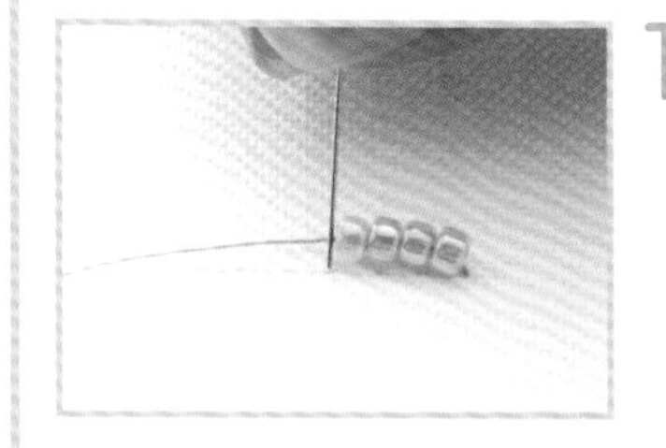

1 從開始處出針，一次穿入4顆珠子（想要的珠數），在同串珠寬度處入針。

2 從第1顆與第2顆珠子之間，於縫線的側邊出針。

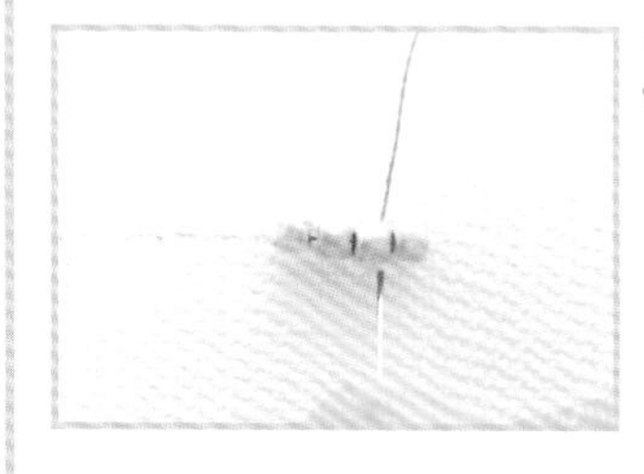

3 跨過縫線，於另一側入針。

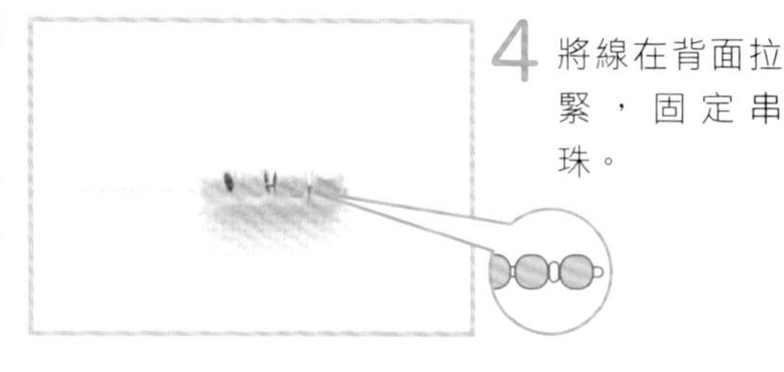

4 將線在背面拉緊，固定串珠。

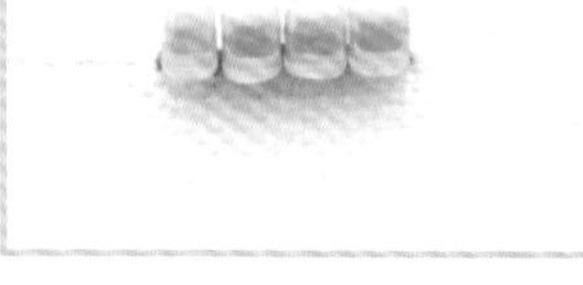

5 重複進行同樣的方式。

重複步驟2至4

壓線繡(一次固定2顆)

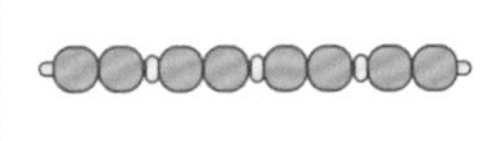

1 從開始處出針，一次穿入8顆珠子（想要的珠數），在同串珠寬度處入針。

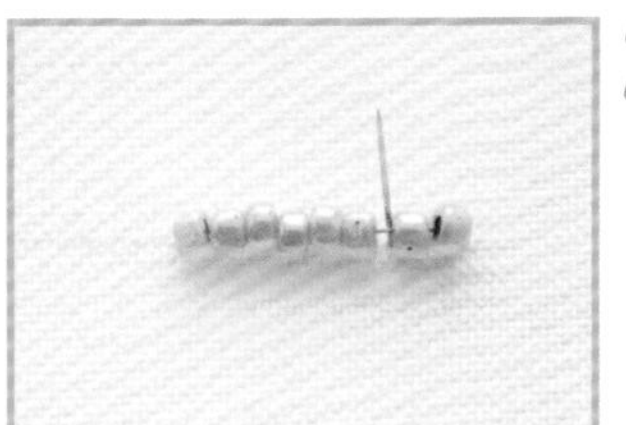

2 從第2顆與第3顆珠子之間，於縫線的側邊出針。

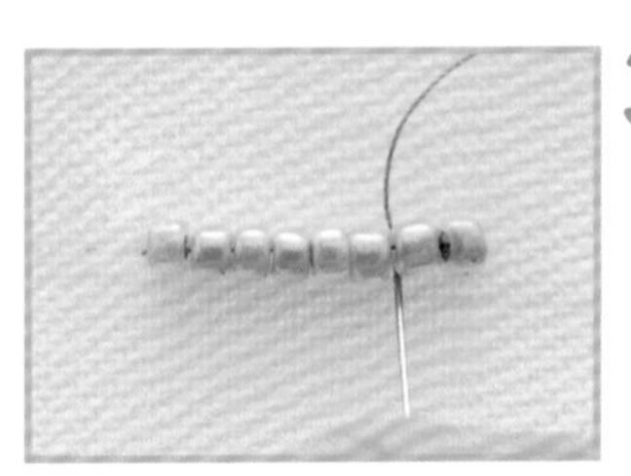

3 跨過縫線，於另一側入針。

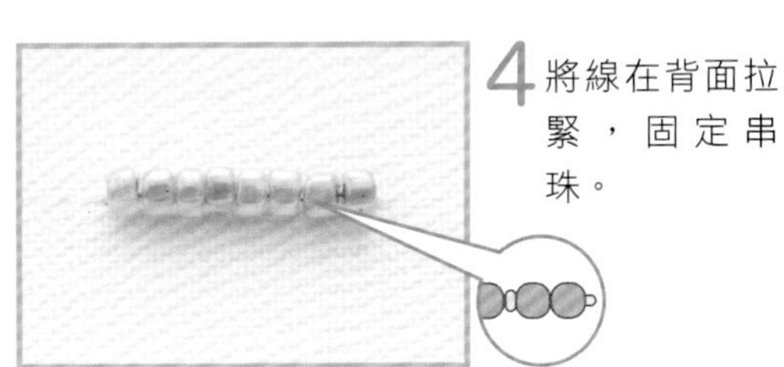

4 將線在背面拉緊，固定串珠。

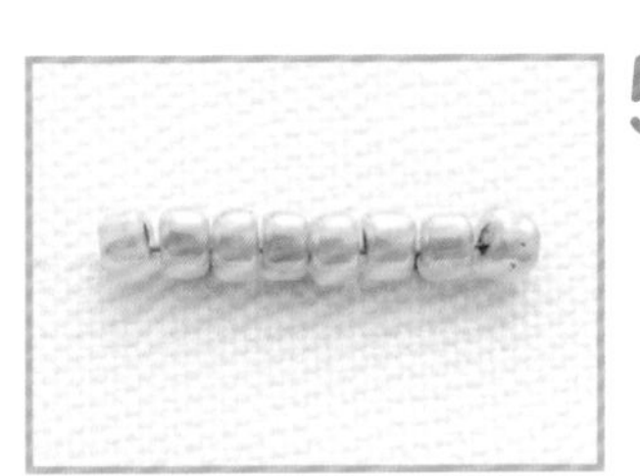

5 重複進行同樣的方式。

重複步驟2至4

塊面繡

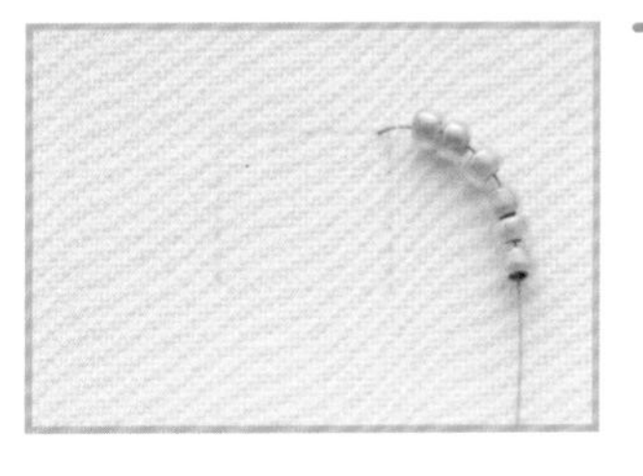

1 從要填滿處的右上出針，穿入珠子。

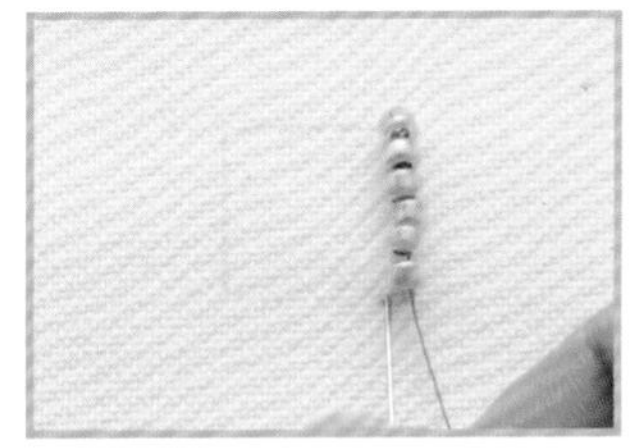

2 在與串珠的寬度相同處入針。

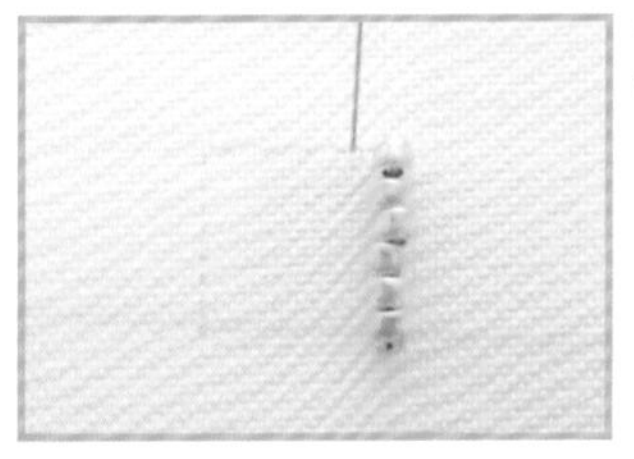

3 於步驟1出針處的旁邊，出針。

4 穿入珠子，並於與串珠的寬度相同處入針。

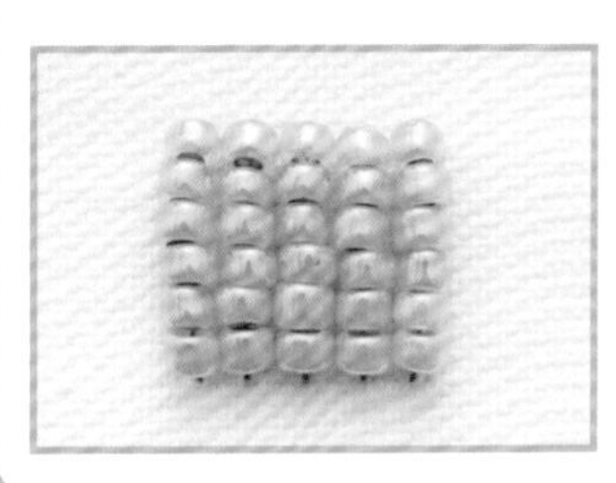

5 重複進行同樣的方式。

重複步驟3至4

以珠子固定亮片

1 從布料的背面出針，並穿過亮片。

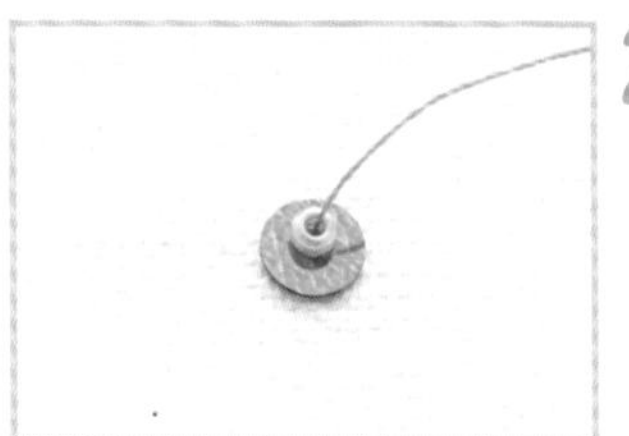

2 穿入串珠。

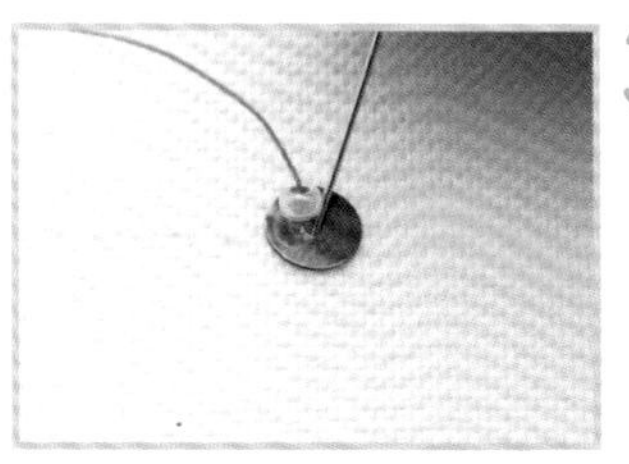

3 於亮片的洞口入針。

4 在背面將線拉緊。

5 重複進行同樣的方式。

重複步驟1至3

亮片單側固定

向左刺繡

1 從布料的背面出針，並穿過亮片。

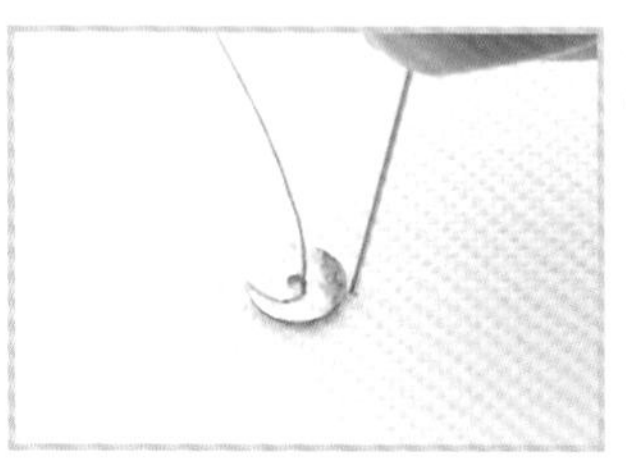

2 於亮片的右端入針。

1片固定完成

3 放上另一片亮片，並且從孔洞出針。

4 如同往回繡一般，從亮片之間入針。

5 重複進行同樣的方式。

重複步驟3至4

從兩側固定亮片

向左刺繡

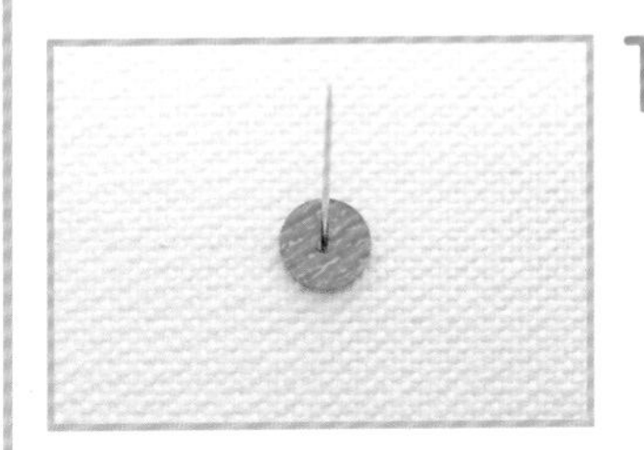

1 從布料的背面出針，並穿過亮片。

2 於亮片的右端入針。

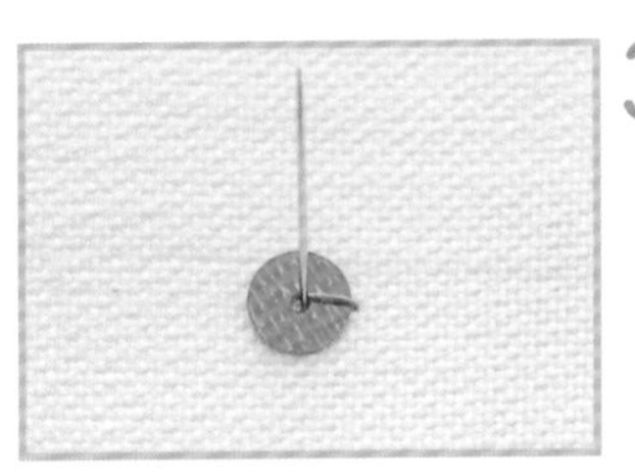

3 從孔洞出針。

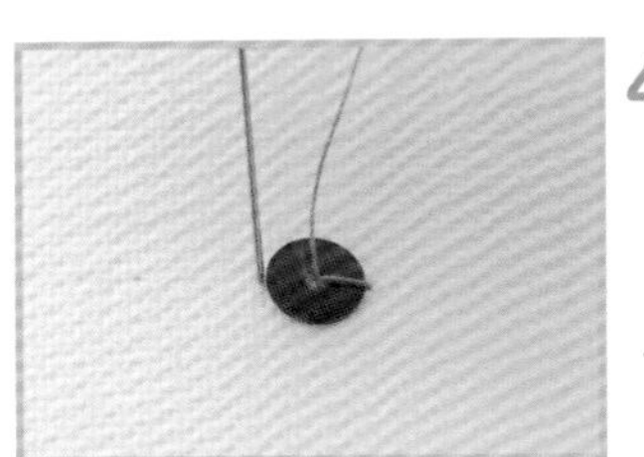

4 於亮片的左側入針。

1片固定完成

5 重複進行同樣的方式。

重複步驟3至4

將亮片重疊固定

向左刺繡

1 從布料的背面，於亮片的左側出針。

2 從亮片的孔洞入針。

1片固定完成

3 將亮片重疊放置。

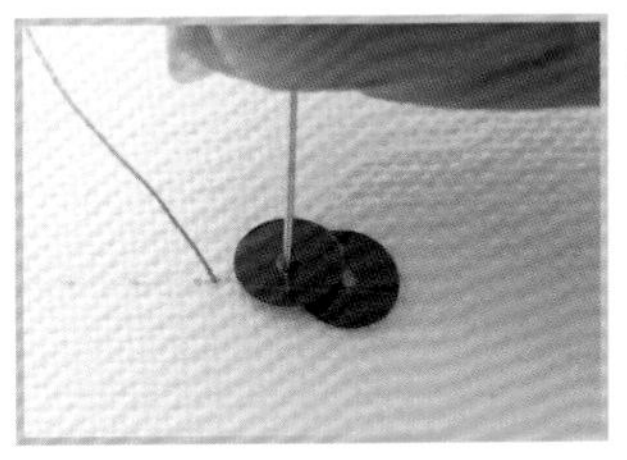

4 如同往回繡一般，從亮片的孔洞入針。

2片固定完成

5 重複進行同樣的方式。

重複步驟3至4

閃閃發光的華麗感……

成對胸針

亮晶晶的珠子可愛又討喜。
成雙成對的胸針，
無論是別在罩衫的左右，
或別在包包上都非常適合……

作法請見P.156

以牛奶盒製作……

艾菲爾鐵塔圖樣的筆筒

想要將刺繡作品
用在日常生活……
以這樣的想法作成筆筒。

✲作法請見P.156

以串珠和亮片裝飾……

緞面戒指台

含有滿滿祝福心意的
串珠刺繡戒指台，
與質地閃亮的緞面素材
相得益彰……

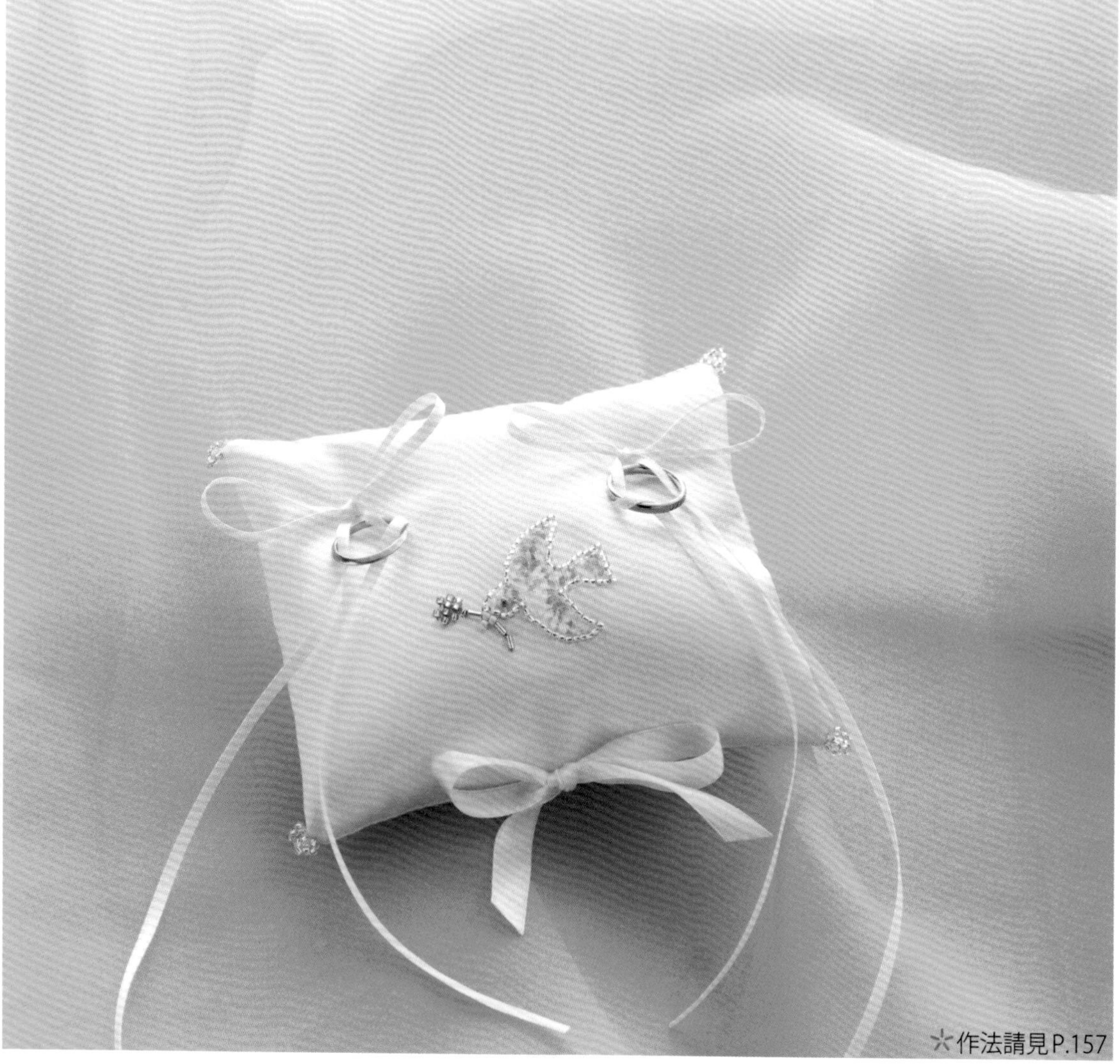

☆作法請見P.157

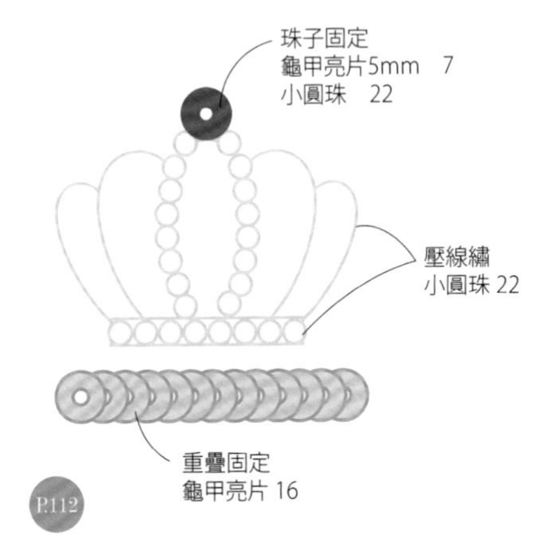
珠子固定
龜甲亮片5mm　7
小圓珠　22
壓線繡
小圓珠 22
重疊固定
龜甲亮片 16
P.112

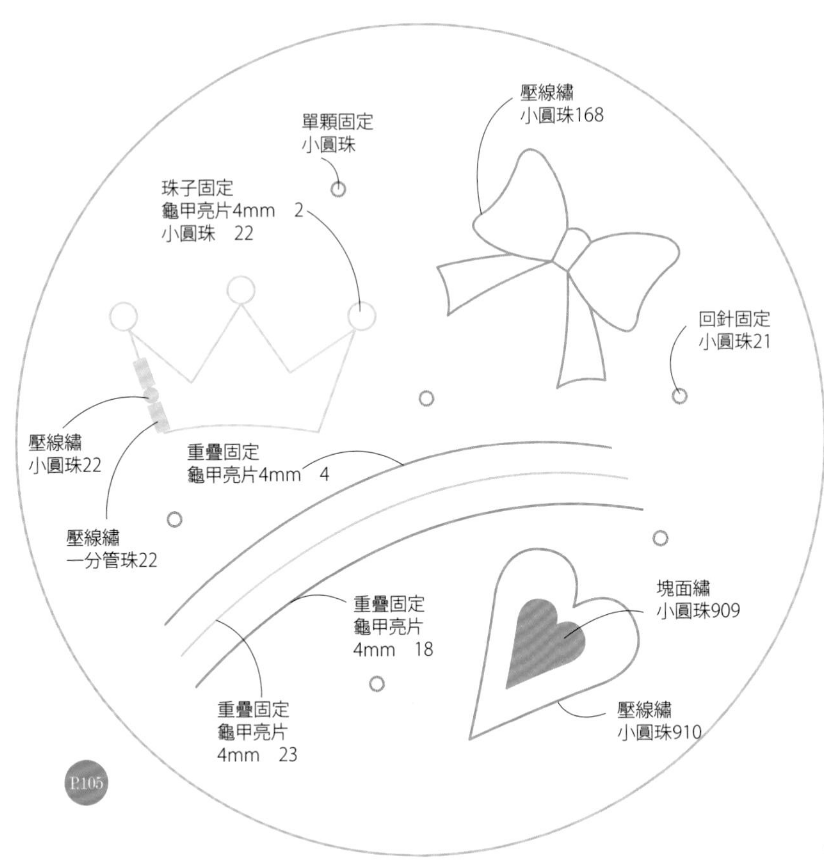
壓線繡
小圓珠168
單顆固定
小圓珠
珠子固定
龜甲亮片4mm　2
小圓珠　22
回針固定
小圓珠21
壓線繡
小圓珠22
重疊固定
龜甲亮片4mm　4
壓線繡
一分管珠22
塊面繡
小圓珠909
重疊固定
龜甲亮片
4mm　18
重疊固定
龜甲亮片
4mm　23
壓線繡
小圓珠910
P.105

● 串珠及亮片使用TOHO BEADS的產品

貼布繡

一般會以不織布來進行貼布繡，
但棉布等普通的布料也可以。
於背面貼上布襯，作為防止虛邊的處理。
刺繡方法也分為「立針縫」與「毛邊繡」，
選擇喜歡的針法就可以了。
衣服或者身邊的小物，只要裝飾些許的貼布繡，
就變身成為獨一無二的手作物品，
也非常適合小孩的用品。

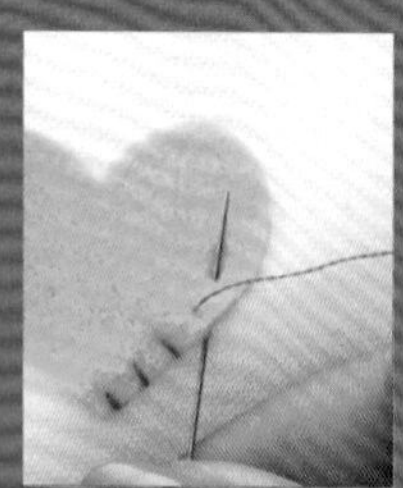

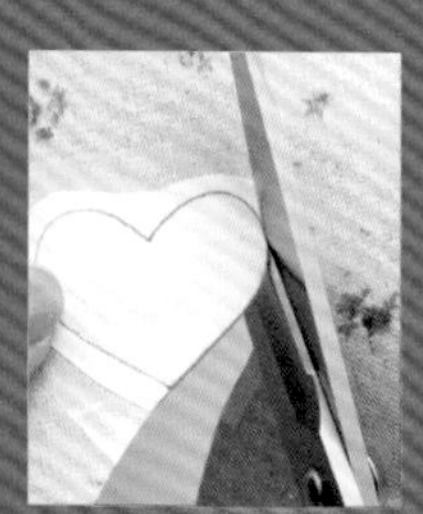

貼布繡

✲圖案請見P.137

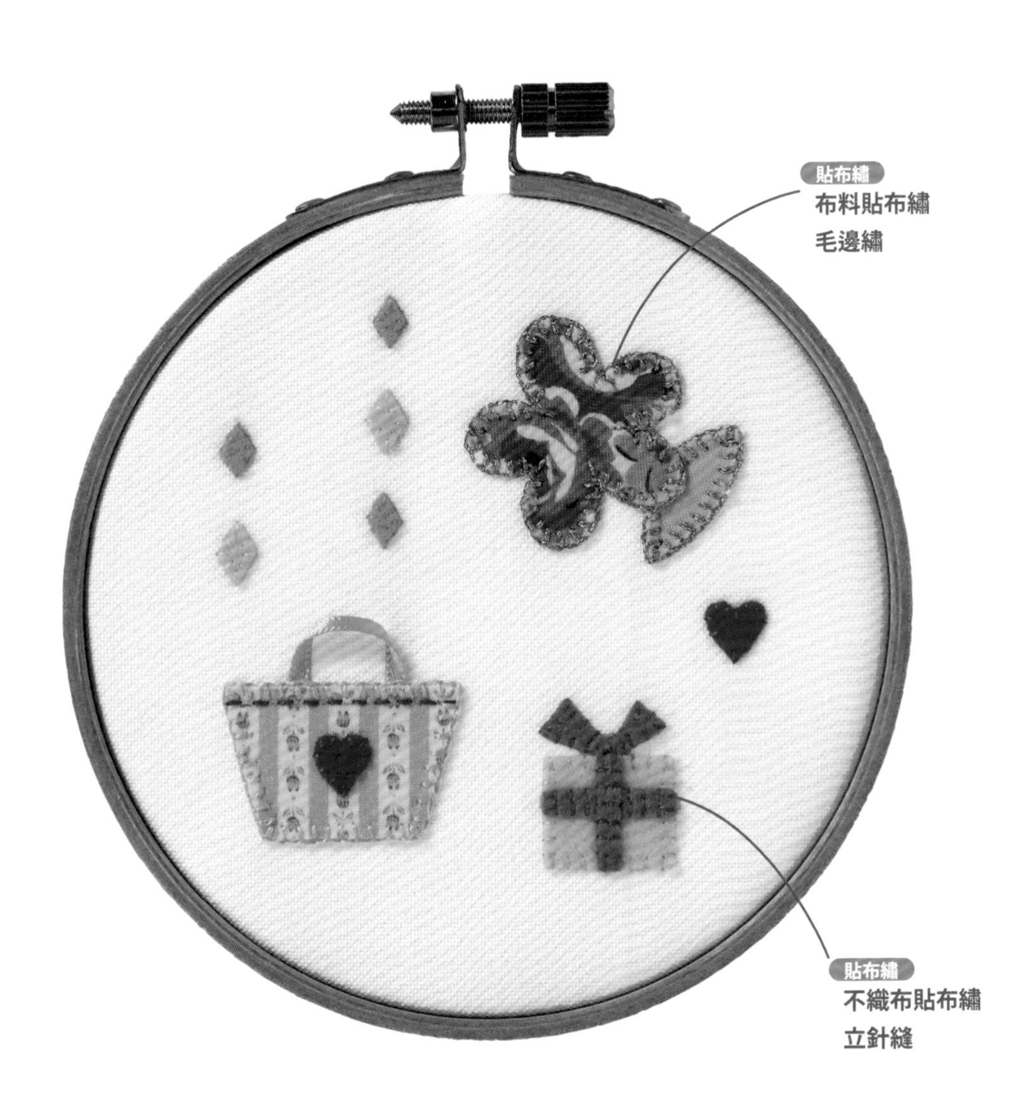
貼布繡
布料貼布繡
毛邊繡
貼布繡
不織布貼布繡
立針縫

北歐風貼布繡

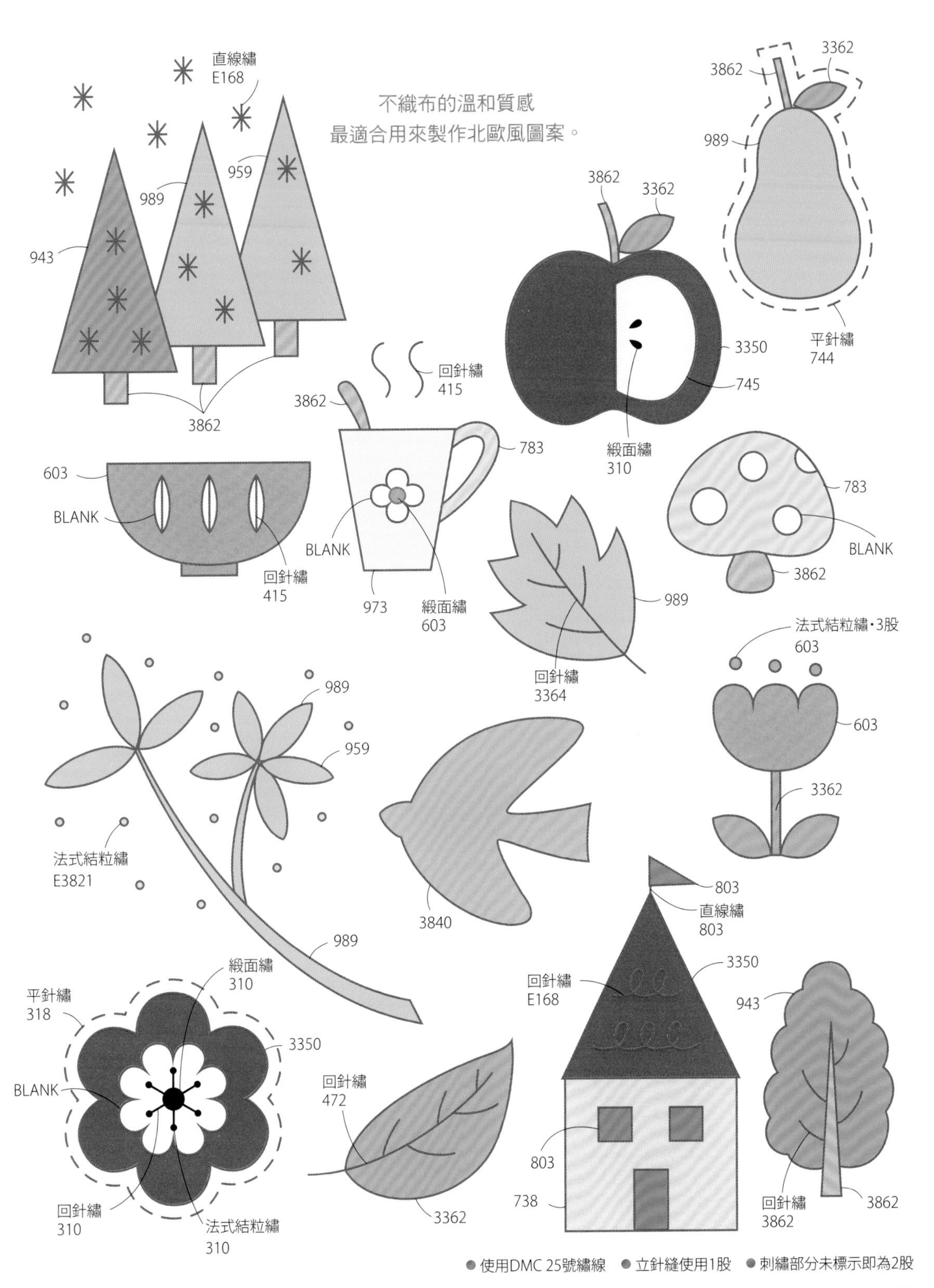
不織布的溫和質感
最適合用來製作北歐風圖案。
直線繡
E168
959
989
943
3862
3862
3362
989
平針繡
744
3862
3362
3350
745
緞面繡
310
回針繡
415
3862
783
603
BLANK
回針繡
415
BLANK
973
緞面繡
603
783
BLANK
3862
989
回針繡
3364
法式結粒繡‧3股
603
603
3362
989
959
法式結粒繡
E3821
3840
989
803
直線繡
803
3350
回針繡
E168
943
緞面繡
310
平針繡
318
3350
BLANK
回針繡
472
803
738
3362
回針繡
3862
3862
回針繡
310
法式結粒繡
310

●使用DMC 25號繡線 ●立針縫使用1股 ●刺繡部分未標示即為2股

貼布繡重點裝飾

選擇自己喜歡的布料……
小小一塊布料就能完成。

毛邊繡
970
毛邊繡
603
毛邊繡
E168
毛邊繡
3839
毛邊繡
E168
毛邊繡
E168
毛邊繡
959
毛邊繡
605
毛邊繡
970
毛邊繡
738
毛邊繡
745
毛邊繡
800
毛邊繡
E168
回針繡
E168
緞面繡
E168
毛邊繡
602
毛邊繡
707
毛邊繡
603

● 使用DMC 25號繡線 ● 皆為2股

學院風圖案

最適合小朋友上學用的包包！
圖形任意搭配組合都充滿樂趣。

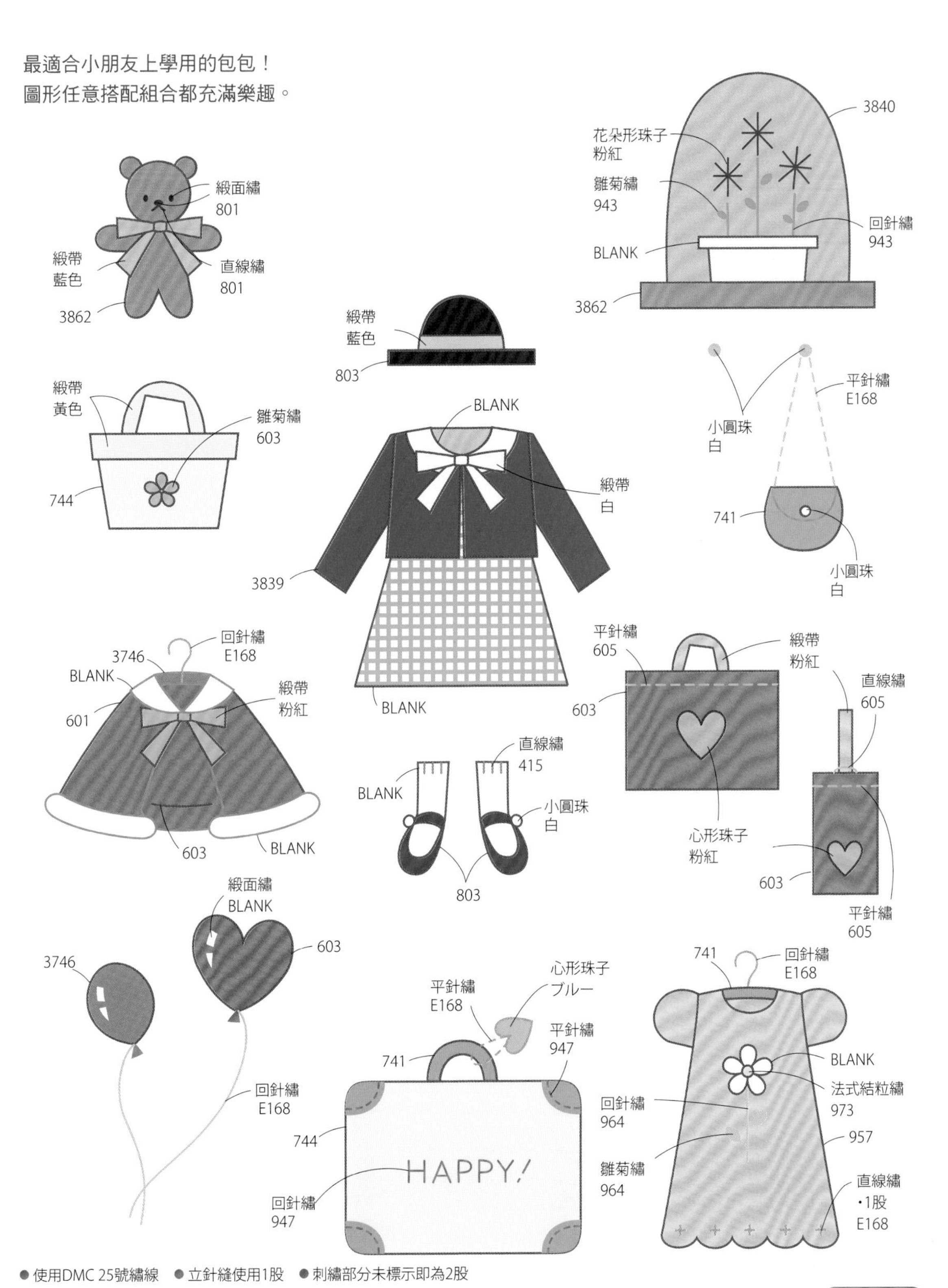
緞面繡
801
緞帶
藍色
直線繡
801
3862
花朵形珠子
粉紅
3840
雛菊繡
943
回針繡
943
BLANK
3862
緞帶
藍色
803
緞帶
黃色
雛菊繡
603
744
BLANK
緞帶
白
3839
BLANK
平針繡
E168
小圓珠
白
741
小圓珠
白
回針繡
E168
3746
BLANK
緞帶
粉紅
601
603
BLANK
直線繡
415
BLANK
小圓珠
白
803
平針繡
605
緞帶
粉紅
直線繡
605
603
心形珠子
粉紅
603
平針繡
605
緞面繡
BLANK
603
3746
回針繡
E168
平針繡
E168
心形珠子
ブルー
平針繡
947
741
744
HAPPY!
回針繡
947
741
回針繡
E168
BLANK
法式結粒繡
973
回針繡
964
957
雛菊繡
964
直線繡
・1股
E168

● 使用DMC 25號繡線　● 立針縫使用1股　● 刺繡部分未標示即為2股

貼布繡

刺繡若要填滿大面積十分費工，但使用貼布繡就非常簡單。將不織布或其他布料以刺繡的方式固定。

圖案請見P.137

關於貼布繡的布料

無論什麼布料都能使用在貼布繡上。
在此介紹初學者也能輕鬆使用的布料。

不織布

於需要洗滌的物品上進行貼布繡時，使用可以清洗的不織布。

棉布

為了防止虛邊，在背面貼上較薄的布襯。

布襯

關於針

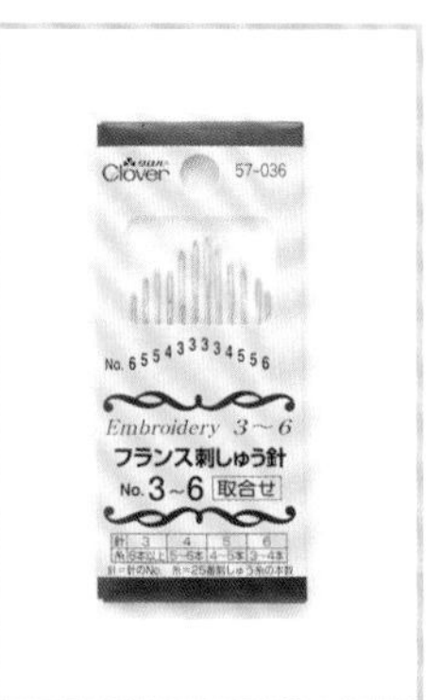
Clover
57-036
Embroidery 3～6
フランス刺しゅう針
No.3～6 取合せ

使用法國刺繡針，也可以較細的的普通縫針替代。

關於線

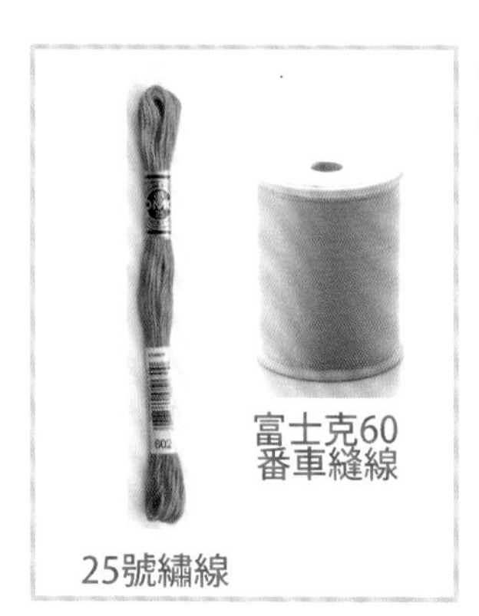

富士克60番車縫線

25號繡線

使用25號繡線，或者是車縫線。

按照圖案裁剪布料的方法

要在不織布與布料上複寫圖案比較麻煩，以剪裁的方式取代複寫。

1 將圖案複寫在紙上。

2 裁剪時留下比圖案大一圈的空間。

3 將圖案以透明膠帶貼在不織布上。

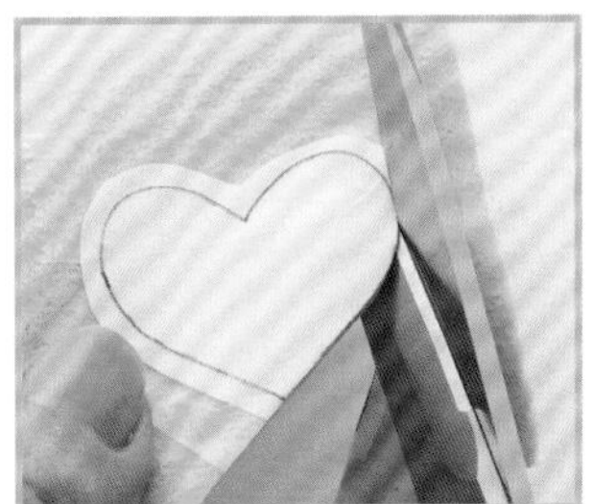

4 依照圖形，連同透明膠帶一起剪下。

5 剪下來的樣子。

6 依照圖形剪裁完成。

必須剪下許多相同圖形時

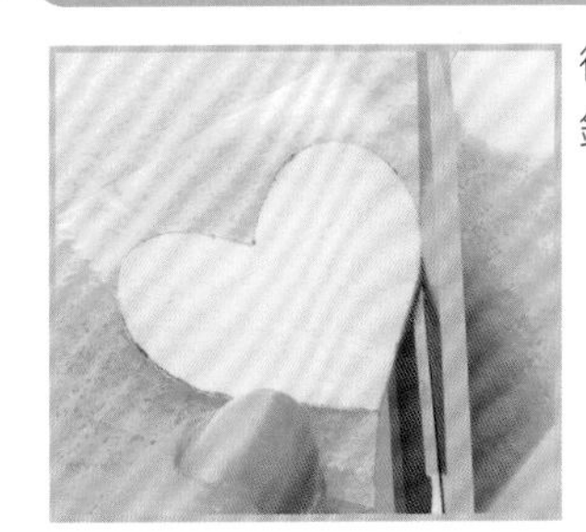

從布料的背面出針，並穿過亮片。

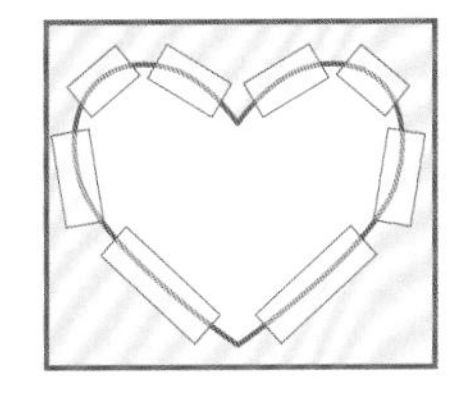

不織布貼布繡

不織布貼布繡以針目較不明顯的「立針縫」較適合。不要縫出不織布太多，就能漂亮完成作品。

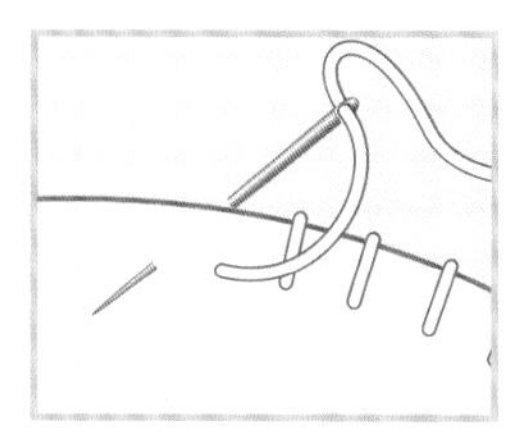

立針縫

前置作業

1 於不織布背面點上手工藝用白膠。

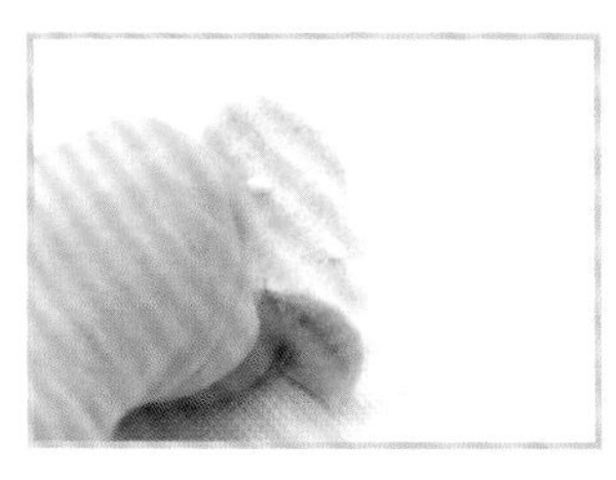

2 貼合於布料上。

關於白膠

手芸用
クラフトボンド
ボンド
木工用

用於暫時固定貼布繡非常方便。
手工藝用或者是木工用都可以。
注意會穿針的地方不要塗到白膠。

1 將不織布貼到布料上。

2 於不織布上出針。

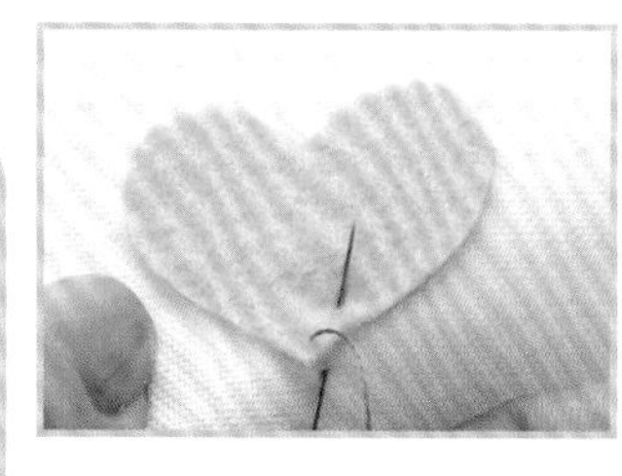

3 從線穿出的地方開始，線與圖案邊緣呈直角入針，再於不織布出針。

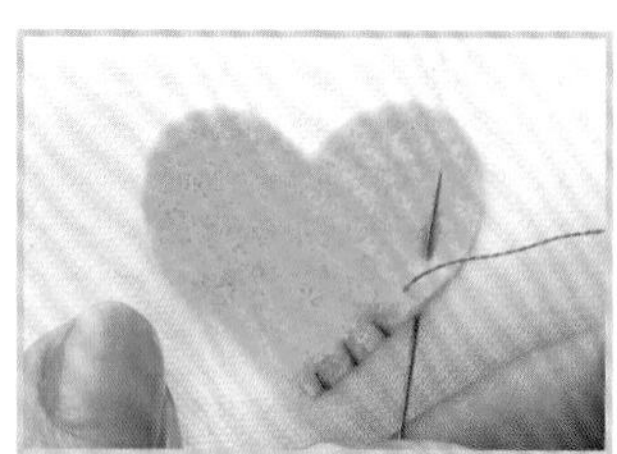

4 重複進行同樣的方式。

重複步驟2至3

5 沿著貼布繡一圈。

布料貼布繡

以一般布料製作的貼布繡，使用可以包覆布邊的「毛邊繡」最適合。使用2股繡線，以和布料不同的顏色刺繡，使繡線本身也成為亮點。

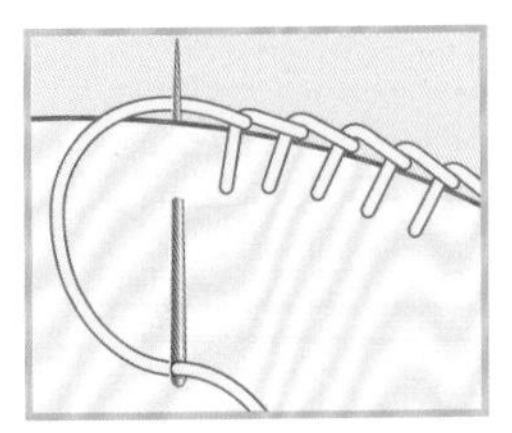

毛邊繡

前置作業

1 於背面貼上布襯。

2 圖案以透明膠帶固定，連同透明膠帶一起裁剪。

3 於背面點上手工藝專用膠，貼合於布料。

1 將貼布繡用布貼合於本布。

2 於貼布繡用布的邊緣，出針。

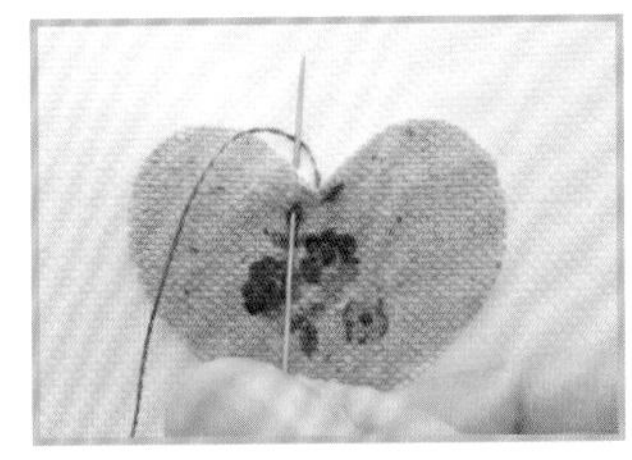

3 將線往左側放，從下方穿入，從上面縱向穿出。

4 保持線在針下，出針，重複進行同樣的方式。

重複步驟2至3

5 沿著貼布刺繡一圈。

讓繡線更醒目

改用2股繡線，或者是換成顏色醒目的繡線，讓刺繡本身更顯得突出。

可愛的北歐風……

小波奇包

小巧可愛的波奇包。
搭配上質感溫暖的不織布，
有著北歐風格的品味
散發出優雅氣質。

作法請見P.158

專屬於我的重點裝飾！

粉紅色餐盒包巾

為小朋友準備
媽媽親手製作的貼布繡作為識別標籤，
午餐時光也會很歡樂……

✲作法請見P.159

利用碎布也能作……

毛邊繡針插

收集碎布
作成可愛的針插！
以銀線進行毛邊繡，
讓針插更可愛。

☆作法請見P.159

立針縫
162
毛邊繡
E168
P.130

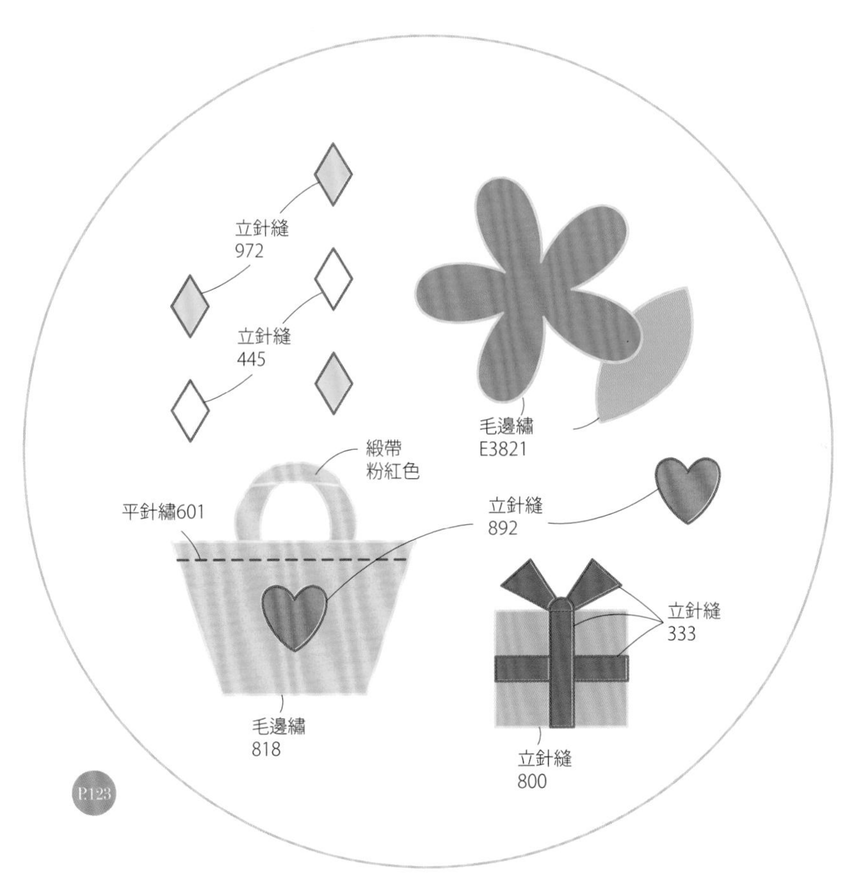
立針縫
972
立針縫
445
毛邊繡
E3821
緞帶
粉紅色
平針繡601
立針縫
892
立針縫
333
毛邊繡
818
立針縫
800
P.123

● 使用DMC 25號繡線 ● 立針縫使用1股 ● 毛邊繡使用2股

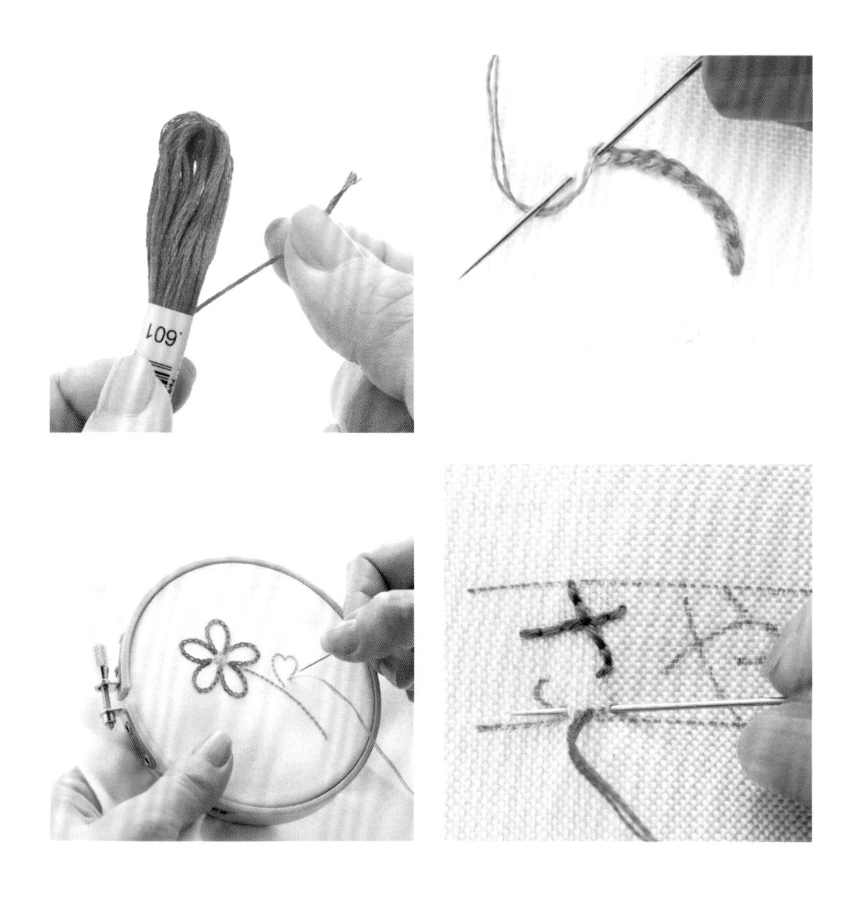

尾聲

從一針開始的刺繡世界

覺得怎麼樣呢？

看起來似乎很難

但其實只是一針一針地完成。

慢慢地細心縫製

就能得到漂亮的成果。

刺刺刺……

請快樂地享受刺繡樂趣。

帶著愉悅的心情刺繡

也是完成美麗作品的祕訣之一。

對刺繡越來越拿手後

也請和身邊的人分享

將刺繡的樂趣散播開來。

製作禮物也非常適合！

以刺繡

展現出不同層次的風味。

從刺繡開展的故事……

那麼，請趕快動手嘗試吧！

刺繡針法

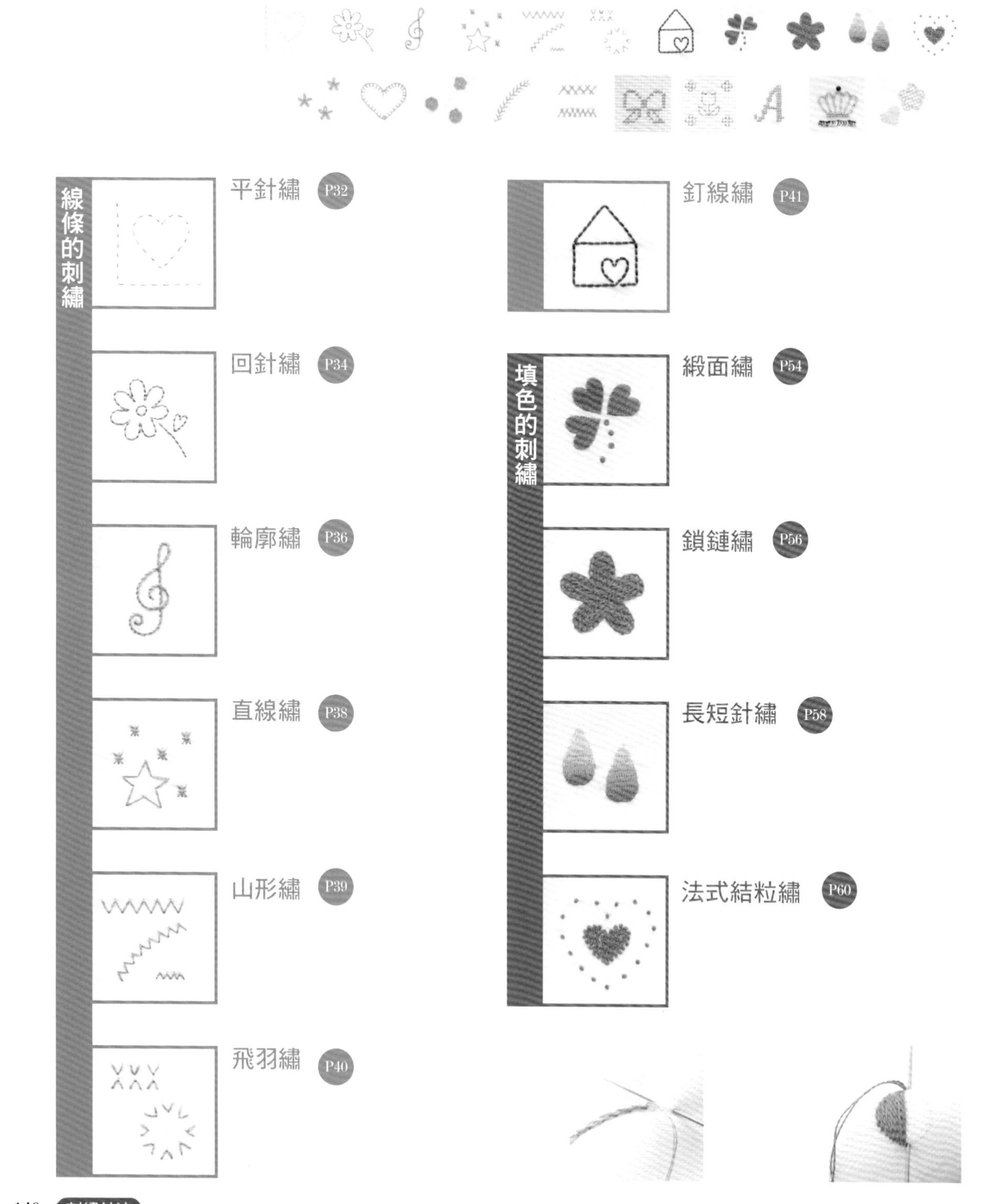
線條的刺繡
平針繡 P32
回針繡 P34
輪廓繡 P36
直線繡 P38
山形繡 P39
飛羽繡 P40
釘線繡 P41
填色的刺繡
緞面繡 P54
鎖鏈繡 P56
長短針繡 P58
法式結粒繡 P60

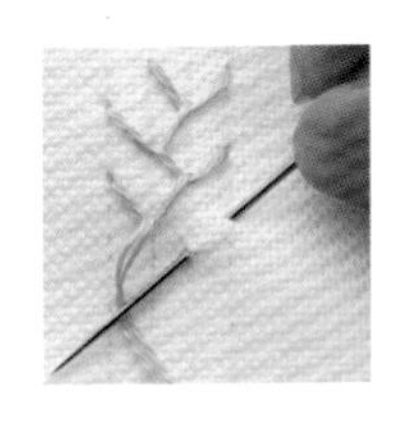

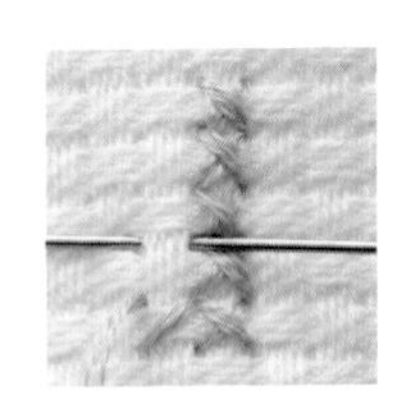

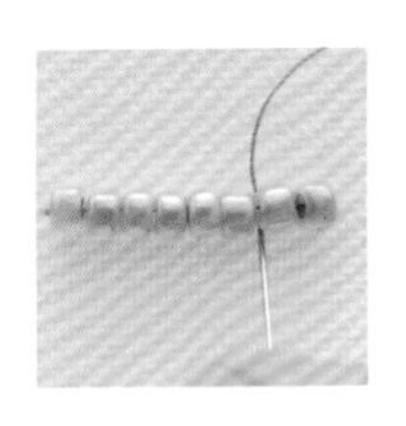

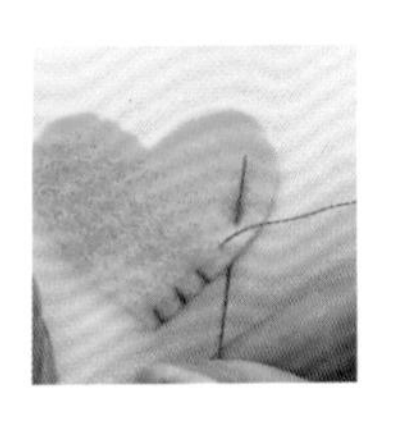

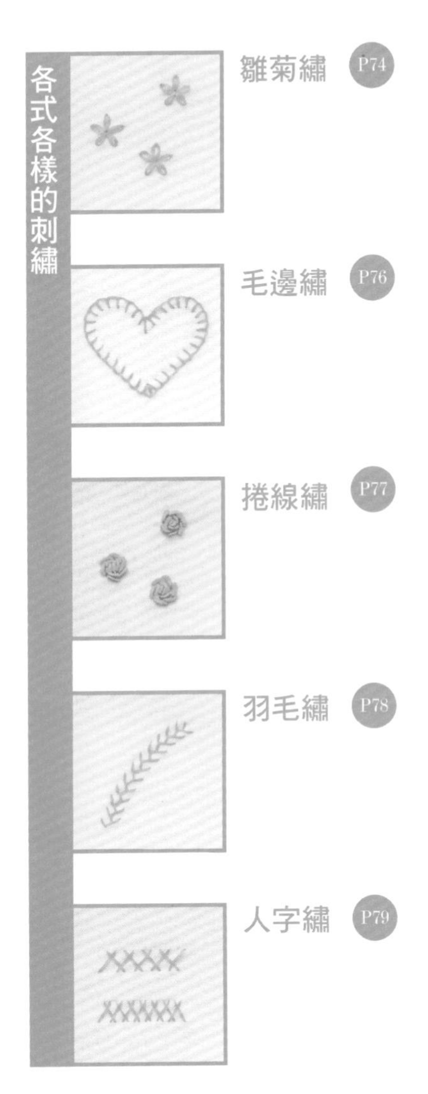
各式各樣的刺繡
雛菊繡 P74
毛邊繡 P76
捲線繡 P77
羽毛繡 P78
人字繡 P79

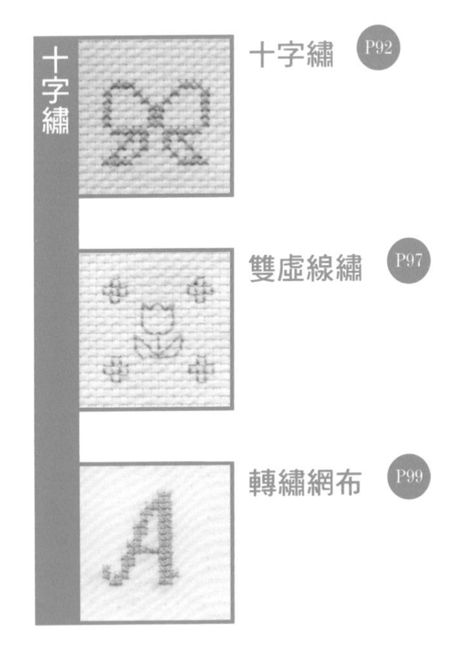
十字繡
十字繡 P92
雙虛線繡 P97
轉繡網布 P99

串珠刺繡

串珠刺繡 P112

貼布繡

貼布繡 P130

本書作品

線條の刺繡

P42

P43

填色の刺繡

P62

P63

各式各樣の刺繡

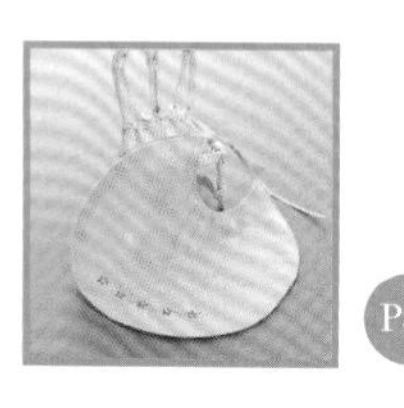
P80

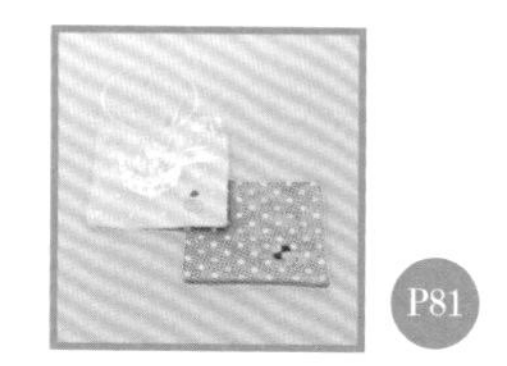
P81

十字繡

P100

P101

串珠刺繡

P118

P119

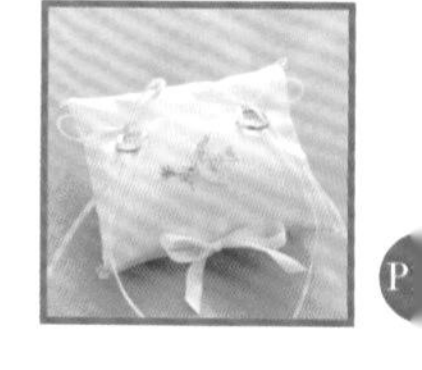

貼布繡

P134

P135

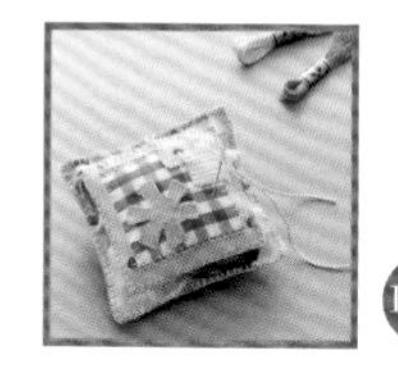

作品の製作方法

P.42 小手提包

刺繡圖案
P.27

材 料

布（棉／淺藍色）：54cm×34cm
布襯：54cm×34cm

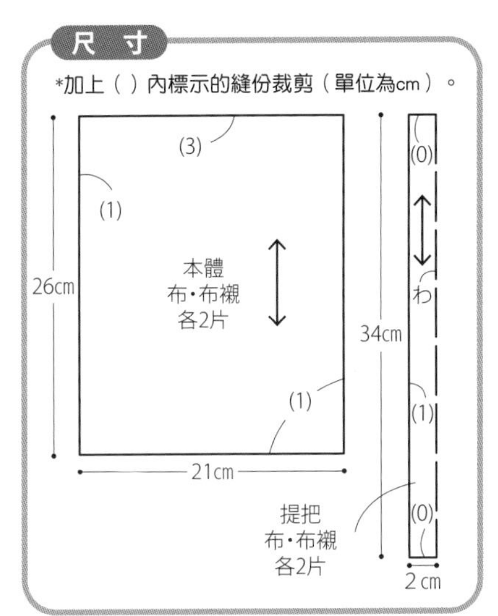
尺 寸
*加上（ ）內標示的縫份裁剪（單位為cm）。
(3)
(1)
本體
布・布襯
各2片
26cm
(1)
21cm
(0)
わ
34cm
(1)
(0)
提把
布・布襯
各2片
2 cm

1 貼上布襯，拷克布邊，進行刺繡。

2 製作提把。

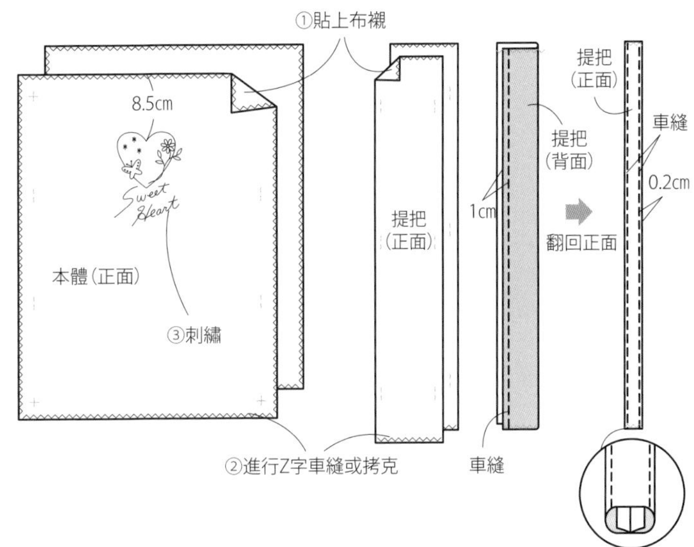
①貼上布襯
8.5cm
本體（正面）
③刺繡
提把
（正面）
②進行Z字車縫或拷克
1cm
提把
（背面）
翻回正面
車縫
提把
（正面）
車縫
0.2cm

3 縫上提把。

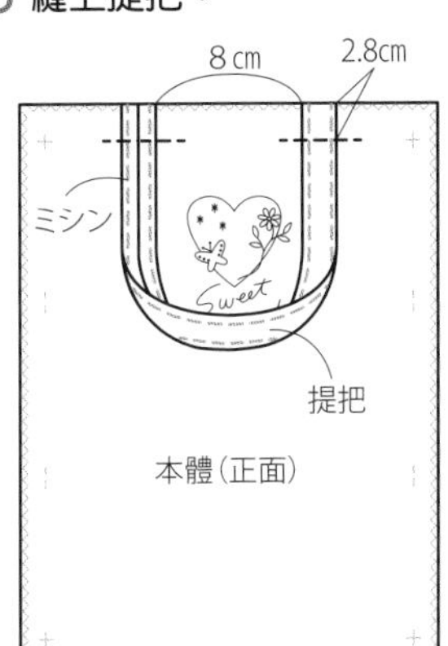
8 cm
2.8cm
ミシン
提把
本體（正面）

4 縫合三邊。

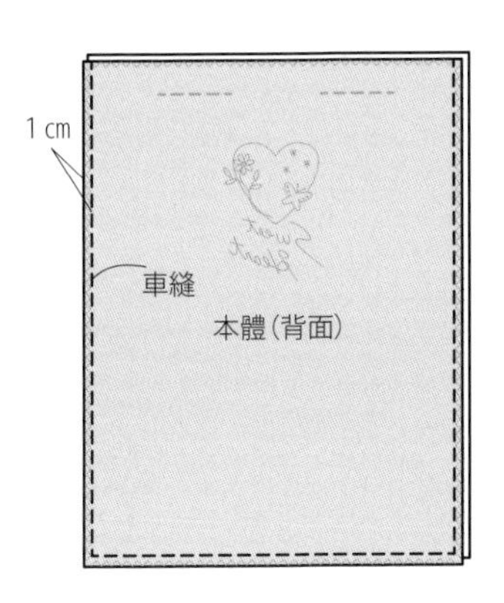
1 cm
車縫
本體（背面）

5 縫合袋口，
完成。

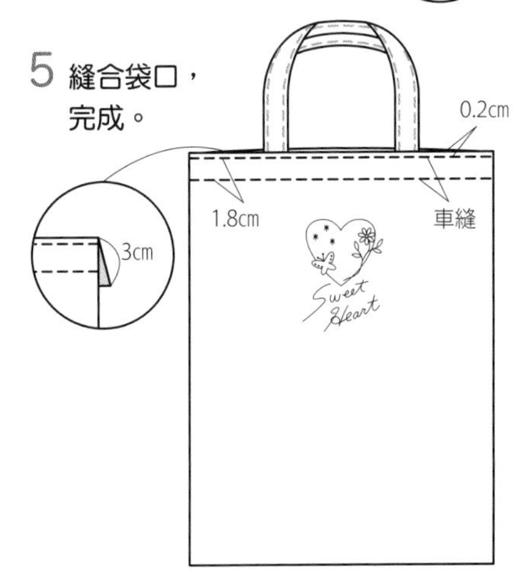
0.2cm
1.8cm
車縫
3cm

Flower

P.43 緞帶束口袋

刺繡圖案
P.29

※繡線粉紅色605換成金色E3821
其餘相同

材 料

布（棉／粉紅條紋）：20cm×64cm
緞帶（0.6cm寬／粉紅色）：120cm

尺 寸

*加上（）內標示的縫份裁剪。

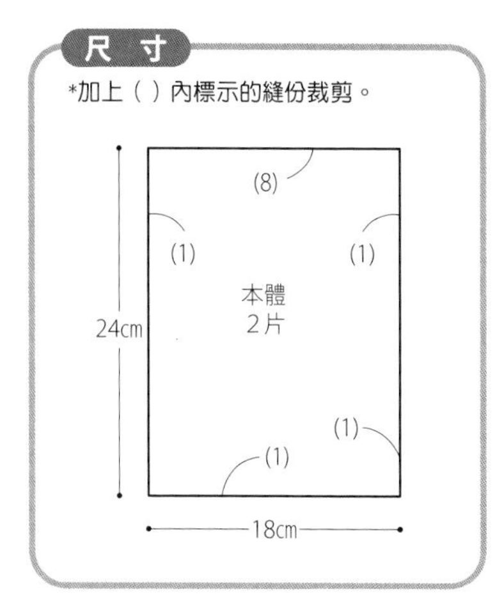
(8)
(1)
(1)
本體
2片
24cm
(1)
(1)
18cm

1 處理布邊。

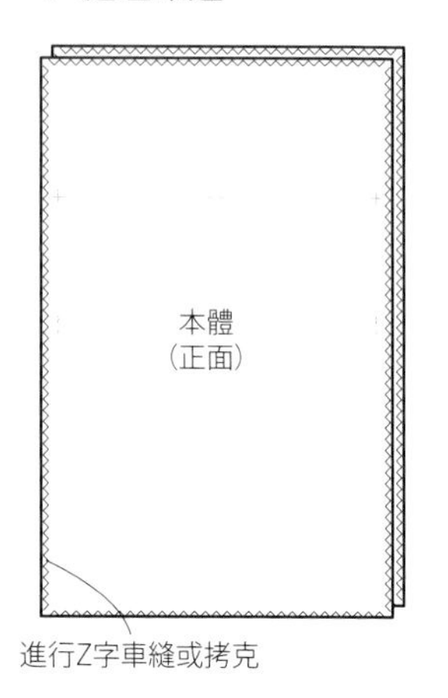
本體
(正面)
進行Z字車縫或拷克

2 繡上刺繡。

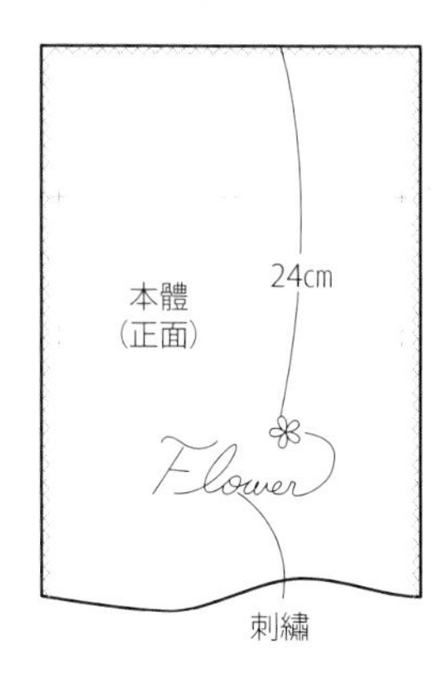
本體
(正面)
24cm
Flower
刺繡

3 縫合本體的三邊。

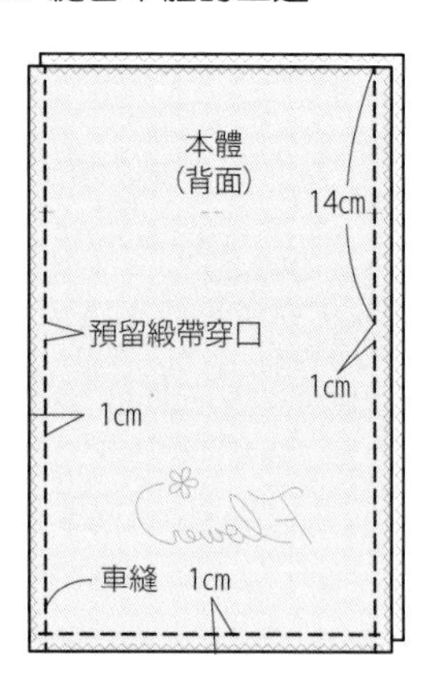
本體
(背面)
14cm
預留緞帶穿口
1cm
1cm
車縫
1cm

4 縫合本體的袋口。

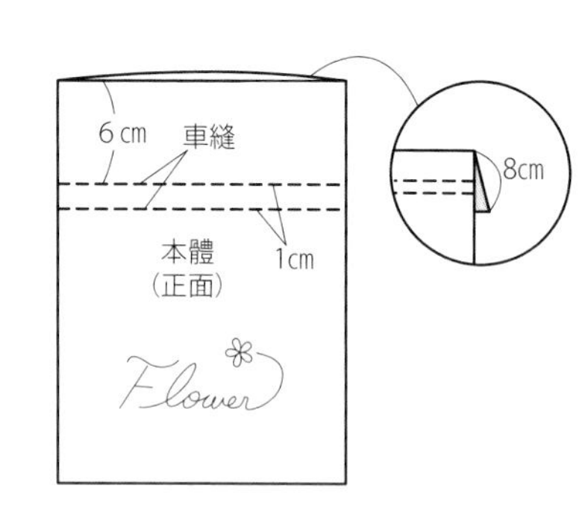
6cm
車縫
8cm
本體
(正面)
1cm
Flower

5 穿入緞帶，完成作品。

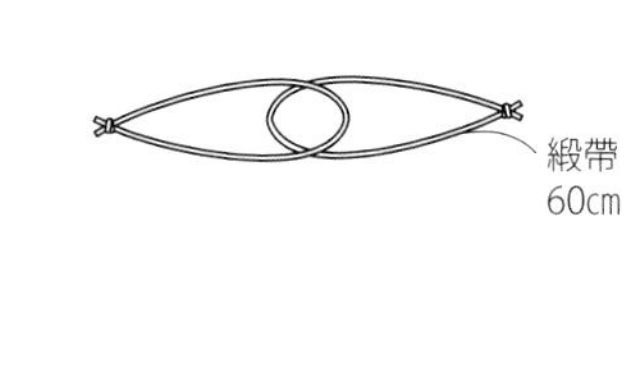
緞帶
60cm

Flower

P.44 小鳥書套

刺繡圖案
P.31

※繡線灰色415換成灰色317
其餘的相同

材 料

布（棉／原色）：41cm×19cm
布襯：41cm×19cm
緞帶（0.3cm寬／粉紅色）：43cm

尺 寸

*加上（ ）內標示的縫份裁剪

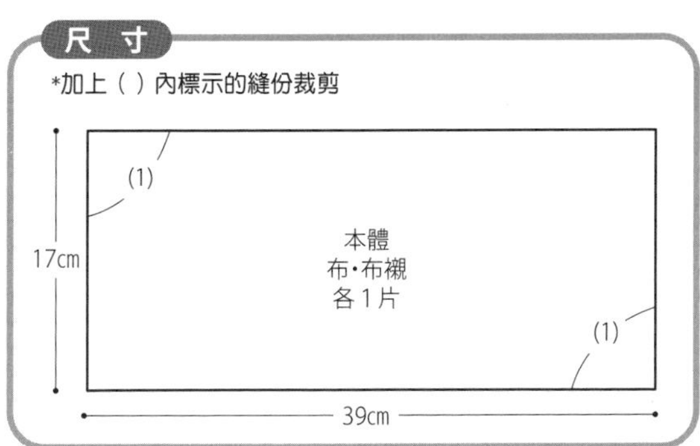
(1)
17cm
本體
布・布襯
各1片
(1)
39cm

1 貼上布襯，處理布邊。

②進行Z字車縫或是拷克
本體
(正面)
①貼上布襯

2 繡上刺繡。

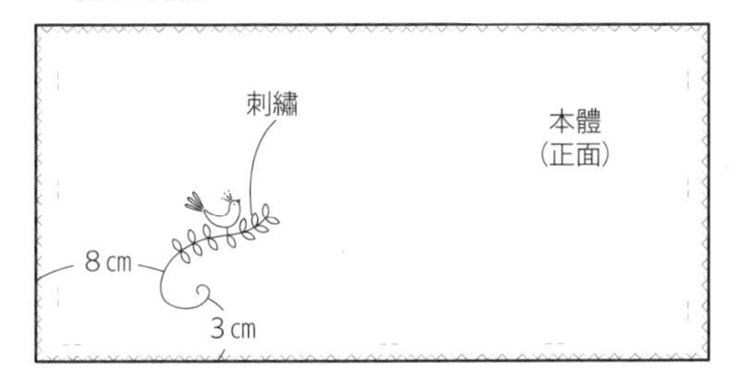
刺繡
本體
(正面)
8cm
3cm

3 夾入緞帶，並縫合上下邊。

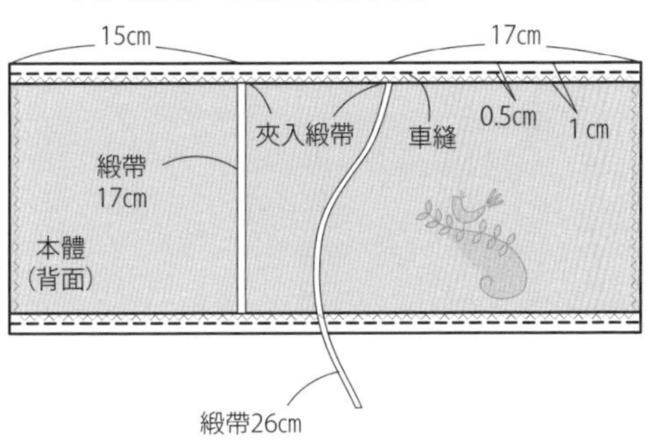
15cm
17cm
夾入緞帶
車縫
0.5cm
1cm
緞帶
17cm
本體
(背面)
緞帶26cm

4 縫合左右。

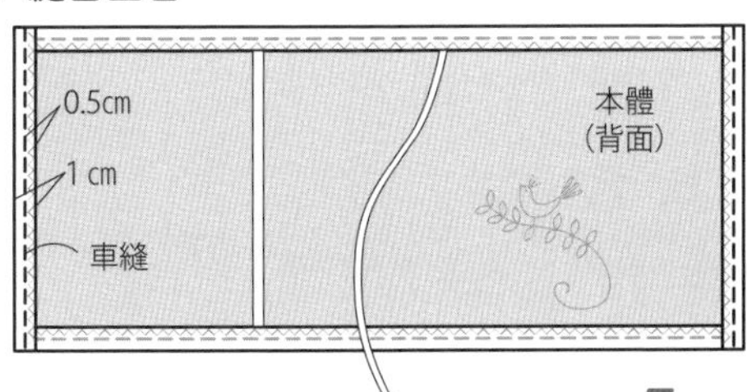
0.5cm
1cm
車縫
本體
(背面)

5 將右側摺入，縫合。

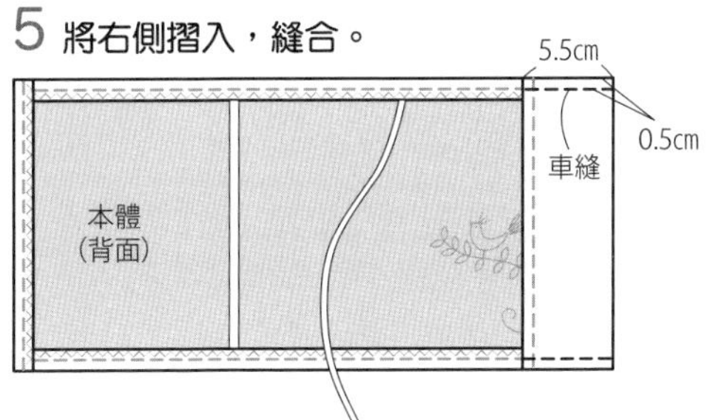
5.5cm
0.5cm
車縫
本體
(背面)

6 完成。

P.62 字母熊

刺繡圖案
P.53

材 料

布（棉／粉紅格紋）：60cm×20cm
（棉／粉紅花朵紋）：50cm×20cm
玩偶關節（直徑2cm）：1組
玩偶眼睛（直徑1cm黑）：2個
緞帶（2cm寬／粉紅色）：50cm

*紙型請見P.148

1 繡上刺繡。

刺繡
K
布（正面）

裁剪
K

2 製作耳朵。

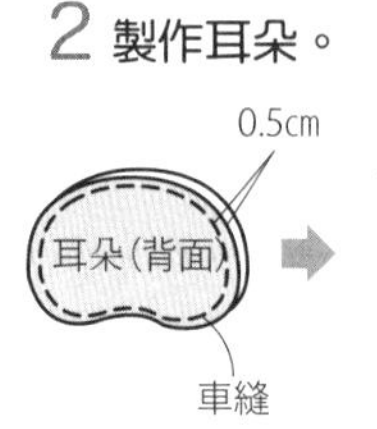

0.5cm
耳朵（背面）
車縫
耳朵（正面）
裝入棉花縫合

3 製作頭部。

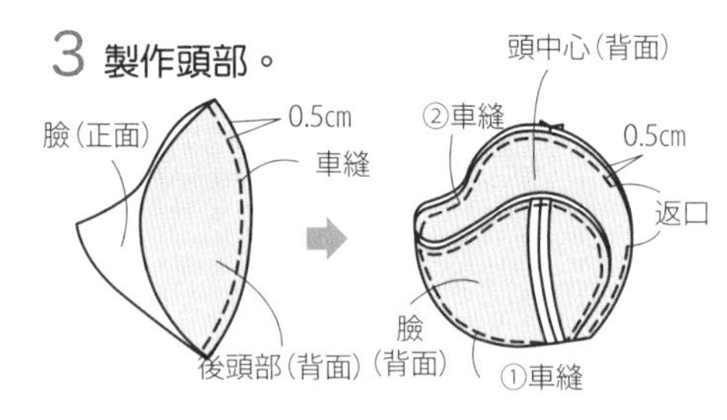

臉（正面）
0.5cm
車縫
後頭部（背面）
頭中心（背面）
②車縫
0.5cm
返口
臉
（背面）
①車縫
翻回正面
頭（正面）
①縫合返口
②裝入棉花與關節的凸部
進行縫縮

4 製作手臂。

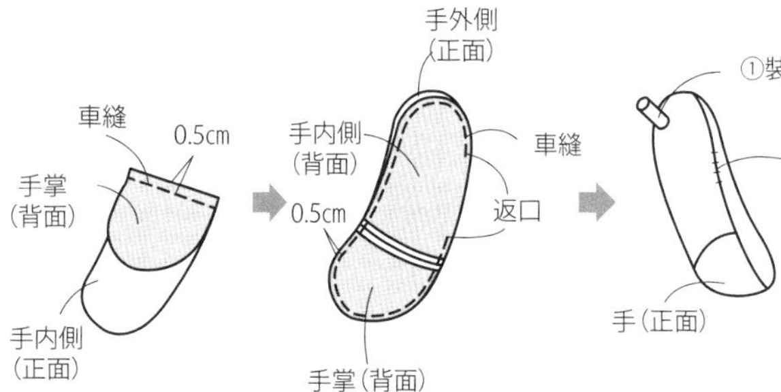

車縫
0.5cm
手掌
（背面）
手內側
（正面）
手外側
（正面）
手內側
（背面）
0.5cm
車縫
返口
手掌（背面）
①裝入關節的凸部
②裝入棉花縫合
手（正面）

5 製作腿部。

6 製作身體。

7 將各部位與身體組合。

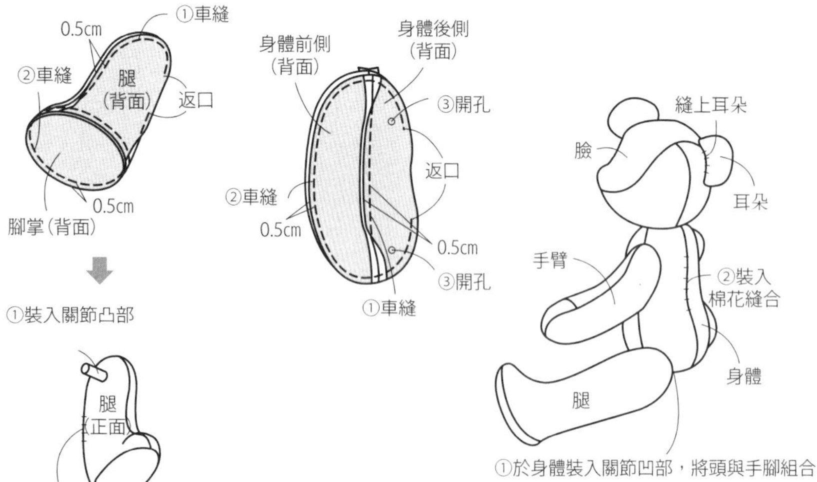

0.5cm
①車縫
②車縫
腿
（背面）
返口
0.5cm
腳掌（背面）
①裝入關節凸部
腿
（正面）
②裝入棉花縫合
身體前側
（背面）
身體後側
（背面）
③開孔
返口
②車縫
0.5cm
0.5cm
③開孔
①車縫
縫上耳朵
臉
耳朵
手臂
②裝入
棉花縫合
身體
腿
①於身體裝入關節凹部，將頭與手腳組合

8 製作五官，以緞帶打上蝴蝶結，完成！

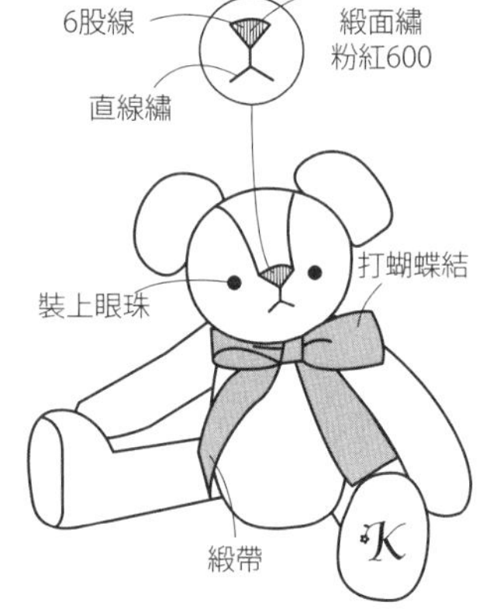

6股線
緞面繡
粉紅600
直線繡
打蝴蝶結
裝上眼珠
緞帶
K

P.63 小胸針

材 料

刺繡圖案 P.51

布（棉／厚胚布）：各20cm×20cm
布襯：20cm×20cm
胸針用別針（直徑2cm／銀色）：各1個
厚紙板：少許 棉花：少許

1 準備布料與厚紙板。

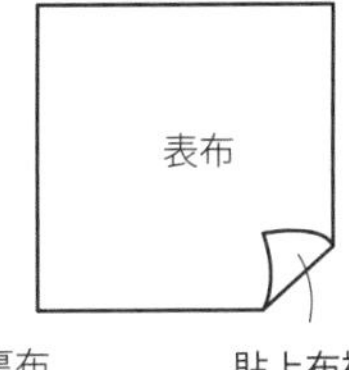
表布
貼上布襯

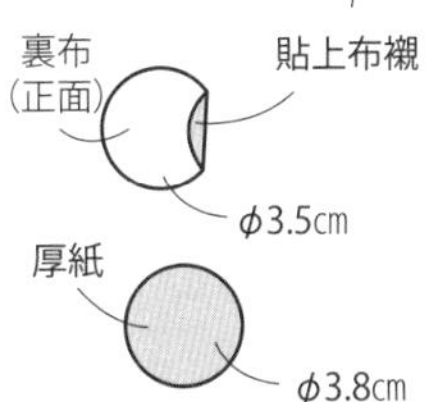
裏布
(正面)
φ3.5cm
厚紙
φ3.8cm

2 完成刺繡後剪裁。

刺繡
表布(正面)

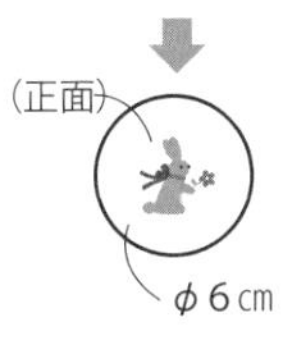
(正面)
φ 6 cm

3 作成胸針的形狀。

4 裝上胸針用別針。

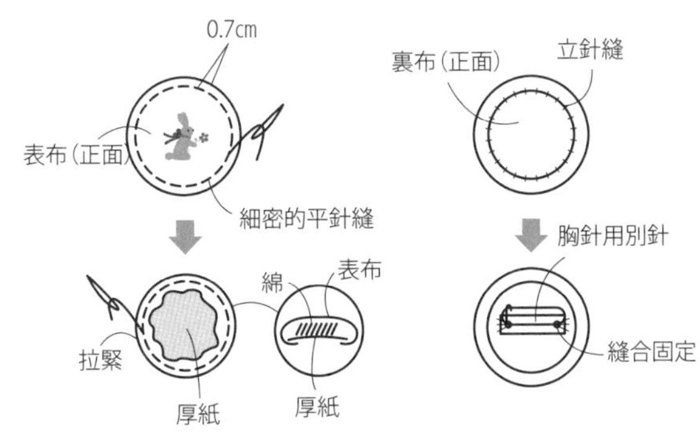
0.7cm
表布(正面)
細密的平針縫
綿
表布
拉緊
厚紙
厚紙
裏布(正面)
立針縫
胸針用別針
縫合固定

5 完成。

厚紙 φ4cm
布 φ6.5cm

P.64 淡藍色口金包

原寸紙型

*不含縫份

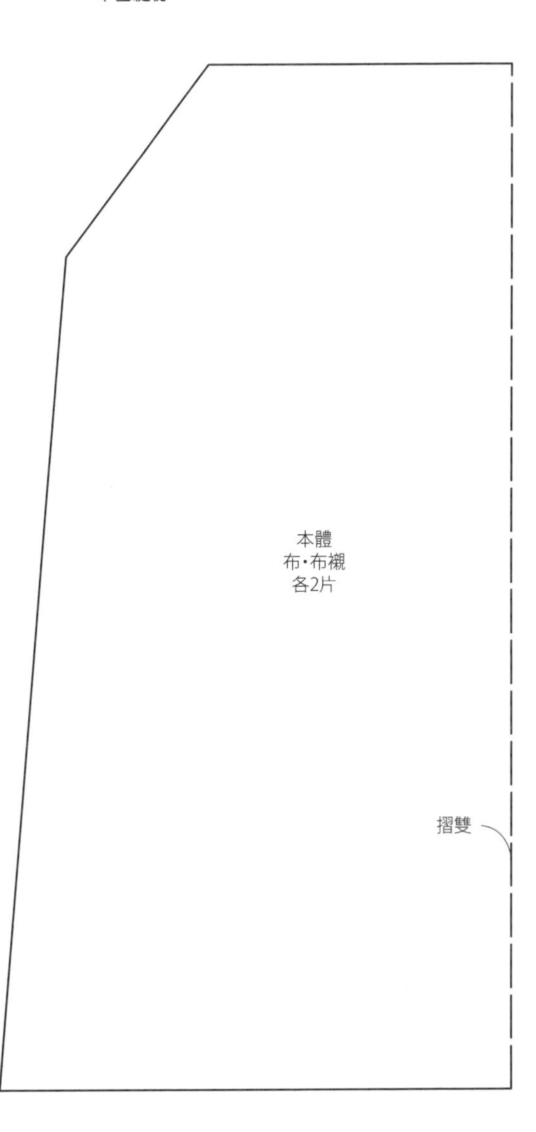
本體
布・布襯
各2片
摺雙

P.62 字母熊

原寸紙型

*請外加0.5cm縫份裁剪

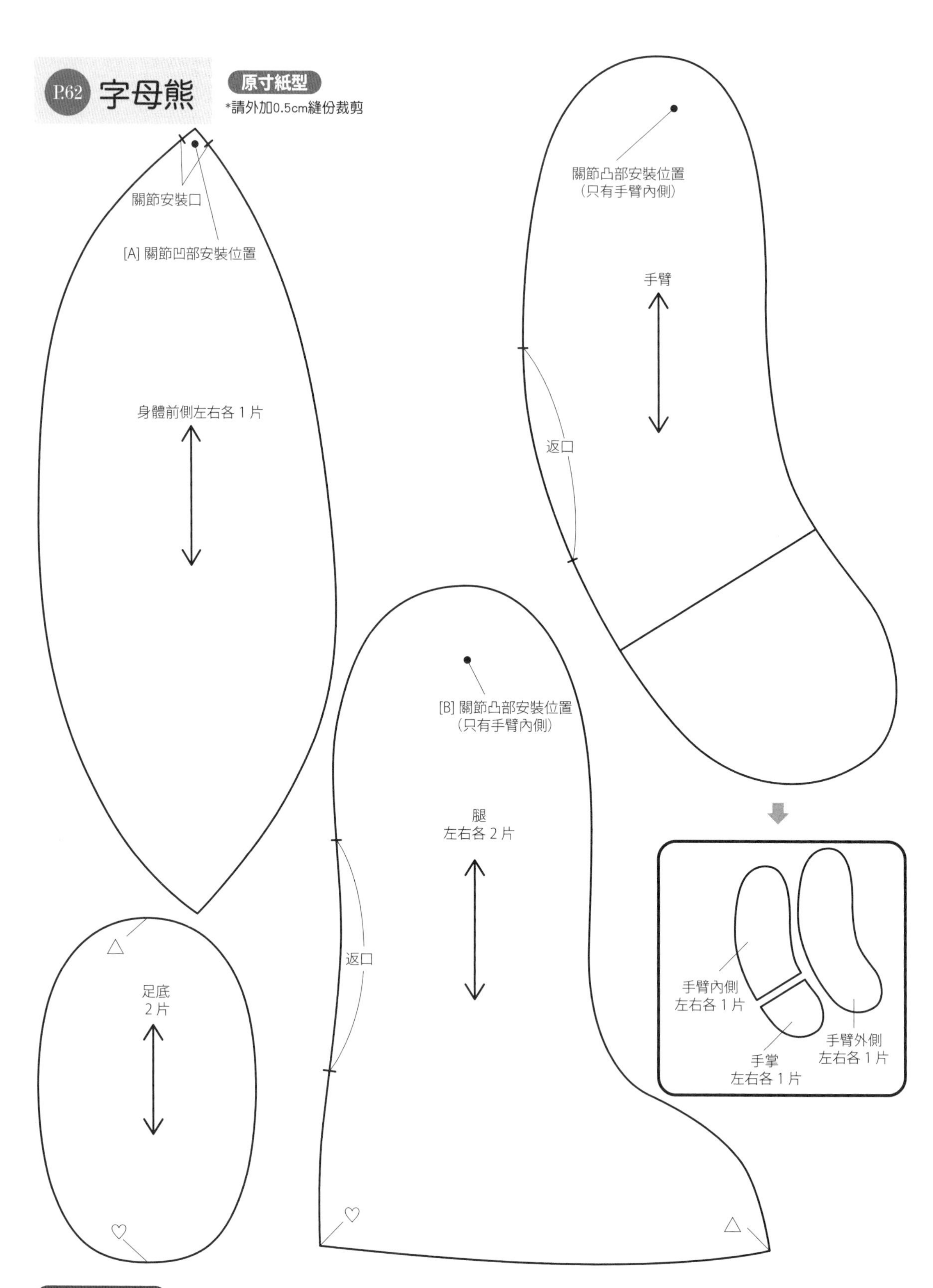
關節安裝口
[A] 關節凹部安裝位置
身體前側左右各 1 片
足底
2 片
關節凸部安裝位置
（只有手臂內側）
手臂
返口
[B] 關節凸部安裝位置
（只有手臂內側）
腿
左右各 2 片
返口
手臂內側
左右各 1 片
手掌
左右各 1 片
手臂外側
左右各 1 片

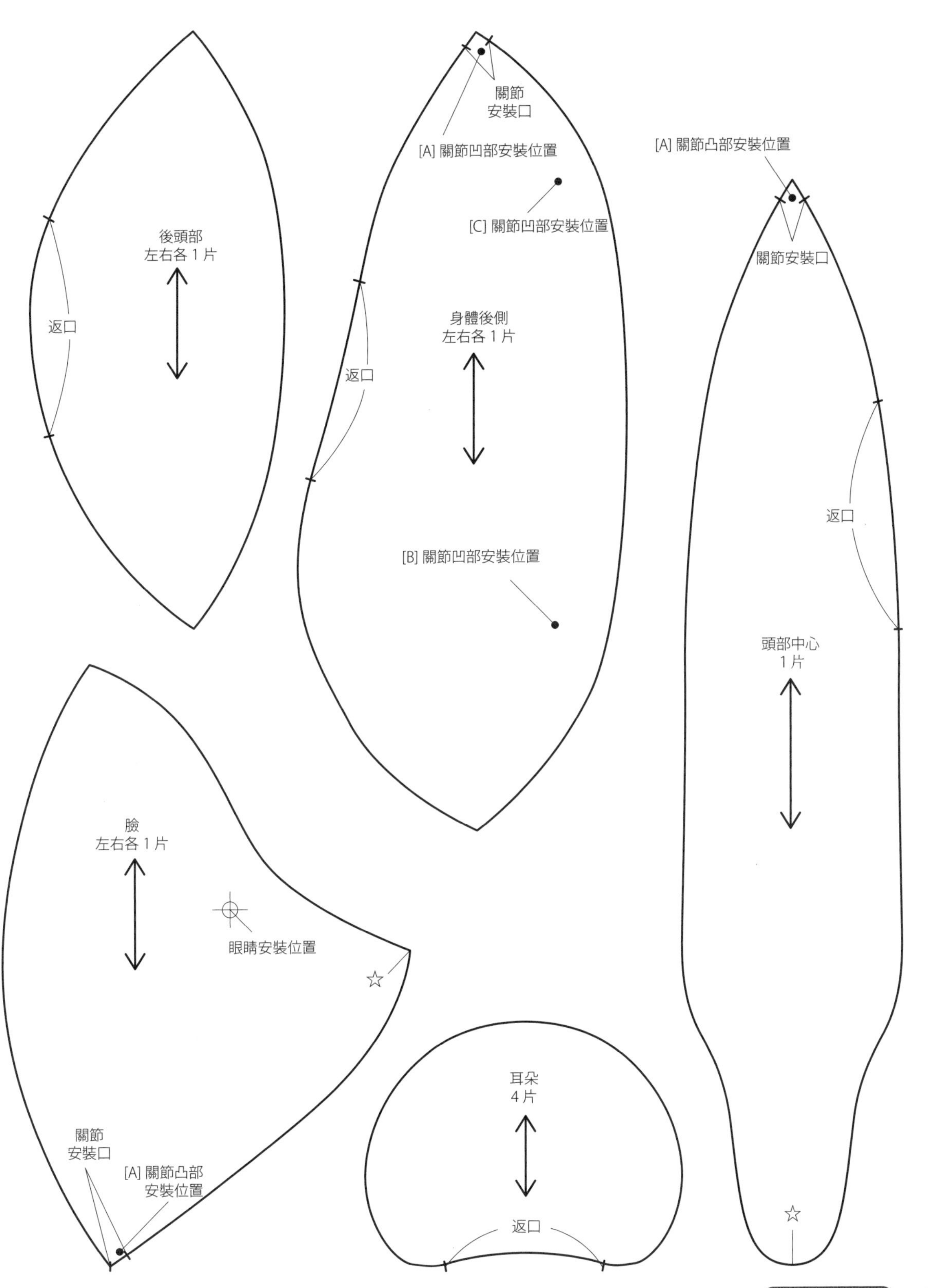
後頭部
左右各 1 片
返口
關節
安裝口
[A] 關節凹部安裝位置
[C] 關節凹部安裝位置
身體後側
左右各 1 片
返口
[B] 關節凹部安裝位置
[A] 關節凸部安裝位置
關節安裝口
返口
頭部中心
1 片
臉
左右各 1 片
眼睛安裝位置
☆
關節
安裝口
[A] 關節凸部
安裝位置
耳朵
4 片
返口
☆

P.64 淡藍色口金包

刺繡圖案
P.49

※繡線綠色163換成藍色803
其餘相同

材 料

布（棉／藍色）：28cm × 13.5cm
布襯：28cm×13.5cm
口金（寬9cm高4cm／銀色）：1個
紙繩：適量 流蘇（6cm／綠色）：1條

*紙型請見P.147

1 本體布料貼上布襯，處理布邊後刺繡。

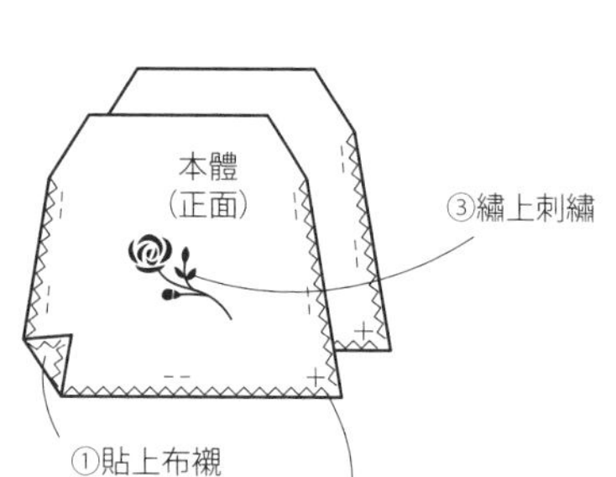
本體
（正面）
③繡上刺繡
①貼上布襯
②進行Z字車縫或拷克

2 縫合本體的三邊。

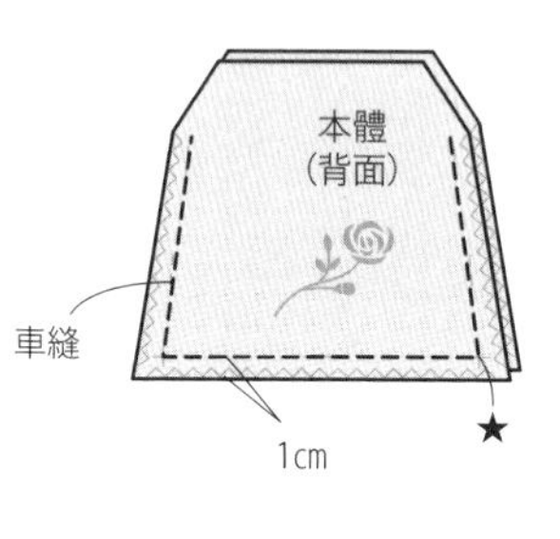
本體
（背面）
車縫
1cm
★

3 縫合包底的側邊。

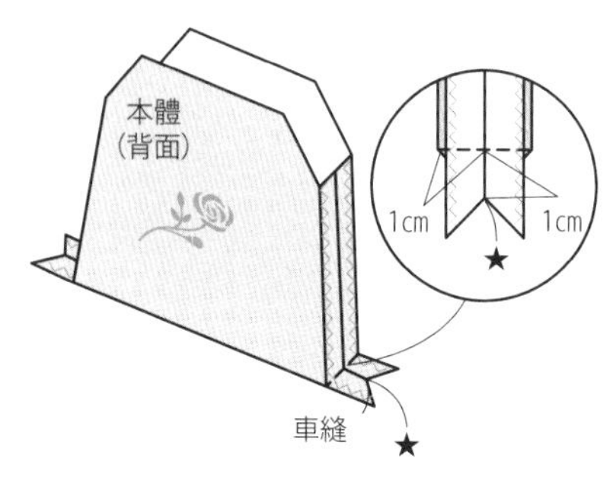
本體
（背面）
1cm
1cm
★
車縫
★

翻回正面

4 安裝口金。

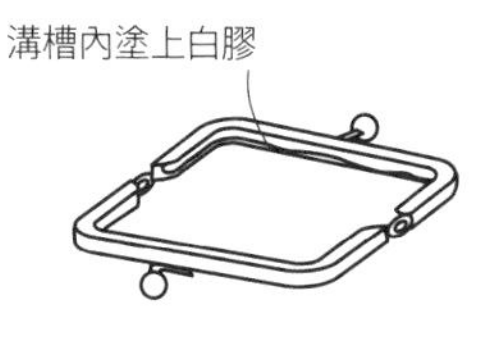
溝槽內塗上白膠

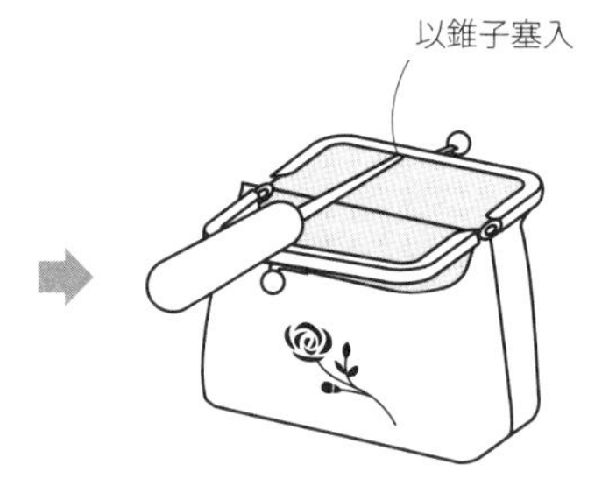
以錐子塞入

5 將紙繩塞入溝槽內。

6 夾緊口金的側邊。

7 裝上流蘇，完成！

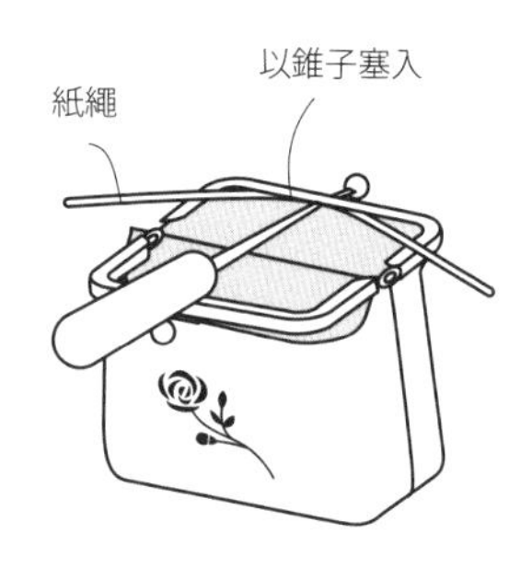
紙繩
以錐子塞入

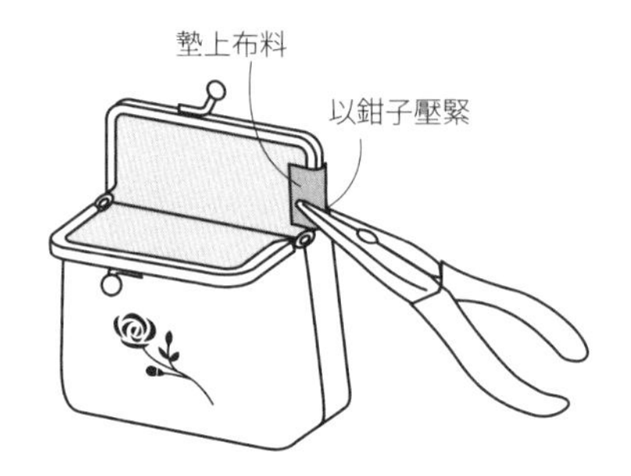
墊上布料
以鉗子壓緊

P.82 托特包

刺繡圖案
P.69

刺繡圖案 P.69

※女孩的臉、手與衣服使用緞面繡
女孩的頭髮改以回針繡填滿其餘相同

材料

布（純棉／藍色）：76cm×34cm
布襯（厚）：76cm×34cm

尺寸

*加上（ ）內標示的縫份裁剪

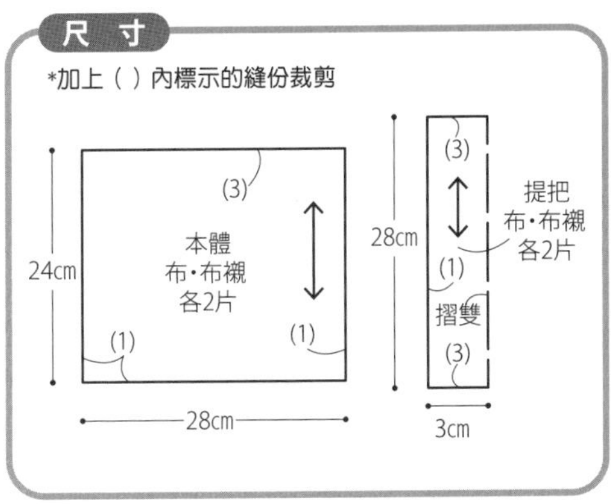
(3)
本體
布・布襯
各2片
24cm
(1)
(1)
28cm
(3)
28cm
提把
布・布襯
各2片
(1)
摺雙
(3)
3cm

1 貼上布襯，處理布邊。

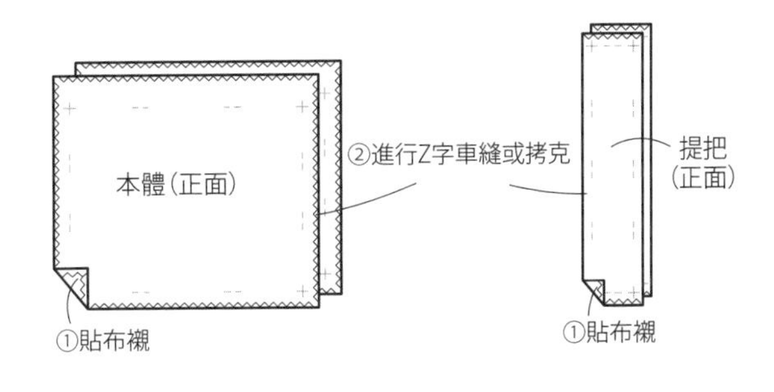
本體（正面）
②進行Z字車縫或拷克
提把
（正面）
①貼布襯
①貼布襯

2 進行刺繡。

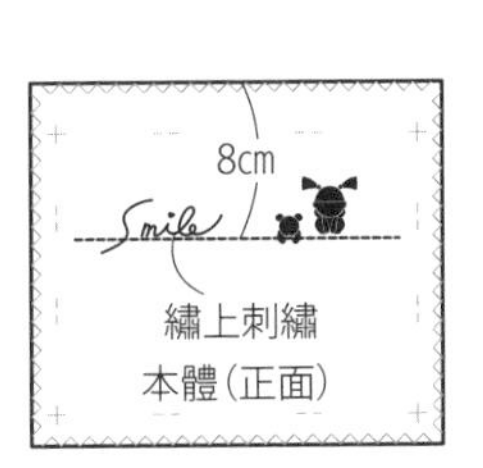
8cm
繡上刺繡
本體（正面）

3 製作提把。

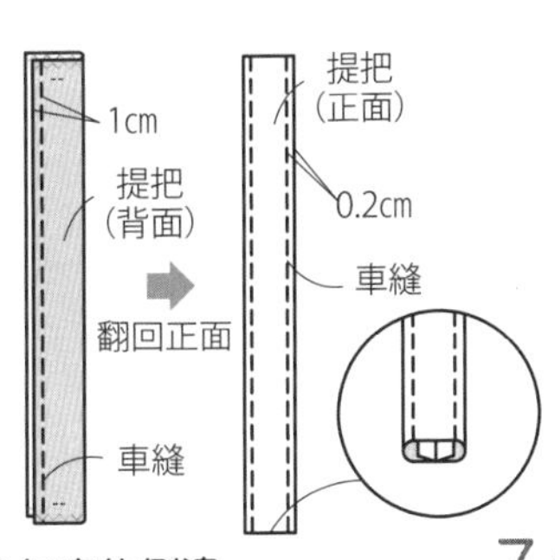
1cm
提把
（背面）
翻回正面
車縫
提把
（正面）
0.2cm
車縫

4 將提把與本體縫合。

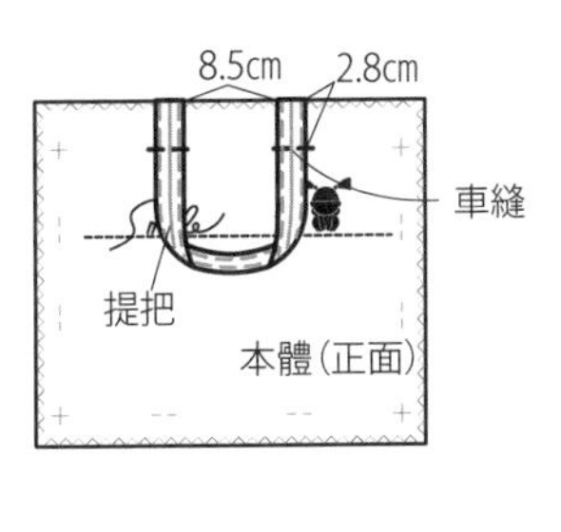
8.5cm
2.8cm
車縫
提把
本體（正面）

5 縫合本體的三邊。

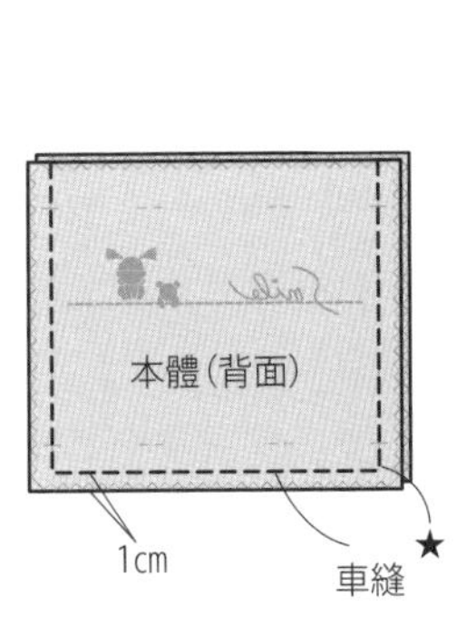
本體（背面）
1cm
車縫

6 縫合包底的側邊。

7 縫合袋口，完成。

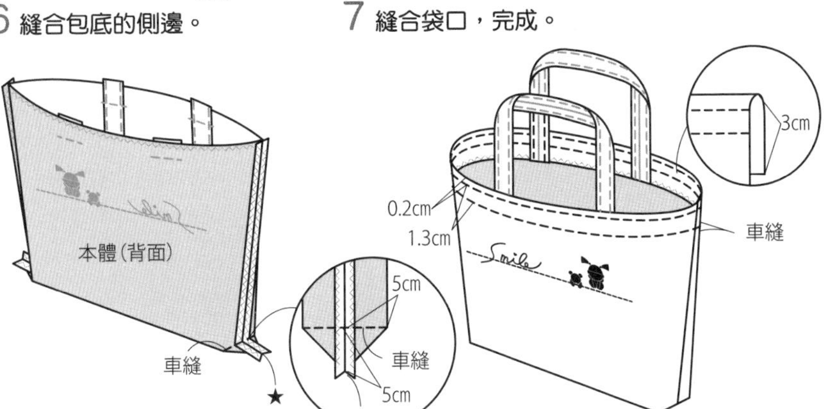
本體（背面）
車縫
5cm
車縫
5cm
3cm
0.2cm
1.3cm
車縫

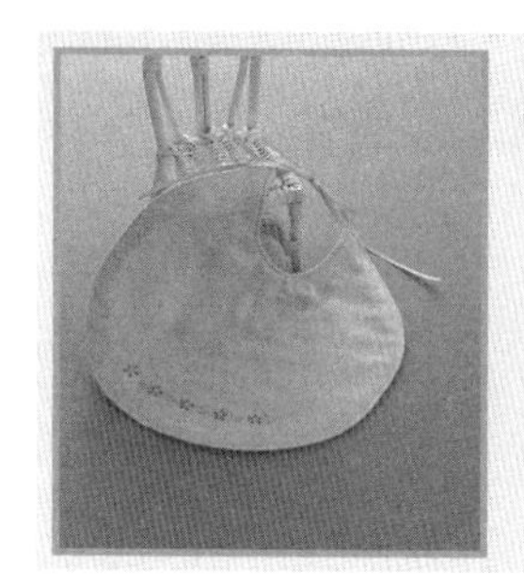

P.80 寶寶圍兜

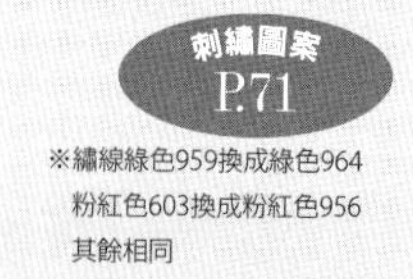
刺繡圖案
P.71

※繡線綠色959換成綠色964
粉紅色603換成粉紅色956
其餘相同

材料

布（雙層紗布／粉紅色）：22cm×22cm
（棉／白色）：22cm×22cm
緞帶（0.3cm寬）：60cm

1 裁剪布料。

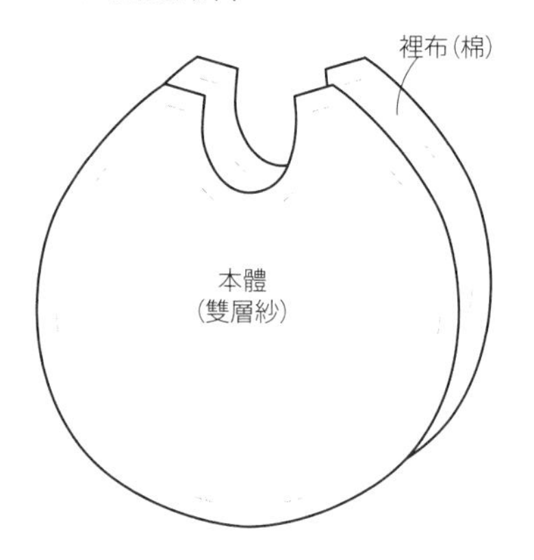
裡布(棉)
本體
(雙層紗)

2 貼上布襯。

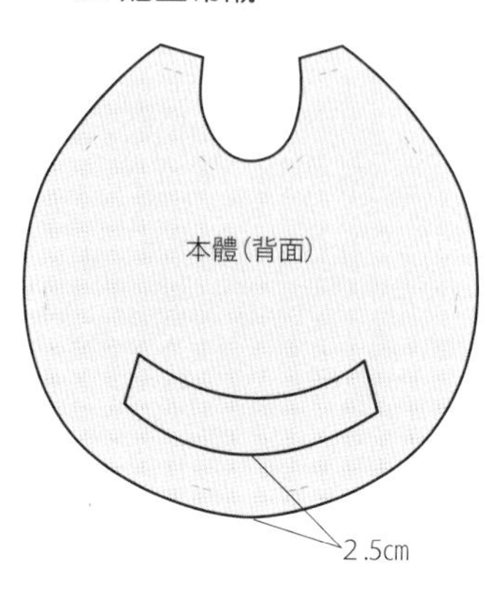
本體(背面)
2.5cm

3 繡上刺繡。

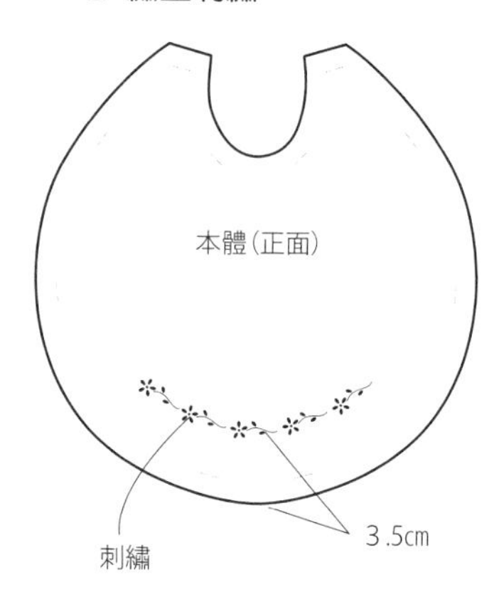
本體(正面)
刺繡
3.5cm

4 縫上緞帶。

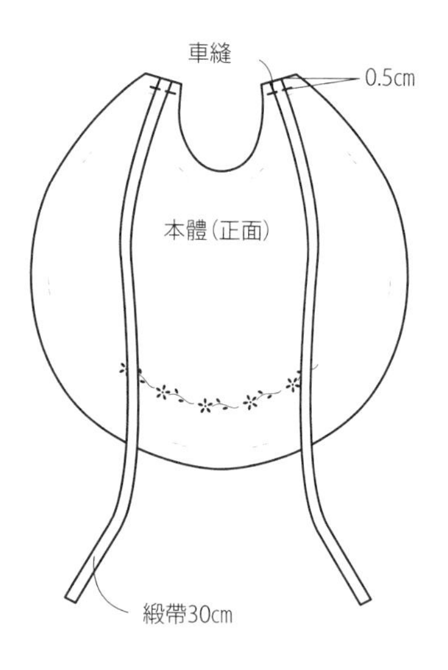
車縫
0.5cm
本體(正面)
緞帶30cm

5 縫合本體。

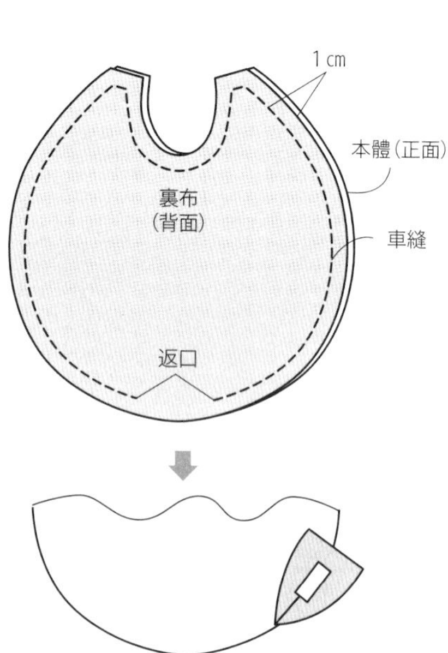
1 cm
本體(正面)
裏布
(背面)
車縫
返口
燙出車縫線

6 翻回正面，壓上縫線完成。

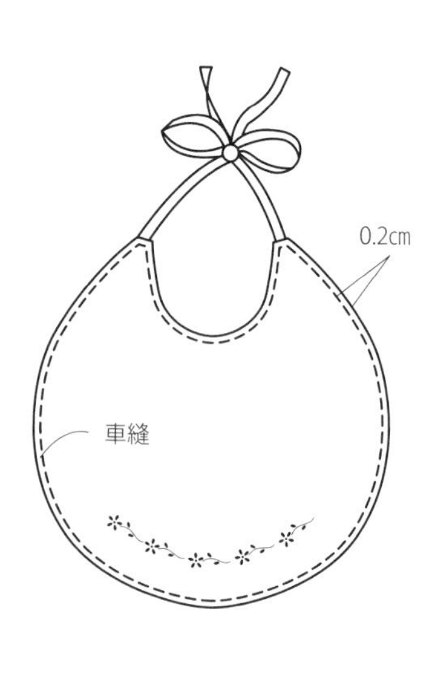
0.2cm
車縫

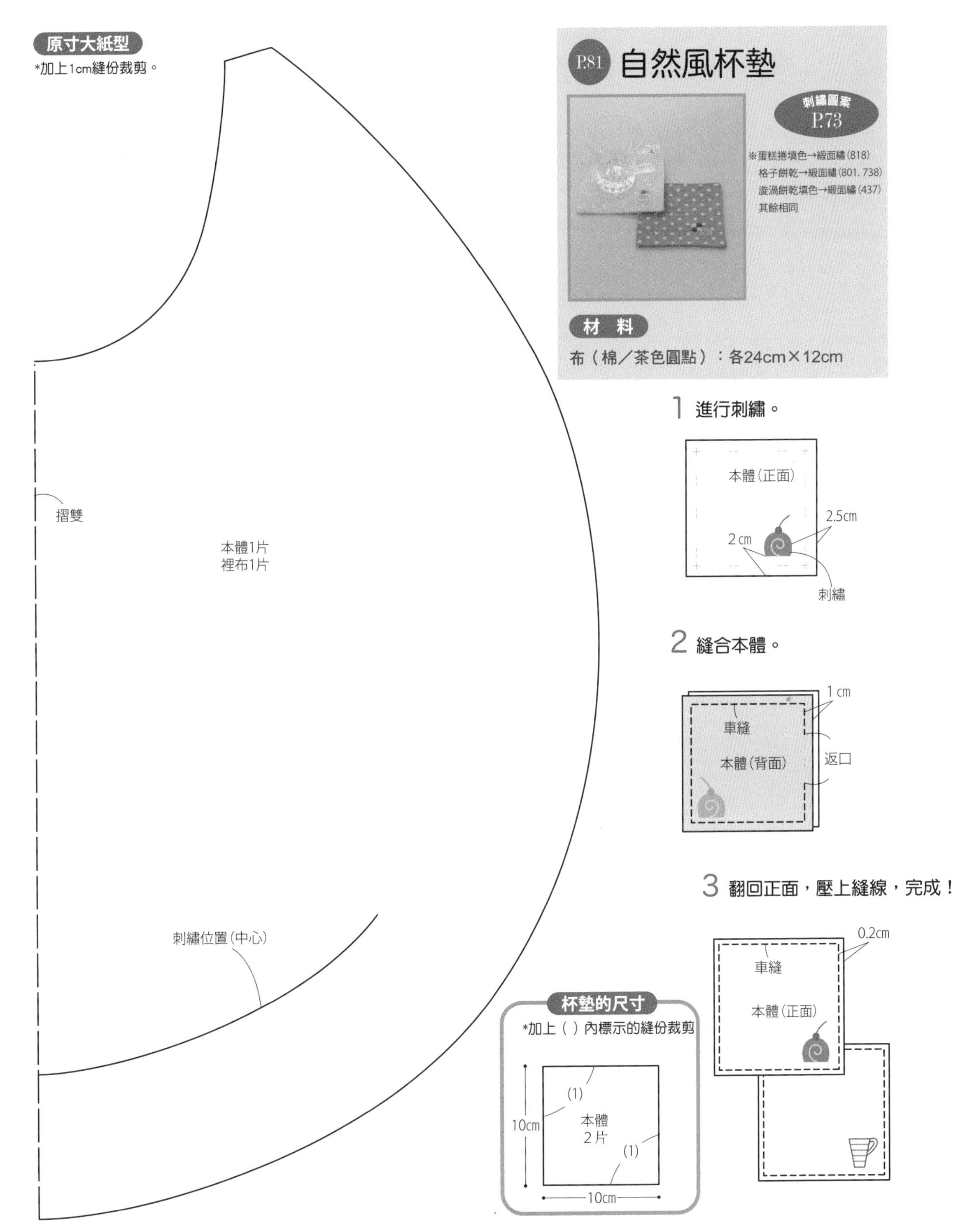
原寸大紙型
*加上1cm縫份裁剪。
摺雙
本體1片
裡布1片
刺繡位置(中心)
P.81 自然風杯墊
刺繡圖案
P.73
※蛋糕捲填色→緞面繡(818)
格子餅乾→緞面繡(801.738)
漩渦餅乾填色→緞面繡(437)
其餘相同
材 料
布(棉／茶色圓點)：各24cm×12cm
1 進行刺繡。
本體(正面)
2.5cm
2cm
刺繡
2 縫合本體。
1cm
車縫
本體(背面)
返口
3 翻回正面，壓上縫線，完成！
0.2cm
車縫
本體(正面)
杯墊的尺寸
*加上( )內標示的縫份裁剪
(1)
本體
2片
10cm
(1)
10cm

P.100 刺繡卡片

刺繡圖案
P.87

※繡線藍色996換成粉紅色309
其餘相同

材料

十字繡布（Aida 14格／粉紅色）：15cm×15cm
紙（彩色圖畫紙／粉紅色）：28cm×28cm

1 進行刺繡。

2 剪裁紙張。

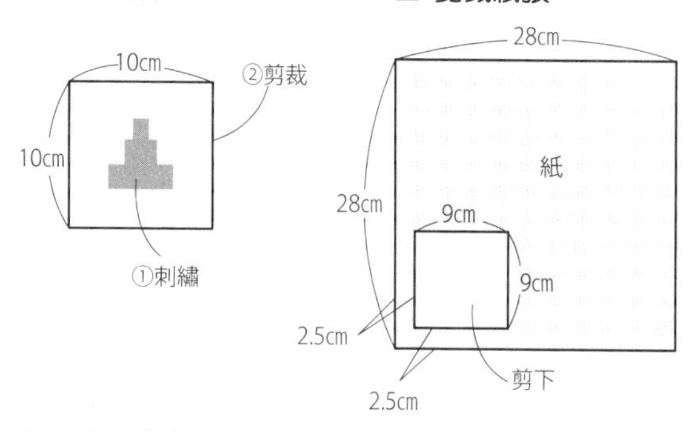

10cm
②剪裁
10cm
①刺繡
28cm
紙
28cm
9cm
9cm
2.5cm
2.5cm
剪下

3 貼上刺繡。

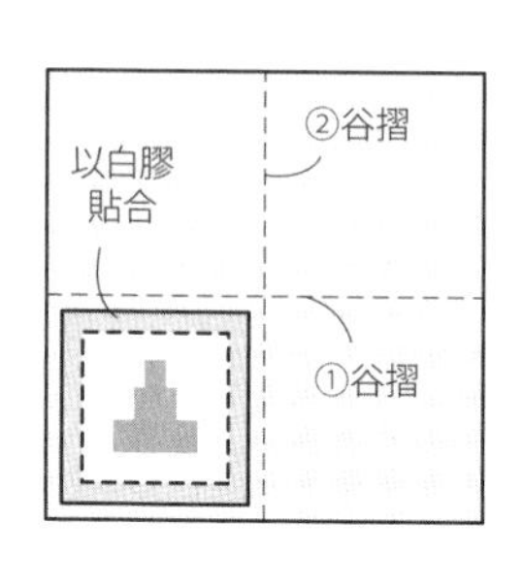

②谷摺
以白膠
貼合
①谷摺

4 摺疊卡片完成。

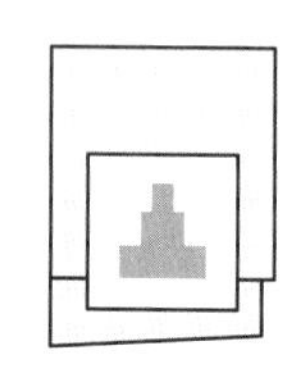

P.101 禮物盒圖樣的書籤

刺繡圖案
P.91

材料

紙（卡片紙／白色）：10cm×20cm

1 在紙上打洞。

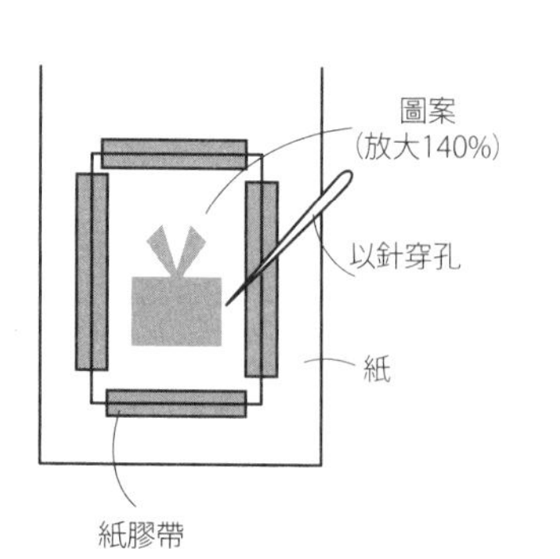

圖案
(放大140%)
以針穿孔
紙
紙膠帶

2 進行刺繡。

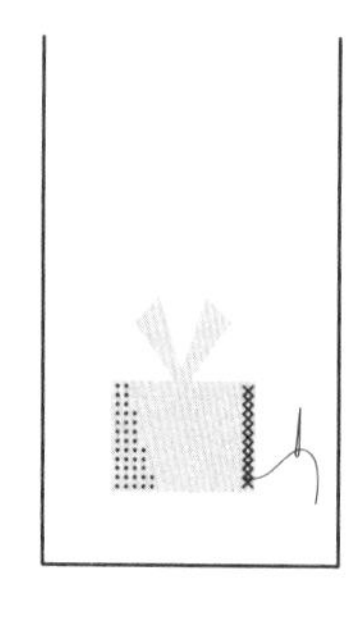

3 剪裁紙張，綁上書籤繩，完成！

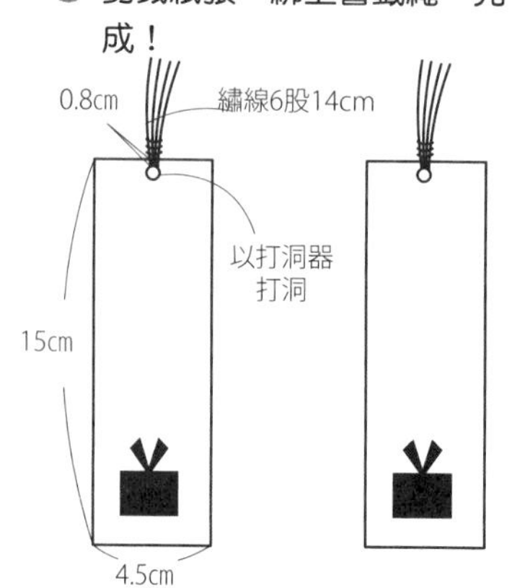

0.8cm
繡線6股14cm
以打洞器
打洞
15cm
4.5cm

P.102 正方形迷你波奇包

刺繡圖案
P.89

材 料

十字繡布（Aida 18格／白色）：10cm×10cm
布（棉／茶色）
布襯：28cm×14cm
拉鍊（茶色）：22cm

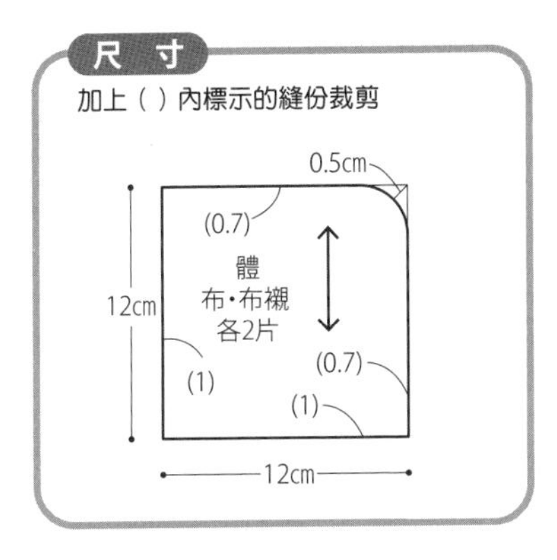

尺 寸
加上（ ）內標示的縫份裁剪
0.5cm
(0.7)
體
布・布襯
各2片
12cm
(1)
(0.7)
(1)
12cm

1 本體貼上布襯，處理布邊。

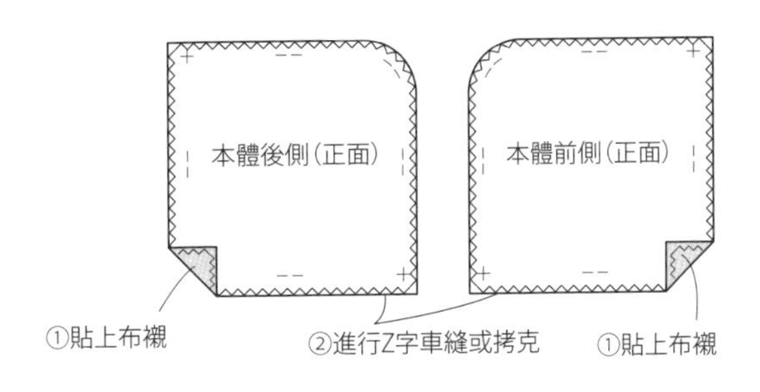

本體後側（正面）
本體前側（正面）
①貼上布襯
②進行Z字車縫或拷克
①貼上布襯

2 進行刺繡。

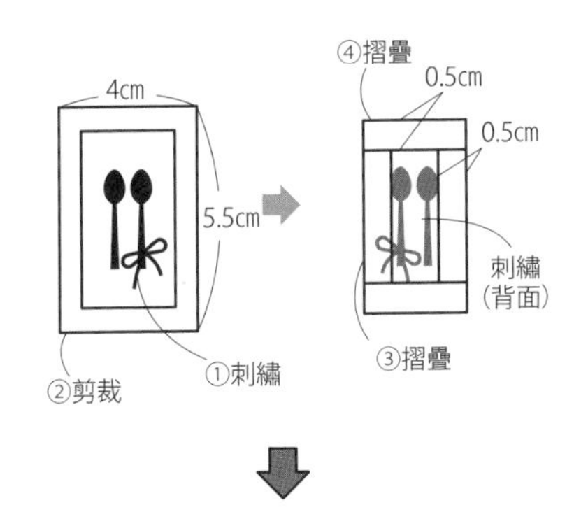

4cm
5.5cm
②剪裁
①刺繡
④摺疊
0.5cm
0.5cm
刺繡
（背面）
③摺疊

3 縫上刺繡片。

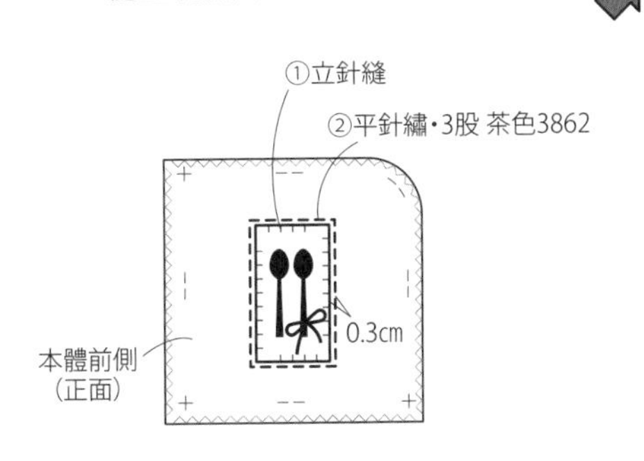

①立針縫
②平針繡・3股 茶色3862
0.3cm
本體前側
（正面）

4 縫上拉鍊。

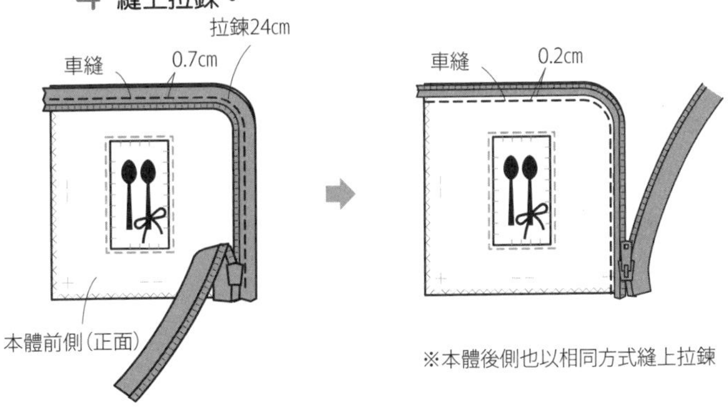

拉鍊24cm
車縫
0.7cm
本體前側（正面）
車縫
0.2cm

※本體後側也以相同方式縫上拉鍊

5 縫合本體兩邊，完成。

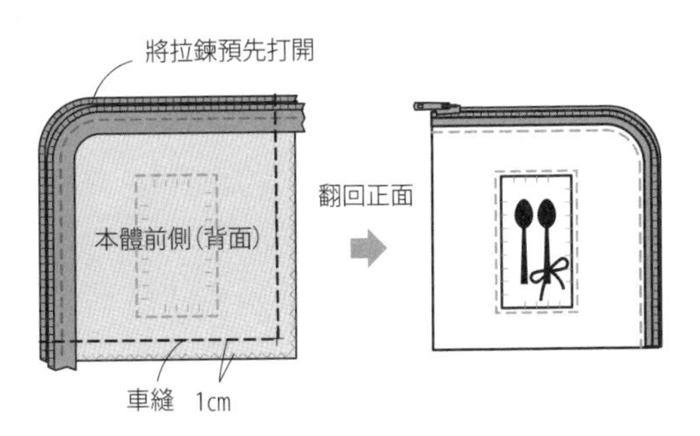

將拉鍊預先打開
本體前側（背面）
翻回正面
車縫
1cm

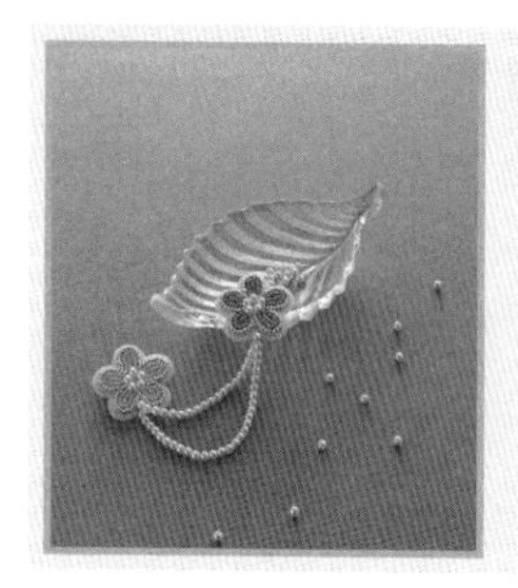

P.118 成對胸針

刺繡圖案
P.107

※小圓珠粉紅色911換成銀色713
粉紅色145換成紫色922
黃色402換成銀色713
淺黃色142換成藍色130
其餘相同

材　料

布（棉／白色）：10cm×10cm
布襯：20cm×20cm
珍珠（直徑4mm白色）：50顆

1 進行刺繡。

2 將底布與不織布貼合，裝上胸針用別針。

3 將2個胸針連接起來，完成！

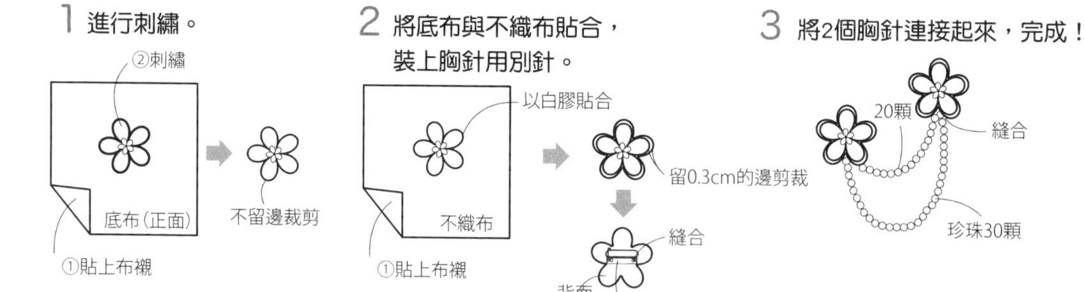
②刺繡
底布（正面）
①貼上布襯
不留邊裁剪
以白膠貼合
不織布
①貼上布襯
留0.3cm的邊剪裁
縫合
背面
裝上別針
20顆
縫合
珍珠30顆

P.119 艾菲爾鐵塔圖樣的筆筒

刺繡圖案
P.109

材　料

布（棉／藍色）：30cm×15cm
布襯：30cm×5cm
牛奶盒（1L）：1個

1 進行刺繡41cm×19cm。

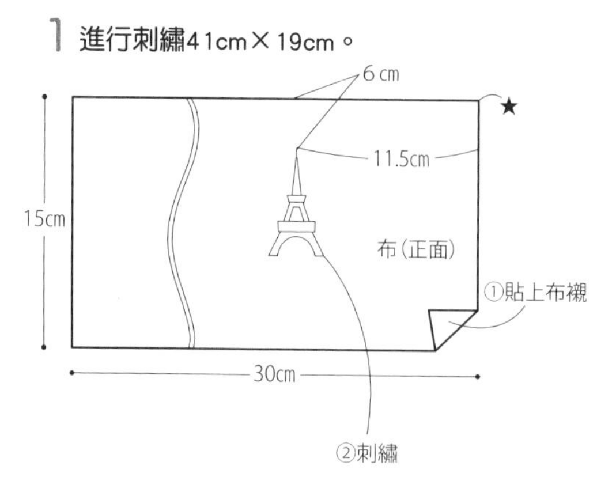
6cm
★
11.5cm
15cm
布（正面）
①貼上布襯
30cm
②刺繡

2 與牛奶盒貼合，完成。

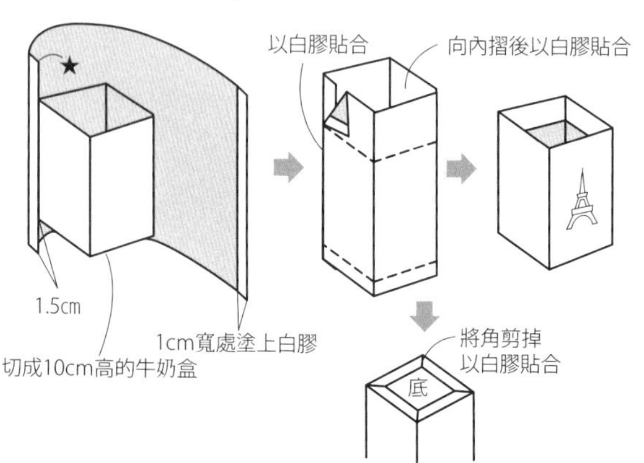
★
以白膠貼合
向內摺後以白膠貼合
1.5cm
1cm寬處塗上白膠
切成10cm高的牛奶盒
將角剪掉
以白膠貼合
底

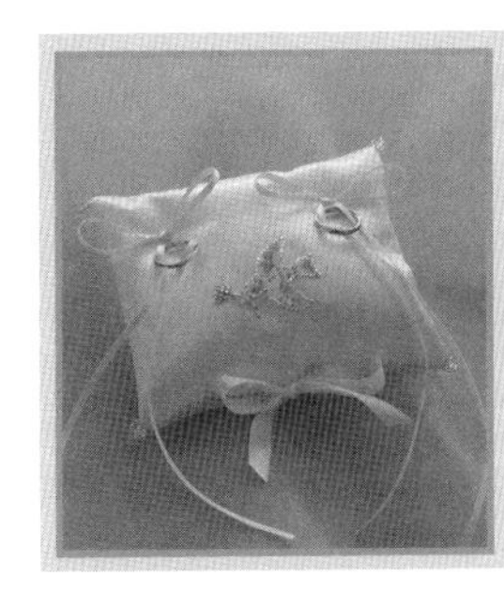

P.120 緞面戒指台

刺繡圖案
P.111

※圓珠金色553換成銀色21
茶色46換成金色22
紅色25B換成金色22
一分管珠綠色108換成金色22
其餘相同

材料

布（緞面棉布／白色）：29cm×14cm
布襯：12.5cm×12cm
緞帶（3mm寬／白色）：130cm （8mm寬／白色）：30cm
小圓珠（銀色21）：56顆 手工藝棉花：適量

尺寸

*加上（ ）內標示的縫份裁剪

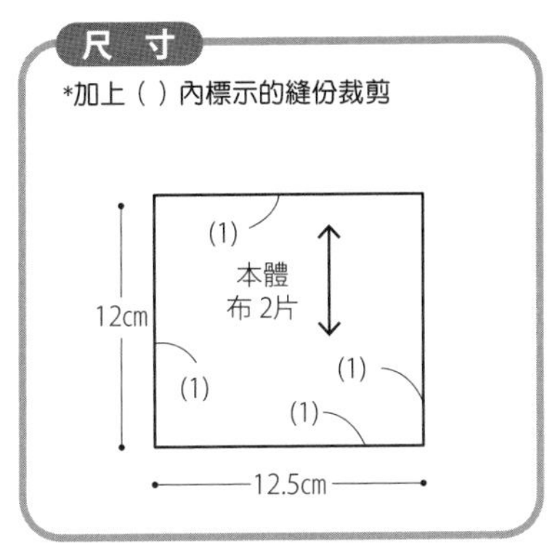
(1)
本體
布 2片
12cm
(1)
(1)
(1)
12.5cm

1 本體的其中一片貼上布襯。

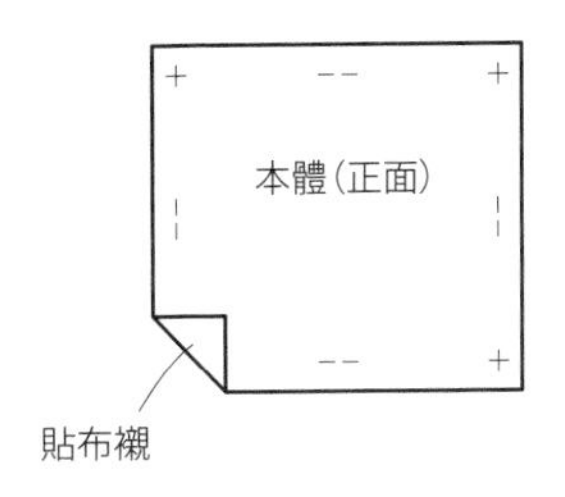
本體（正面）
貼布襯

2 進行刺繡。

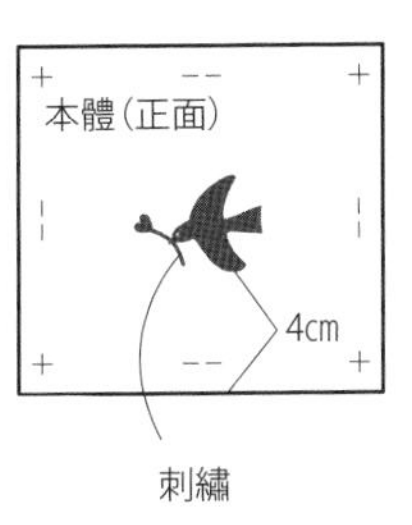
本體（正面）
4cm
刺繡

3 縫合本體。

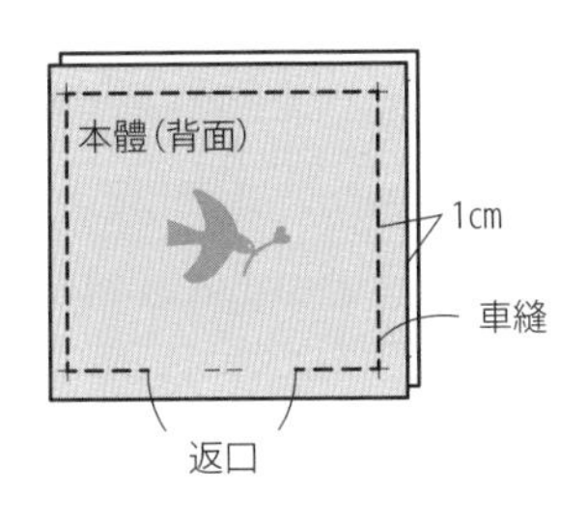
本體（背面）
1cm
車縫
返口

4 裝入棉花後縫合。

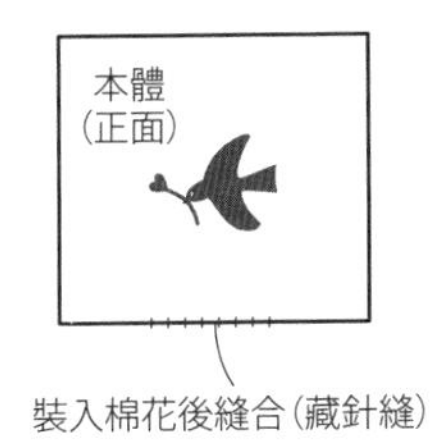
本體
（正面）
裝入棉花後縫合（藏針縫）

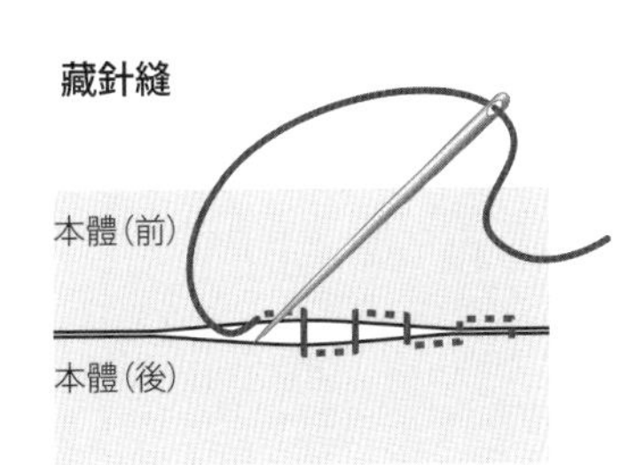
藏針縫
本體（前）
本體（後）

5 角落縫上珠子。

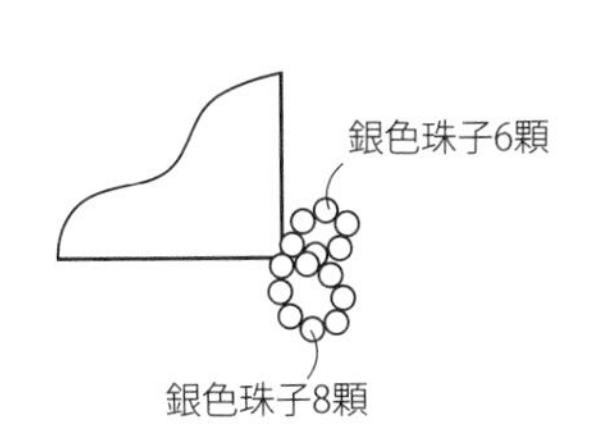
銀色珠子6顆
銀色珠子8顆

※其餘的角落也以同樣方式縫合

6 縫上緞帶。

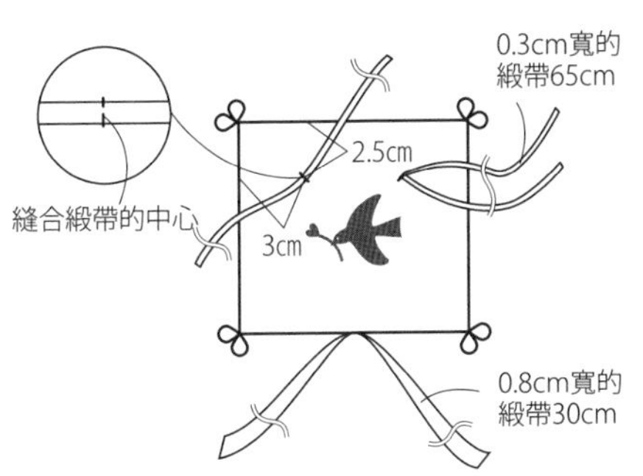
0.3cm寬的
緞帶65cm
2.5cm
縫合緞帶的中心
3cm
0.8cm寬的
緞帶30cm

7 打上蝴蝶結，完成！

P.134 小波奇包

刺繡圖案 P.125

※不織布 深粉色換成深紅色
旗子換成淺藍色
黃綠色換成深綠色
繡線 粉紅色3350—>深紅色498
黃綠色943—>深綠色362
深綠色959—>黃綠色913 其餘相同

材料

布（棉／綠色）：50cm×50cm 布襯：50cm×15cm
拉鍊（20cm／紅褐色）：1條
皮革提把（1cm寬／48cm／紅褐色）：1條

尺寸

*加上（ ）內標示的縫份裁剪

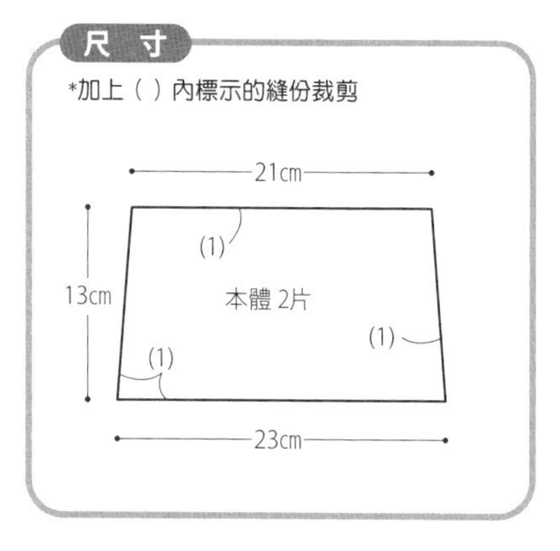

21cm
13cm
(1)
本體 2片
(1)
(1)
23cm

1 將襯貼合於本體，處理布邊。

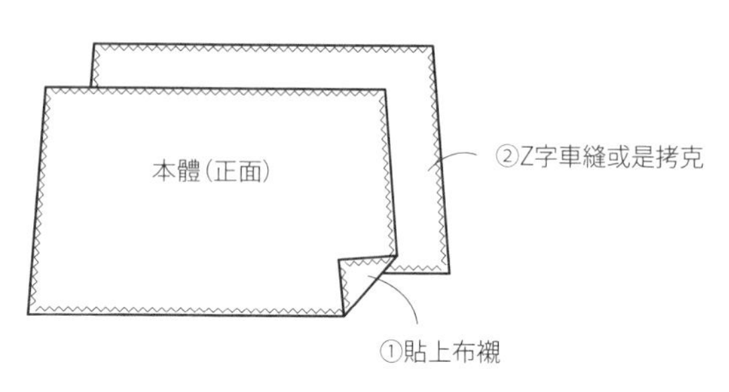

本體(正面)
②Z字車縫或是拷克
①貼上布襯

2 縫合貼布繡。

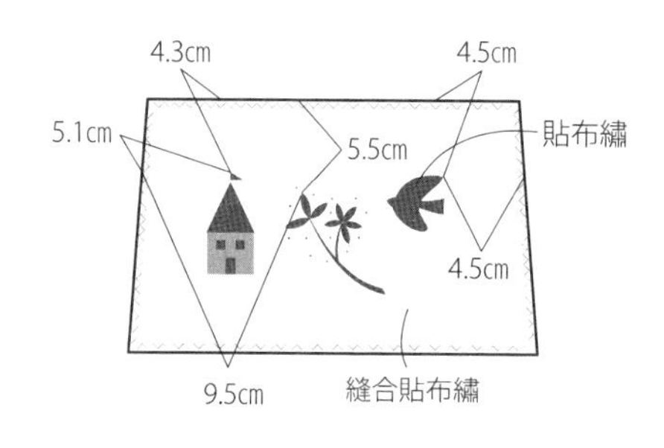

4.3cm
4.5cm
5.1cm
5.5cm
貼布繡
4.5cm
9.5cm
縫合貼布繡

3 縫合拉鍊。

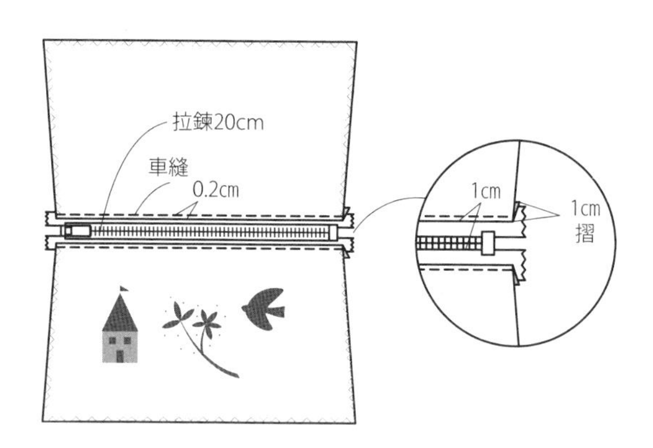

拉鍊20cm
車縫
0.2cm
1cm
1cm
摺

4 縫合本體的三邊。

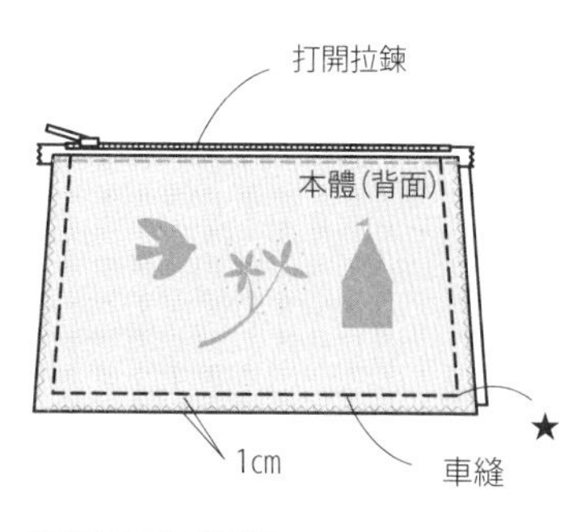

打開拉鍊
本體(背面)
1cm
車縫

5 縫合底部側邊。

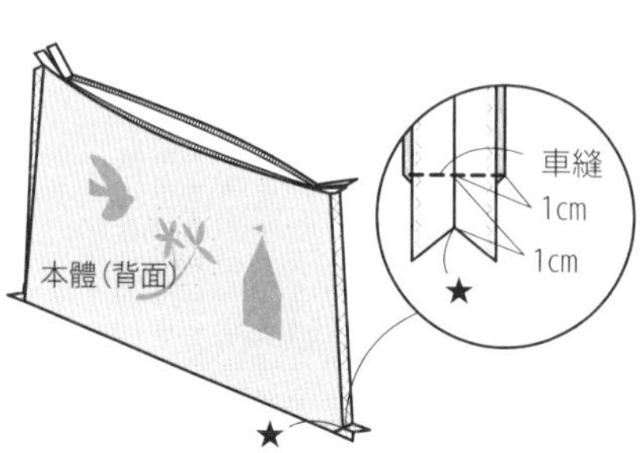

本體(背面)
車縫
1cm
1cm

6 縫合提把，完成！

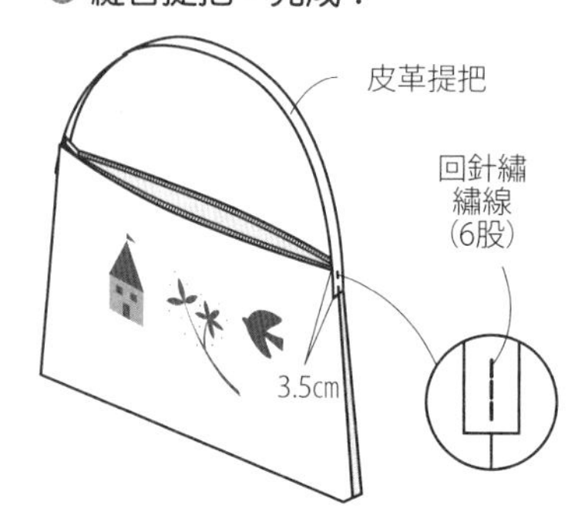

皮革提把
回針繡
繡線
(6股)
3.5cm

P.135 粉紅色餐盒包巾

刺繡圖案
P.129

※不織布 粉紅色換成深粉紅色
　繡線 粉紅色957換成深粉紅色603
　　　綠色964換成綠色959
　其餘相同

材 料

布（棉／粉紅格子圖案）：42cm×42cm

1 處理布邊。

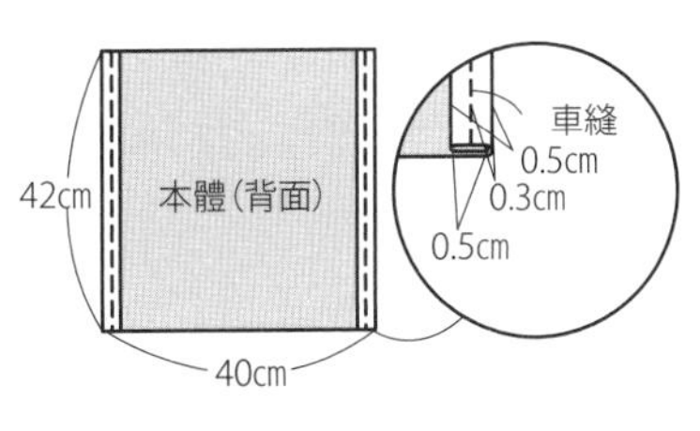
42cm
本體(背面)
40cm
車縫
0.5cm
0.3cm
0.5cm

本體(背面)

2 縫上貼布繡，完成。

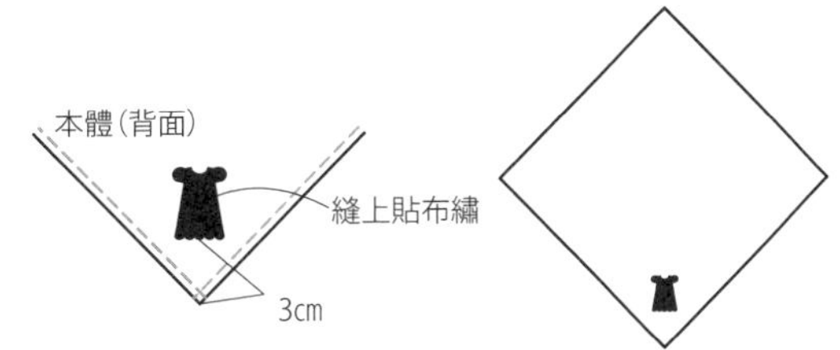
本體(背面)
縫上貼布繡
3cm

P.136 毛邊繡針插

刺繡圖案
P.127

※繡線使用銀色E168

材 料

布（棉／駝色）：20cm×20cm
布（棉／綠色）：8cm×8cm
布（棉／粉紅格子）：6cm×6cm
布襯（厚）：30cm×20cm　手工藝棉花：適量

尺 寸

*不織布 粉紅色換成深粉紅色

底布 布・布襯 各2片　10cm × 10cm
中央布 布・布襯　8cm × 8cm
上層布 布・布襯 各2片　6cm × 6cm

1 貼上布襯，裁剪布料。

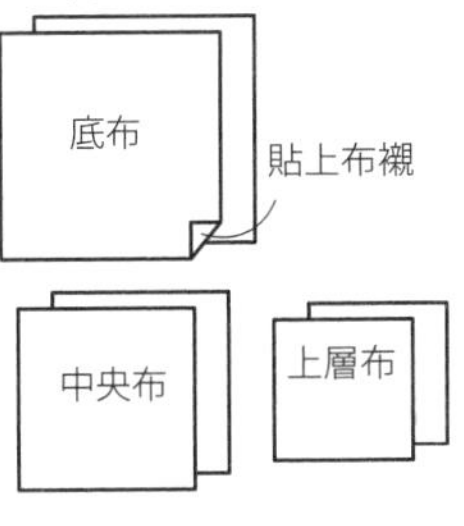
底布
貼上布襯
中央布
上層布

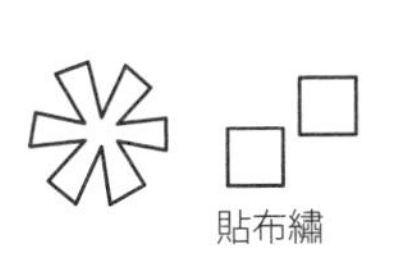
貼布繡

2 以貼布繡將中央布與上層布縫於底布上。

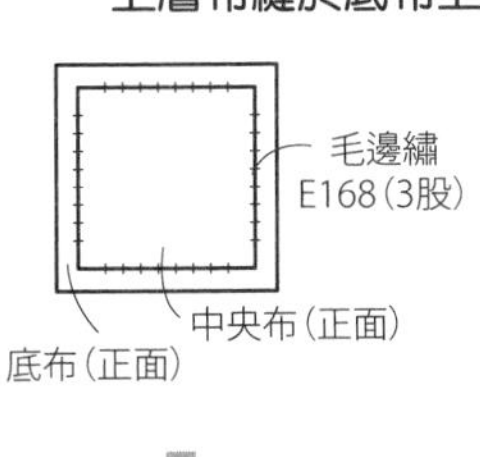
毛邊繡
E168(3股)
中央布(正面)
底布(正面)

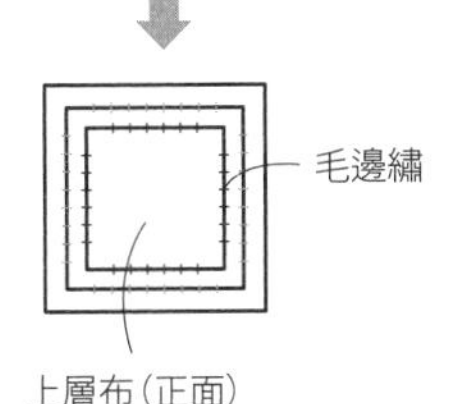
毛邊繡
上層布(正面)

3 縫合貼布繡。

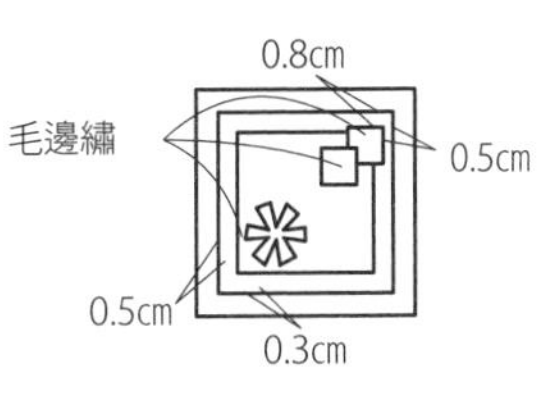
0.8cm
毛邊繡
0.5cm
0.5cm
0.3cm

4 布（棉／原色）：41cm×19cm

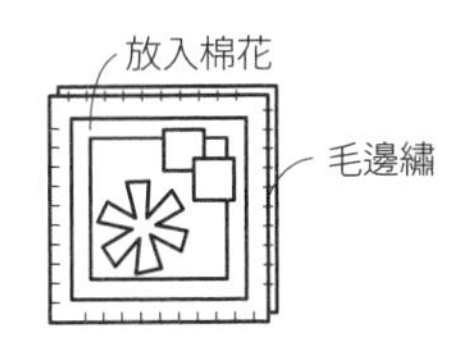
放入棉花
毛邊繡

從基礎開始的刺繡練習書（暢銷版）

第一次拿針也能完成美麗作品

作　　　者／寺西惠里子
譯　　　者／駱美湘
發　行　人／詹慶和
選　書　人／Eliza Elegant Zeal
執 行 編 輯／陳昕儀・陳姿伶
編　　　輯／劉蕙寧・黃璟安・詹凱雲
執 行 美 編／周盈汝・韓欣恬
美 術 編 輯／陳麗娜
內 頁 排 版／造極彩色印刷
出　版　者／雅書堂文化事業有限公司
發　行　者／雅書堂文化事業有限公司
郵政劃撥帳號／18225950
戶　　　名／雅書堂文化事業有限公司
地　　　址／220新北市板橋區板新路206號3樓
電 子 信 箱／elegant.books@msa.hinet.net
電　　　話／(02)8952-4078
傳　　　真／(02)8952-4084

2018年10月初版一刷
2023年07月二版一刷　定價380元

基本がいちばんよくわかる刺しゅうのれんしゅう帳

經銷／易可數位行銷股份有限公司
地址／新北市新店區寶橋路235巷6弄3號5樓
電話／(02)8911-0825
傳真／(02)8911-0801

國家圖書館出版品預行編目資料

從基礎開始的刺繡練習書 / 寺西惠里子著；駱美湘譯．
-- 二版．-- 新北市：雅書堂文化事業有限公司，2023.07
面；　公分．--（愛刺繡；17）
ISBN 978-986-302-673-0(平裝)

1.CST: 刺繡 2.CST: 手工藝

426.2　　112006054

寺西 惠里子

於三麗鷗股份有限公司工作時，擔任以兒童為客群的商品企劃設計。離職後以「HAPPINESS FOR KIDS」為主題，並以手工藝、料理、勞作為主，推廣藉著手作使生活更廣闊之理念。創作活動多以實用書、女性雜誌、兒童雜誌、電視等形式，提案書籍約超過550本。

Staff

裝幀・設計●ネクサスデザイン・うすいとしお・稲垣結子
攝影●上原タカシ・谷崎春彦
作品製作●森留美子・千枝亜紀子・澤田瞳・松本志津美
設楽佑季子・齋藤由美子・TAKASHI・野沢実千代
奈良緑里
編輯●宮川知子（主婦の友社）

協力

●ディー・エム・シー株式会社
101-0035 東京都千代田区神田紺屋町13番地 山東ビル7F
電話03（5296）7831
●トーホー株式会社
733-0003 広島市西区三篠町2丁目19-6
電話082（237）5151

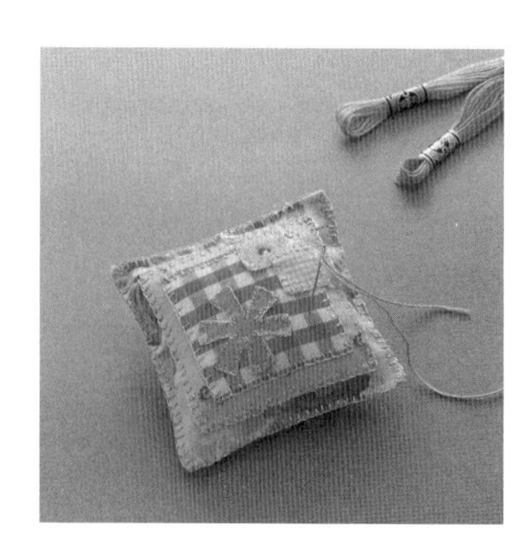